Cuadernos de lógica, epistemología y lenguaje

Volumen 5

Lógica dinámica epistémica para la evidencialidad negativa

Las partículas negativas lā/ ʾal en ugarítico

Volumen 1
Gottlob Frege. Una introducción
Markus Stepanians. Traducción de Juan Redmond

Volumen 2
Razonamiento abductivo en lógica clásica
Fernando Soler Toscano

Volumen 3
Física: Estudios Filosóficos e Históricos
Roberto A. Martins, Guillermo Boido y Víctor Rodríguez, editores

Volumen 4
Ciencias de la Vida: Estudios Filosóficos e Históricos
Pablo Lorenzano, Lilian A.-C. Pereira Martíns, Anna Carolina K. P. Regner, eds.

Volumen 5

Lógica dinámica epistémica para la evidencialidad negativa. Las partículas negativas lā/ ʾal en ugarítico
Cristina Barés Gómez

Cuadernos de Lógica, epistemología y lenguaje
Series Editors Shahid Rahman and Juan Redmond

Lógica dinámica epistémica para la evidencialidad negativa

Las partículas negativas lā/ ʾal en ugarítico

Cristina Barés Gómez

ISBN 978-1-84890-107-0

College Publications
Scientific Director: Dov Gabbay
Managing Director: Jane Spurr
Department of Informatics,
King's College London, Strand, London WC2R 2LS, UK

http://www.collegepublications.co.uk

Cover produced by Laraine Welch
Printed by Lightning Source, Milton Keynes, UK

Índice general

Prefacio

Shahid Rahman Université de Lille, UMR 8163: STL, ADA

La negación es un fenómeno lingüístico, lógico y filosófico que no deja de asombrarnos con nuevos enigmas. A nuestro juicio, el estudio del uso de las partículas negativas en las primeras lenguas escritas, tales como el ugarítico, abre nuevas perspectivas para la comprensión del multifacético « no ». El tema fundamental de este trabajo, necesariamente interdisciplinario, consiste en la propuesta y la defensa de una formulación de la negación lā/ ʾal ugarítica como una negación intensional epistémica. La formulación intensional de dicha negación debe entenderse, de acuerdo a la autora, dentro del marco de un paradigma evidencial de la lengua cuya semántica formal es desarrollada mediante una lógica dinámica epistémica.

Este libro contiene un análisis pormenorizado de las partículas lā/ ʾal en ugarítico a partir de sus ocurrencias en las cartas ugaríticas y una discusión de las teorías actuales sobre las partículas l + vocal/vocal + l (lV/Vl) en varias lenguas semíticas: acadio, hebreo, canaano-acadio y las hipótesis sobre el proto-semítico. Junto con los análisis precedentes, se provee una visión general de la categoría de modalidad y de la negación desde una perspectiva de la tipología lingüística contemporánea. El núcleo del trabajo concierne dos partes principales; 1) Un estudio sistemático de los vínculos entre los evidenciales y la modalidad epistémica (o no) y el desarrollo de una nueva semántica formal para los evidenciales directos e indirectos basada en la lógica epistémica dinámica. 2) La aplicación del estudio general de la formalización de la evidencialidad a la negación ugarítica, así como su relación con la modalidad ugarítica sentencial y subsentencial mediante el alcance de diferentes operadores.

Los resultados del trabajo sugieren que un tal estudio también puede ser fructífero para la exploración formal-histórica de la semántica de otras partículas tales como el condicional o los cuantificadores y más generalmente de la intensionalidad. Acaso estemos en el umbral de un nuevo campo de estudio que vincula los estudios semántico formales con el estudio histórico-lingüístico de los orígenes de la lengua escrita.

Agradecimientos

Este trabajo se ha realizado sobre todo gracias a la ayuda del Prof. Dr. Ángel Nepomuceno Fernández (Universidad de Sevilla) y del Dr. Juan Pablo Vita Barra (CSIC).

Agradezco a los profesores siguientes por su ayuda y sus comentarios en una primera versión de este trabajo: Prof. Dra. Mª José Frápolli Sanz (Universidad de Granada), Dr. Francisco J. Salguero Lamillar (Universidad de Sevilla), Dr. José Ángel Zamora López (CSIC), Prof. Dr. Shahid Rahman (Université Lille 3), Prof. Dr. Hans van Ditmarsch (LORIA, Nancy).

Me gustaría recordar al Prof. Dr. Jesús Luis Cunchillos (CSIC), gracias a él este trabajo es sobre el ugarítico. Por desgracia no ha podido ver el final, pero me encuentro en deuda con él y dedico un sentido agradecimiento a su memoria.

Por último agradezco todo su apoyo a las personas más cercanas, a todos aquellos que me han hecho la estancia más agradable en Jerez de la Frontera, Sevilla, Madrid, Zaragoza, Amsterdam, Lille y Lisboa, y a mi familia.

Cristina Barés Gómez[1]
Grupo de Lógica Lenguaje e Información
Universidad de Sevilla
Chercheur associé
UMR CNRS 8163 - Laboratoire Savoirs, Textes et Langage (STL), Lille

[1]Parte de este libro fue realizado gracias a un contrato I3P del Consejo Superior de Investigaciones Científicas (CSIC) Instituto de Estudios Islámicos y del Oriente Próximo (IEIOP) Zaragoza y el Centro de Ciencias Sociales y Humanas (CCSH) Madrid.

Nomenclatura

A	Museo de Alepo. Numeración de tablillas.
ac.	Acadio.
adj	Adjetivo.
AMU	Analizador Morfológico Ugarítico.
arb.	Árabe.
arm.	Arameo.
BDSN	Banco de Datos Semítico-Noroccidentales.
c.	Género común, neutro.
COS	Pardee, D. The Context of Scripture: Archival Documents from the Biblical World, vol. III. Brill, Leiden-Boston-Köln, 2002, cap. Ugaritic Letters.
CTA	Herdner, A. Corpus des tablettes en cunéiformes alphabétiques découvertes à Ras Shamra-Ugarit de 1929'a 1939. (CTA), bibliothéque archèologique et historique 79 ed., vol. 10 of Mission de Ras Shamra 10. Imprimerie Nationale and Geuthner, Paris, 1963.
D	Conjugación intensiva. D (del alemán Doppel, doble).
d.	Número dual.
Da	Libro de la Biblia: Daniel.
DO	Museo de Damasco. Numeración de tablillas.
Dp	Conjugación intensiva voz pasiva. D (del alemán Doppel, doble) y p (de pasiva).
Esd	Libro de la Biblia: Esdras.

etiop. Etiópico.

f. Género femenino.

fen. Fenicio.

G Conjugación básica. G (del alemán Grund, base).

Ge Libro de la Biblia: Génesis.

Gp Conjugación básica pasiva interna. G (del alemán Grund, base) y p (de pasiva).

hb. Hebreo.

Je Libro de la Biblia: Jeremías.

KTU Dietrich, Manfried and Loretz, Oswald and Sanmartín, Joaquín. Die keilalphabetischen Texte aus Ugarit, Alter Orient und Altes Testament (1976).

LH Laboratorio de Hermeneumática.

lV Partículas en lenguas semíticas con la estructura: l + vocal.

M Museo de Alepo. Nuevo número de inventario.

MOU Bordreuil, Paul and Pardee, Denise,Manuel d'Ougaritique, Paul Geuthner (2004).

N Conjugación reflexiva-pasiva Nif,al. Es la conjugación reflexiva, a veces entendida como pasiva, diferente de la pasiva interna Gp.

NPIs Negative polarity items. Elementos con polaridad negativa.

p. Página.

pl. Número plural.

pp. Páginas.

PPIs Positive polarity items. Elementos con polaridad positiva.

PRU C. F.-A. Schaeffer (ed.), Le Palais Royal d'Ugarit II-VI (Mission de Ras Shamra 6, 7, 9, 11, 12, Paris, Imprimerie Nationale - Klincksieck, 1955, 1956, 1957, 1965, 1970). Numeración de tablillas.

QTL Aspecto terminado del verbo semítico, conjugación sufijada.

R1 1ª Recensión BDSN del texto ugarítico.

RS Ras Shamra. Numeración de tablillas. Número arqueológico.

s. Número singular.

s.arb. Sudarábico.

sem.com. Semítico común.

sir. Siriaco.

ss. siguientes.

ssi sí y solo sí.

tD Conjugación factitiva (el sujeto no ejecuta la acción, sino que hace que otros la ejecuten) pasiva.

UDB Ugaritic Data Bank.

ug. Ugarítico.

UT Gordon, C. H., Ugaritic Textbook, Pontificio Instituto Bíblico (1999).

Vl Partículas en las lenguas semíticas con la estructura: vocal + l.

YQTL Aspecto no terminado del verbo semítico, conjugación prefijada.

Š Conjugación causativa o Š afʿel.

Índice de figuras

Índice de cuadros

Parte I

INTRODUCCIÓN

1. Tema, problemática, metodología, contenido y tesis

Tema

El tema fundamental de este trabajo es el análisis y la propuesta de una semántica para las partículas ugaríticas negativas *lā/ ʾal*. La semántica formal ayuda a clarificar la semántica de una lengua y usa para ello herramientas lógicas que ayudan a su estructuración. El estudio semántico de la lengua entraría a formar parte de uno de los niveles diferenciados en el Laboratorio de Hermeneumática (LH)[2], el nivel de Semántica Formal situado entre la sintaxis y la literatura. En los proyectos de este laboratorio no se cuenta con este nivel de semántica formal, ésta es precisamente la aportación metodológica que se propone.

Los ámbitos que se abordan para la dotación de tal semántica son la sintaxis, semántica y pragmática de la lengua. En cuanto a los niveles de arqueología, epigrafía y morfología, nos basamos en los estudios anteriores sobre la lengua. No se pretende ofrecer un estudio de morfología ugarítica, pues eso correspondería a los ugaritólogos, al igual que la epigrafía a los epigrafistas; la arquelogía a los arqueólogos; la literatura a los especialistas en análisis literario y la historia a los historiadores. Sin embargo, se utilizan parte de los resultados de estos estudios para la determinación de la semántica, ya que desde mi punto de vista el estudio de la estructura de una lengua y más aún de una lengua antigua, es un trabajo multidisciplinar.

Problemática

El principal problema para establecer una semántica clara de las partículas en ugarítico son las fuentes de información de la lengua. No estamos ante una lengua hablada hoy en día, sino ante una lengua que se habló en el II milenio a.C., por lo que no tenemos informantes que puedan avalar o refutar las teorías. Muchos de los aspectos de la lengua resultan dudosos y los investigadores no se ponen de acuerdo en sus interpretaciones. Para la interpretación del ugarítico resulta fundamental un trabajo de lingüística comparada, muchas estructuras de esta lengua han sido descubiertas gracias a otras lenguas relacionadas genéticamente como el hebreo o el acadio. Otro problema es que los documentos que nos han llegado escritos en esta lengua están parcialmente

[2]El Laboratorio de Hermeneumática fue el grupo de investigación creado por Jesús Luis Cunchillos (CSIC) que tenía como finalidad la formalización del proceso de interpretación de textos, véase entre otros Cunchillos y Vita (1993a, 1995); Cunchillos y al (1996); Cunchillos (2000); Cunchillos *et al.* (2003a); Siabra (2003); Cervigón (2007a,b); Barés Gómez (2012). Se crearon diferentes programas de análisis para los diferentes niveles de la lengua: arqueología y epigrafía, morfología, sintaxis, literatura e historia.

destruidos y la escritura no muestra las vocales, por lo que su lectura e interpretación resultan en muchos casos dudosas.

En cuanto a la negación ugarítica, las investigaciones actuales no han dado mucha luz a su estructura. Este trabajo se centra en la estructura de las partículas negativas *lā/ ʾal* que tienen un comportamiento atípico en determinados contextos ya que pueden cambiar de positivas a negativas. Según el investigador, nos encontramos con opiniones diferentes. Unos consideran que las positivas y las negativas son la misma partícula, mientras que otros creen que son partículas diferentes, pero al carecer de la vocalización de la lengua, resultan indiferenciables[3]. Además estas partículas se relacionan con una serie de partículas conocidas en la mayoría de las lenguas semíticas *lV/Vl* consideradas como partículas hipotéticas o afirmativas que aportan un enfoque a la lengua[4]. Hasta ahora se han realizado estudios de las partículas afirmativas, pero ninguno sobre las negativas y su relación con las positivas. Ambas suelen comportarse de forma atípica en contextos tales como los condicionales, disyunciones, cuando van acompañados de modales y en interrogaciones. El mayor problema reside en determinar su semántica exacta y dar una explicación clara de su comportamiento.

Metodología

La metodología utilizada deriva de diferentes disciplinas. Se usan herramientas y estudios de la Semitística Comparada, la Lingüística, la Lógica (filosófica y computacional) y la Filosofía de Lenguaje. Por un lado, se han estudiado los análisis sobre la negación y las partículas *lV/Vl* que provienen de la semitística comparada y de las gramáticas ugaríticas. A estos análisis se le suman los estudios provenientes de otras lenguas, no sólo de las relacionadas genéticamente, y de tipología lingüística, que analizan la estructura modal y la negación de las lenguas naturales. Además de los estudios de semitística y de lingüística se usan herramientas que vienen de la lógica y de la filosofía del lenguaje que facilitan la clarificación de los conceptos. Todo ello produce una tesis pluridisciplinar. Este trabajo está destinado a un público que pertenece a disciplinas alejadas entre si, pero que desde mi punto de vista pueden ayudarse mutuamente y deberían trabajar juntas. Debido a que abarco diferentes disci-

[3]Este es el caso por ejemplo de Pardee en Woodard (2008) p. 26. Este autor afirma que se trata de partículas diferentes probablemente con diferente vocalización *la*= «de hecho» y *lā* «no»; *ʾal*= «no debe» y *ʾallu*= «debe». En este trabajo considero que se trata de las mismas partículas con dos funciones diferentes y se analiza su semántica dando su estructura mediante lógica dinámica epistémica.

[4]Con este enfoque me refiero al fenómeno llamado en lingüística «nexus focus». Este tipo de partículas parece aportar un enfoque mayor al que se aporta con una simple sentencia declarativa. Para un estudio de este fenómeno en acadio véase Cohen (2005).

plinas, algunos apartados pueden resultar básicos para determinado público, pero resultan necesarios para los que no son expertos en esa disciplina.

Desde el punto de vista de los estudios ugaríticos, considero que una aproximación desde la tipología lingüística y con herramientas de lingüística y filosofía contemporáneas como son las formalizaciones lógicas, puede aportar claridad a estructuras difíciles de interpretar como la negación ugarítica. Si bien es cierto que los análisis del lenguaje desde un punto de vista lógico se hacen ya desde la época griega, en este trabajo uso lógicas no clásicas, en concreto lógica modal proposicional, lógica epistémica dinámica. La lógica y la filosofía del lenguaje llevan tiempo trabajando con conceptos como los de actitudes proposicionales e intensionalidad, ya desde Frege[5]. Se han desarrollado herramientas formales como la lógica modal y la semántica de mundos posibles de Kripke que ayudan a la interpretación de las estructuras modales[6]. Una aproximación a los problemas de la negación y la modalidad desde este marco resulta interesante para los estudios de las lenguas y en concreto para las lenguas semíticas antiguas, el ugarítico. La elección de este tipo de lógica, DEL, proviene de las estructuras que se han encontrado en la lengua. Necesitaba una lógica capaz de diferenciar la estructura de conocimiento con pruebas que determina un paradigma evidencial y la creencia tal y como se expresa usualmente en las lenguas indoeuropeas. Esta lógica me permite determinar la negación ugarítica como una negación epistémica y no como una negación clásica, explicando de este modo la estructura problemática de las partículas.

Desde el punto de vista de la lógica y la filosofía del lenguaje, resulta interesante el estudio de este tipo de lenguas porque nos plantean multitud de problemas estructurales que no tenemos en las lenguas más conocidas. He elegido la negación en ugarítico porque tiene una estructura bastante diferente a la usual. Es una negación con un comportamiento particular, cambia de positiva a negativa dependiendo del contexto. Al analizar esta estructura y determinar que forma parte de un paradigma evidencial, un paradigma de conocimiento con pruebas, me sitúo en uno de los mayores problemas a la hora de una formalización de las estructuras de las lenguas naturales, los contextos intensionales o hiperintensionales. El análisis de la negación en ugarítico aporta la estructura de una negación diferente, que además está asociada a una estructura de conocimiento. Todo ello puede ayudar a resolver problemas conceptuales en los análisis de filosofía del lenguaje y lógica.

[5]Véase Valdés (2005) pp. 24-46 *Sobre sentido y referencia.*

[6]Si bien es cierto que también producen multitud de problemas en el momento en el que se pasa a lógicas de orden superior tales como el problema de la identidad, en este trabajo me limitaré a lógica modal proposicional. Me sitúo en un contexto de teoría de modelos. No significa que sea el único, pero es el que he elegido porque lo considero útil para la negación en ugarítico y la evidencialidad.

Contenido

Es un análisis pormenorizado de las partículas *lā/ ʾal* en ugarítico a partir de sus ocurrencias en las cartas ugaríticas. Se exponen las teorías actuales sobre las partículas *lV/Vl* en varias lenguas semíticas: acadio, hebreo, canaano-acadio y las hipótesis sobre el proto-semítico.

A partir de aquí, se ofrece una visión general de la categoría de modalidad y de la negación desde una perspectiva de tipología lingüística contemporánea. Se centra en la modalidad epistémica y sus problemas de definición. Se estudian las diferentes formalizaciones ofrecidas hasta ahora para la modalidad para los evidenciales ya sean modales epistémicos o no.

Se ofrece una aproximación semántica nueva para los evidenciales a través de la formalización con lógica epistémica dinámica, se especifica la definición formal para un evidencial directo y uno indirecto.

Se aplica la lógica epistémica dinámica como teoría para la formalización de la evidencialidad a la negación ugarítica y se explica su relación con la modalidad ugarítica sentencial y subsentencial mediante el alcance de diferentes operadores (concordancia modal-scope).

Tesis

La tesis fundamental de este trabajo consiste en la propuesta y la defensa de la negación *lā/ ʾal* ugarítica como una negación intensional epistémica que estaría dentro de un paradigma evidencial de la lengua. Esta negación como parte de la evidencialidad lingüística puede formalizarse mediante una lógica dinámica epistémica.

2. Ugarit y el ugarítico

2.1. Situación de Ugarit

La ciudad de Ugarit (actual Ras Shamra) está situada en la costa de la actual República Árabe de Siria, en la provincia de Latakia.

Figura 2.1: Situación del Ugarit en el Antiguo Oriente Próximo

2.2. Historia del descubrimiento y archivos hallados en Ras Shamra

En 1928 Mahmud Mella az-Zir, un agricultor, había arrendado un terreno para sembrar al sur de Minet el-Beida. En el mes de marzo la reja de su arado golpeó el suelo. Encontraron una bóveda funeraria construida con piedras de sillería. Bruno Michael, que poseía una propiedad cerca de allí, vio a los agricultores y avisó a Ernest Schaeffer, gobernador del territorio de Latakia bajo el gobierno francés. Se avisó al Servicio de Antigüedades, dirigido por Charles Virolleaud y este mandó a Léon Albanése para que investigara. Un año más tarde, en 1929, Cl.F.A Schaeffer empezó a excavar en Minet el- Beida («Bahía blanca») y terminó haciéndolo en el tell vecino Ras Shamra («el cabo del hinojo»). Las excavaciones se interrumpieron por la II Guerra Mundial en 1939 hasta el 1948. Después de Schaeffer, se sucedieron varios arqueólogos como H.Contenson, J. Magueron, M. Yon y Y. Calvet. Actualmente las excavaciones son dirigidas por V. Matoïan [7].

En todo el tell se han encontrado unos dos mil textos, la mitad en acadio y la otra mitad en ugarítico. A estos documentos hay que añadirles los encontrados en Ras ibn Hani (unos 130) y en Minet el-Beida[8]. A continuación se detallan muy brevemente los diferentes archivos[9]:

[7]Para un estudio detallado del sitio arqueológico véase Yon (2006), para más información sobre su descubrimiento Smith (2001). Véase también Watson y Wyatt (1999).

[8]Téngase en cuenta que lo que se ofrece aquí es un resumen muy general y básico de los archivos. Para un resumen detallado de los archivos véase Solans (2011) pp. 14-19. Para más información véanse los catálogos: van Soldt (2000); Bordreuil y Pardee (1999-2000); Malbran-Labat (2008). Véase también Watson y Wyatt (1999) pp. 29 y ss.

[9]Los archivos de Ras Shamra contienen textos en diferentes lenguas, entre ellas en ugarítico. Otros textos escritos en ugarítico han sido encontrados fuera de Ras Shamra: Ras Ibn Hani; Tell Sukas (KTU 4.766=varia:TS 4001); Tell Nebi-Mend, Qadesh en el Orontes (KTU 6.71=TNM 022), El Líbano (KTU 6.2=varia:KL 67:428p; 6.67= KL 77:66; 6.70=Sar 3102); Chipre (KTU 6.68=HST); Israel; Taanach (KTU 4.767=TT 433); Beth Shemesh (KTU 5.24=8.1=AS 33.5.165); y una daga fue encontrada cerca del Monte Tabor (KTU 6.1 = PAM = IAA 44.318). Véase Watson y Wyatt (1999) p. 12.

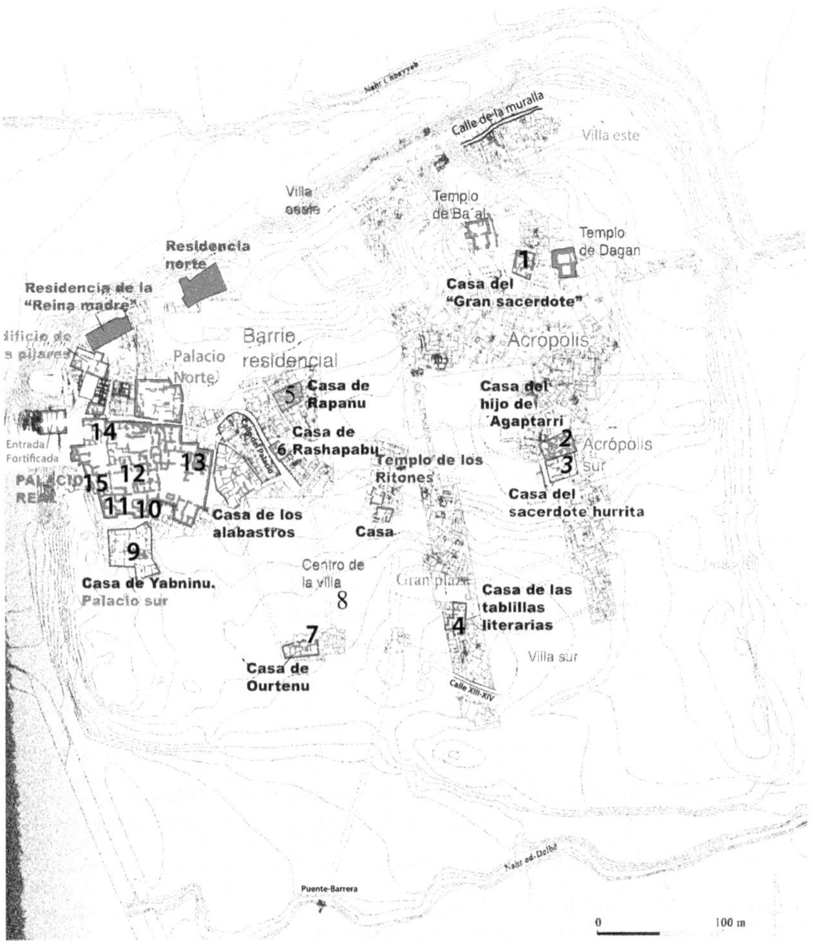

Figura 2.2: Plano de tell de Ras Shamra con los archivos

1. Casa del «Gran sacerdote».

Es una construcción verdaderamente importante, construida a principios del Bronce Reciente. Se encontraron 74 bronces, algunos de ellos inscritos. En uno de ellos encontramos mencionado el título de su propietario (en lengua ugarítica), *rb khnm* «jefe de los sacerdotes» o «gran sacerdote». La mayor parte de las tablillas literarias fueron encontradas en este lugar. De aquí procede el llamado *Ciclo de Baal* que contiene *La lucha de Baal y Yam*, *La lucha de Baal y Mot* y *La construcción del palacio de Baal*. Otras obras encontradas son las epopeyas de *Aquatu*, la de *Kirta* y *El mito de los Rapiūma*.

2. Casa del hijo de *ʾAgaptarri*.

   Se encontró un vaso de arcilla con la forma de cabeza de león. En el hay una inscripción en ugarítico dedicado al hijo de *ʾAgaptarri*, quien pudo haber sido el propietario de la casa, y una invocación al dios *Reshef*.

3. Casa del sacerdote hurrita.

   Se encontraron una variedad de artefactos religiosos y rituales, tablillas en ugarítico de magia, rituales y mitología y textos en acadio sobre prácticas adivinatorias. Entre los instrumentos había modelos en arcilla de hígados y pulmones. En la esquina suroeste, en una larga y estrecha habitación se encontraron alrededor de 70 tablillas en acadio, entre ellas cartas reales, textos económicos y legales. En este archivo aparecieron también textos que revelan el aprendizaje de la escritura cuneiforme y de la lengua acadia según los métodos y materiales empleados en Mesopotamia: listas lexicográficas, textos literarios y textos médico-mágicos. Entre ellos se encuentra el texto de *Lamashtu*, una mujer demonio que ataca todas las formas de vida, en especial a los recién nacidos y a sus madres.

4. Casa de las tablillas literarias.

   Junto con otros textos en ugarítico y en acadio, aparecieron por primera vez en Ugarit textos literarios babilónicos, como por ejemplo el relato del diluvio. Además encontraron una colección de proverbios conocidos como Literatura sapiencial. Muchas tablillas fueron encontradas en la casa y otras en la plaza contigua.

5. Casa de *Rapʾānu*.

   Archivo que contiene más de 200 tablillas donde aparece el nombre de *Rapanu* en varias cartas y documentos. Debió ser un escriba de alto rango y consejero del rey a finales del s.XIII a.C. Algunos de los documentos más importantes son cartas entre varios reinos: entre el rey de Ugarit y el de Alashia (Chipre) 1200 a.C., correspondencia con el rey de Karkemish y con el Faraón egipcio.

6. Casa de *Rašapʾabu*.

   Este archivo perteneció probablemente *al ākil kari* («supervisor del puerto»), *Rašapʾabu*. Contiene textos lexicales, algunos ejercicios en escrituras alfabética y silábica y textos en ugarítico que incluyen tratados veterinarios y sobre el cuidado de los caballos. Pero el grupo más importante está formado por documentos legales, la mayoría relativos a asuntos privados de su propietario. Junto con esta casa se encontró la «Casa del Letrado», que ha adquirido un estatus independiente, pues los límites de la casa no están claros. Este archivo se compone de textos lexicales y religiosos, desafortunadamente sin colofón, así como un gran número de tablillas de ejercicios.

7. Casa de *ʾUrtēnu.*

   Se han encontrado cerca de 500 tablillas, algunas en ugarítico, y la mayoría en acadio. Las excavaciones de este archivo acabaron en 2005 y parte de los textos han sido recientemente publicados en 2012 en Bordreuil *et al.* (2012)[10]. Esta parte estuvo bajo control militar durante unos años y la excavación comenzó cuando las autoridades dieron permiso para derribar el búnker.

8. Archivo.

   En el centro de la ciudad se han encontrado algunos documentos, la mayoría textos escolares.

9. Casa de *Yabninu.* Palacio Sur.

   El así llamado Palacio Sur, fue probablemente una mansión cuyo propietario fue un alto oficial, el *šatammu rabû. Yabni- šapšu* guardó copias de negocios de estado y de sus propios negocios. Se encontraron más de sesenta textos, escritos la mayoría en acadio, pero también en ugarítico y dos chipro-minoicos. Los documentos son principalmente de tipo económico, escritos en acadio.

10. Palacio real. Archivo sur.

    En este archivo se encontró una extensa correspondencia diplomática en acadio relativa a las relaciones de Ugarit con el reino hitita y con otros reyes sirios. También hay una docena de cartas y documentos legales escritos en ugarítico.

11. Palacio real. Oficina anexa a los archivos.

    Los documentos son cartas, decisiones legales, textos mitológicos y algunos textos relacionados con el vino. Se considera que son restos de algún archivo que fue desplazado desde otro lugar.

12. Palacio real. Archivo central.

    Las tablillas fueron encontradas dispersas en el muro y en habitaciones vecinas. La mayoría son documentos en acadio, textos legales y cartas reales. Hay también cartas y textos legales en ugarítico.

[10]Otros textos de este archivo fueros publicados en Bordreuil (1991); Yon y Bordreuil (2001).

13. Palacio real. Archivo este.

    La mayoría de los textos son en ugarítico: cartas, textos mitológicos, listas de compras, salarios, actividades agrícolas, armas, mobiliario... Otros textos escritos en acadio son copias de cartas escritas por el rey de Ugarit o dirigidas a él. Hay también dos textos mágicos en hurrita y una colección de máximas bilingües acadio-hurrita.

14. Palacio real. Archivo oeste.

    Estas tablillas son sobre todo documentos administrativos escritos en ugarítico, listas de personal (salarios), impuestos de pueblos. El abecedario más famoso de Ugarit fue encontrado cerca de la base de una columna en la entrada porticada. También hay cartas en acadio y textos rituales en hurrita.

15. Palacio real. Archivo suroeste.

    Estas tablillas debieron caer de la planta superior. Hay gran variedad de textos: fragmentos mitológicos y rituales en ugarítico, listas de ciudades, tributos y compras, dos abecedarios y cartas en acadio.

2.3. Contexto histórico y cultural

En las excavaciones de Ugarit se encontraron restos del Paleolítico. Sin embargo los primeros habitantes pertenecen al periodo Neolítico (6500-6000). Los pobladores del Calcolítico (5205-3000), ocuparon una superficie menor que la de los del Neolítico[11].

- En el Bronce antiguo 3000-2100 a. C., aparece la primera mención de Ugarit en los archivos de Ebla. Ugarit era una ciudad de modesta importancia, aunque la metalurgia del bronce estaba muy desarrollada. Al final de este periodo sufre una decadencia.

- Bronce Medio (2100-1650 a. C.): Gran contacto con la civilización egipcia. Se han encontrado inscripciones de Sesostris I, II y Amenenhat III. En los archivos de Mari (1750), la ciudad aparece en cartas y documentos económicos, había un comercio floreciente entre ambas ciudades. El sello dinástico usado en los documentos por los reyes de Ugarit procede de esta época. También son de este periodo los templos de Baal y Daganu.

- Bronce Reciente (1600-1185): Se fecha aquí la construcción del Palacio Real de Ugarit. Tenía 90 habitaciones, salas y salones de varias dimensiones dispuestas alrededor de un jardín interior y cinco patios. El lado

[11] Para la historia del reino de Ugarit véanse Freu (2006) y Liverani (1995) pp. 426-452.

orientado al mar tenía un muro de protección. En los archivos de Alalah (1500-1400) aparece nombrada dos veces. En el siglo XV, Ugarit fue lugar de paso para los egipcios en las expediciones contra el reino de Mitanni. La ciudad pasó a influencia egipcia como indican las cartas de El-Amarna. Permanece bajo el poder egipcio del 1400 al 1350. La organización política de la época está bastante estratificada. Por un lado el gran Rey y por el otro el pequeño, entre los cuales estaba el rey de Ugarit[12]. Los grandes reyes de la época eran el Rey de Egipto, el de Babilonia, el Rey de Hatti, el de Mitanni (hasta 1350), el Rey de Asiria, y ocasionalmente el de Ahhiyawa. Se consideraban entre ellos como pares. Las relaciones entre los grandes reyes y los pequeños eran unas relaciones de señores a siervos. El gran rey protege a sus vasallos y estos le entregan un bien (tributo). Ugarit fue controlado por el gran Rey de Egipto desde el 1550 hasta el 1350, desde la expedición de Tutmosis III hasta la de Suppiluliuma. El control egipcio de la región libanesa se dividía en tres provincias: Canaán (Gaza), Abila (Kumidi) y Amurru (Sumura). Ugarit formaba parte de esta última. La primera parte de este periodo la conocemos gracias a las cartas de El- Amarna, que son la correspondencia entre el Faraón y los pequeños reyes sirio-palestinos. Tras la expedición de Suppiluliuma I, Niqmadu II de Ugarit mantiene el trono y pasa a formar parte del sistema político hitita. A Niqmadu le sucede Arhalba. Después su hermano Niqmepa. Ugarit toma parte con los hititas en la batalla de Qades entre Ramsés II y Muwatali (1286). Después Ammistamru II, Ibiranu, Niqmadu III y Ammurapi. La ciudad fue destruida por los llamados «pueblos del mar».

- Ugarit no será reconstruida hasta el 550 a. C., en la época persa.

El primer componente básico de la cultura de Ugarit es el substrato semítico, pero también tiene un segundo componente cultural, lingüístico y étnico, el hurrita. En algunos textos nos encontramos con una mezcla de los dos componentes lingüísticos e incluso en los mitos o rituales. Ello indica un amplio conocimiento del panteón hurrita, pese a que su base principal sea semítica. Ugarit además fue una ciudad de intercambio cultural atestiguado. Se encuentran referencias en algunas tablillas a los «huéspedes de los muros de Ugarit». Se mencionan grupos extranjeros como los hititas, los chipriotas o los egipcios con los que hubo relaciones culturales y comerciales. Por otro lado había poblaciones no sedentarias, es el caso de los llamados Hapiru. El término designa individuos de origen extranjero, desarraigados étnica y socialmente, que formaban a menudo bandas móviles y peligrosas, pero que a veces se integra-

[12]Para un estudio detallado de los poderes colectivos no monárquicos en la Siria del Bronce Final véase Solans (2011).

ban en la sociedad. Al igual que Ugarit contaba con extranjeros dentro de sus fronteras, encontramos ugaritas en otros países. Normalmente se debía a su profesión, pues eran mercaderes, mensajeros, embajadores o escribas.

La sociedad ugarítica es una sociedad muy estructurada, aunque podían producirse cambios en la categoría de una persona por decisión real, matrimonio o situación económica personal. Las personas, al igual que otras sociedades de la época, podían ser compradas y vendidas, por lo cual alberga también un estamento de siervos. En la cima del sistema administrativo, político y religioso se encuentra el rey. Es el comandante supremo del ejército y ocupa un lugar central en el campo religioso, muchos de los rituales que se conservan se desarrollaban en el palacio y al rey se le consideraba intermediario entre el dios y el reino. Además, una vez fallecidos, los reyes pasan a formar parte de los seres divinos y siguen velando por el reino y la dinastía. La administración era un sistema compartimentado. La posición superior del monarca se ve matizada por la existencia de núcleos administrativos o de poder encabezados por el perfecto, la reina o los nobles de la corte.

Los escribas eran un elemento central en la administración. Eran profesionales, generalmente bilingües o, al menos, dígrafos (ugarítico- acadio). Esta función normalmente se heredaba de padres a hijos, conocemos al menos dos dinastías de escribas. Existía una jerarquía en el cuerpo escribal que se desprende del colofón en textos literarios y lexicales de títulos como el de «aprendiz». Otro de los grupos que se encuentran dentro de la esfera administrativa, es el de los sacerdotes. Estos aparecen también organizados y jerarquizados. Tenemos noticias de un «colegio de sacerdotes» y se menciona un «jefe de los *khnm*», un personaje de posición económica y social destacada.

La diversidad del panorama geográfico ugarítico propició las distintas actividades económicas que se producían en la ciudad. La franja costera en el mediterráneo propició la pesca y el auge de industrias como la púrpura y el comercio marítimo. Las regiones montañosas proporcionaban madera para la construcción de barcos, casas y carros. Por otro lado, al sur, los ríos y llanuras fértiles hacían posible el cultivo de cereales, viñedos, olivares, higueras y árboles frutales. Los textos nos proporcionan así gran número de oficios y actividades artesanas. Muestran la existencia de agrupaciones o gremios de oficios organizados y controlados por la administración central.

En cuanto a la mitología ugarítica, podemos destacar a la cabeza del panteón divino, al dios Ilu. Este dios es el creador de los dioses y creador de las criaturas. Habita «en la fuente de los dos ríos, en medio del curso de los dos océanos», es «el más lejano de los dioses». Su epíteto, «el Toro», está relacionado con la fecundidad, es de carácter afable, sabio y acogedor. Preside la asamblea de los dioses y tiene como esposa a Atiratu, en hebreo Aserah, la creadora de los dioses. Si Ilu es el dios más lejano, el más cercano a los ugaritas es Baalu, «el señor». Este dios habita en el monte Sapānu, safon o «norte» de la Biblia, monte que se ve desde Ugarit. Su esposa es su hermana Anatu. Particularmente las historias sobre las actividades del dios Baal han sido un tema frecuente para los investigadores de la Biblia Hebrea con la finalidad de arrojar luz a la relación entre el dios hebreo Yahweh y su enemigo Baal, así como la conexión entre Yahweh y El en el panteón ugarítico. Además de estos, el panteón ugarítico cuenta con otros dioses.

2.4. El desciframiento del ugarítico[13]

La mayor parte de los textos encontrados en Ugarit a partir de 1929 eran textos y fragmentos en cuneiforme acadio (unos 3000), pero también se fueron encontrando unos 2000 textos y fragmentos de una escritura desconocida en un primer momento, el ugarítico. La mayoría de ellos están inscritos sobre tablillas de arcilla, aunque hay algunos inscritos sobre objetos metálicos. El primer epigrafista de los textos de Ugarit es Charles Virolleaud, semitista especializado en acadio y árabe. En 1929 registra la presencia de 26 ó 27 signos cuneiformes diferentes, hecho que indica una escritura alfabética. El desciframiento se facilita debido a la presencia de signos de separación vertical entre las palabras. Las palabras son cortas de una, dos o tres letras, raramente cuatro. Los textos más largos, tal vez religiosos, estaban divididos en parágrafos.

Virolleaud encuentra la misma secuencia de seis signos (*rb khnm*) en cuatro hojas de azadillas. En una de ellas esta secuencia es precedida por una palabra compuesta de cinco signos cuneiformes que podían designar al objeto mismo.

Figura 2.3: Azadilla RS 1.052. Casa del Gran Sacerdote, Ras Shamra

- | *ḫrṣn rb khnm*

En una tablilla esta secuencia aparece precedida de un signo cuneiforme compuesto de tres clavos verticales sucesivos seguidos de un separador. Otro separador figura entre los dos primeros signos de la secuencia y los cuatro que le siguen, lo que podría ser un nombre compuesto. Virolleaud, sin saber aún

[13] Véase Watson y Wyatt (1999); Smith (2001); Bordreuil *et al.* (2010); Bordreuil (2012).

el significado de los signos siguientes, intuye que los tres primeros signos verticales pueden corresponder a la preposición acadia *ana* = «a». Un poco más tarde indica que el signo corresponde a la preposición semítica noroccidental *l* «a, para».

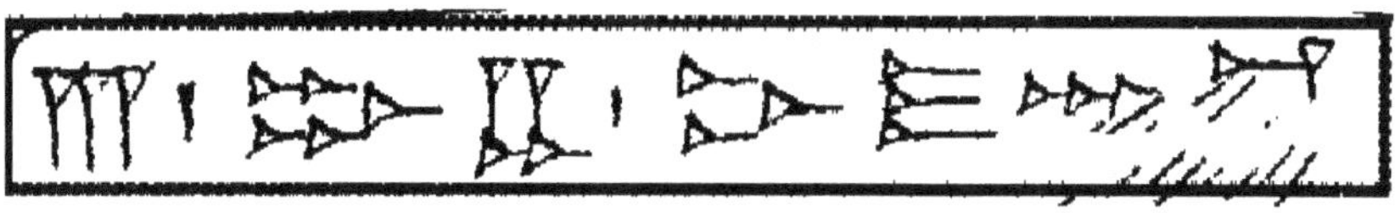

Figura 2.4: RS 1.018. C. Virolleaud, *Syria X*

Así en el último número de *Syria 1929,* Virolleaud identifica la nueva escritura como alfabética; el signo compuesto de tres clavos verticales lo interpreta como el equivalente a la preposición acadia *ana*; y afirma haber identificado las tres letras del nombre *bʿl*, por lo que se podría deducir que pensaba que se trataba de una lengua semítica. Sin embargo en 1930 declara que probablemente habría que orientarse hacia la investigación sobre Chipre y el mundo egeo. En 1931 identifica el signo de los tres clavos verticales con la letra *l* y a partir de aquí descubre las palabras *mlk*, *bʿl*, *bn*, *bt*, etc.

El segundo de los descifradores del alfabeto ugarítico fue Hans Bauer, conocido semitista alemán que había trabajado sobre varias lenguas semíticas como el hebreo, el arameo bíblico, las inscripciones fenicias de Biblos o los textos proto-sinaíticos. Durante la primera guerra mundial trabajó como descifrador. Bauer identificó en 1930 correctamente 15 letras del alfabeto ugarítico: *ʾa, ʾi, b, g, d, h, w, y, k, l, n, ʿ, r, š , t.* Su error fue interpretar la *ḫ* que aparece como *ḥ*, la *ḥ* interpretada como *g*, la *k* por *w*, *ṣ* por *z*, *ʾu* por *ḫ*, *m* por *k*, *š* por *m*, *q* por *ġ*, *s* por *p*, s_2 por *p*, *p* por *q* y propone el carácter de semítico del oeste para los nuevos textos.

Édouard Dhorme es otro de los implicados en el desciframiento del ugarítico. Fue semitista francés que, al igual que Bauer, trabajo durante la primera guerra mundial como descifrador de telegramas. Dhorme fue el primero en proponer la identificación de la mayoría de las letras del alfabeto cuneiforme ugarítico, confirmada más tarde. Continúa trabajando sobre ugarítico hasta principio de los años 40, dedicándose posteriormente a los «pseudo-jeroglíficos» de Biblos. Propone la identificación de 15 letras de 29: *b, d, h, w, y, k, l, m, n, s, ʿ, p, q, r, t.* Le otorga el mismo valor a *ʾa* y *ʾi*; el signo *ḥ* es identificado como *ḫ*; la *ḫ* se interpreta como *g* y la *ṣ* como *z*. Atribuye el mismo valor ʿ a los signos ʿ y *g*, y el mismo valor *š* a el signo para *š* y las interdentales *ḏ* y *ṯ*. Quedan sin identificar *ṭ* , s_2 y *z*. Estos resultados se los comunica a Bauer, así este último en 1930, tras las observaciones de Dhorme, corrige la lectura de 7 signos, quedando sólo 3 errores por resolver: *ḥ* tomada por *g*, *g* interpretada por ʿ y ʾ*u* por *ṣ*.

El cuarto descifrador del alfabeto ugarítico ha permanecido desconocido hasta la publicación en 2008[14] de la correspondencia que mantuvo con Virolleaud ente 1932 y 1933. A Marcel Cohen, lingüista especializado en etíope y francés, se le debe la identificación consonántica de cuatro signos: *y*, ġ, *ẓ*, *t*. Estos cuatro signos Virolleaud los había asociado con el fonema /*š*/.

La primera tablilla con el abecedario completo salió a la luz en 1938, nueve años después de los primeros descubrimientos. Quedaban aún por descubrir 9 ejemplares completos o casi completos y 6 incompletos o mutilados. La confirmación final aparece en 1955, gracias a un texto mutilado descubierto en el Palacio Real. Es un texto con el abecedario ugarítico y sus equivalencias fonéticas, equivalencias con el silabario acadio. Permanecen las 10 primeras letras y las 10 últimas, la vocalización de dos tercios del alfabeto ugarítico. Algunos años más tarde aparecieron otras tablillas alfabéticas con variaciones.

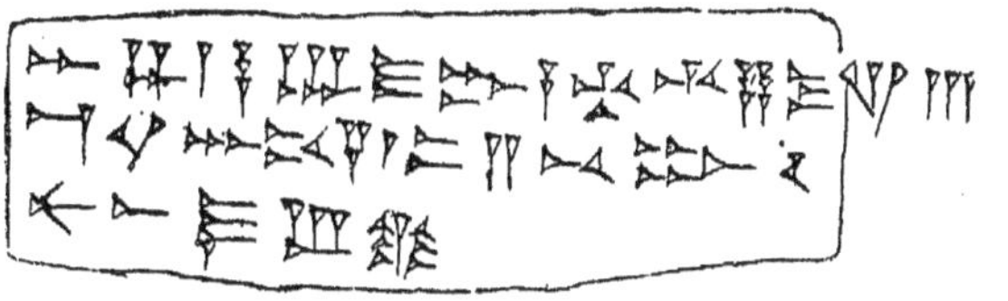

ʾ*a*	*b*	*g*	*ḫ*	*d*	*h*	*w*	*z*	*ṭ*	*y*	*k*	*š*	*l*
m	*ḏ*	*n*	*ẓ*	*s*	ʿ	*p*	*ṣ*	*q*	*r*	*ṯ*		
ġ	*t*	ʾ*i*	ʾ*u*	*ś*								

Figura 2.5: Abecedario ugarítico RS 12.063 en Virolleaud (1957) p. 199

2.5. El ugarítico y las lenguas semíticas

La clasificación lingüística del ugarítico dentro de las lenguas semíticas es un tema discutido. Un problema que dificulta esa clasificación es la discusión, siempre vigente y cambiante, de la clasificación general de las lenguas semíticas. No existe una propuesta de clasificación de la familia semítica que haya recibido la aceptación general de los semitistas, circunstancia que afecta directamente a la clasificación del ugarítico: dependiendo de las distintas propuestas, el ugarítico ocupará una u otra posición dentro del esquema general de las lenguas semíticas.

Hetzron (1974) presentó el árbol genealógico de las lenguas semíticas que ha resultado más influyente en la investigación reciente:

[14]Véase Bordreuil *et al.* (2010).

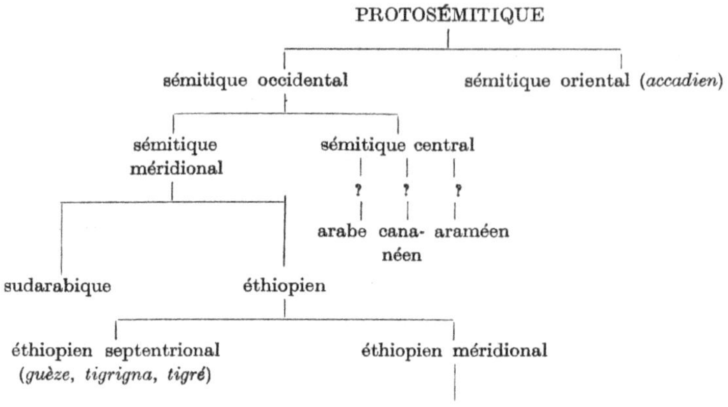

Figura 2.6: Árbol genealógico de las lenguas semíticas Hetzron (1974)

En este esquema, al igual que en muchos otros, las lenguas semíticas, partiendo de un hipotético «protosemítico», se dividen en dos ramas principales[15]. La rama oriental estaría representada únicamente por el acadio, la occidental englobaría el resto de lenguas semíticas. Ésta última se subdividiría a su vez en dos ramas: un semítico meridional, de carácter conservador, y un semítico central, de carácter innovador, y que incluiría también el árabe. Según Hetzron (1974) pp. 185 y 192, en su esquema quedaría sólo por refinar la subdivisión del semítico central.

Partiendo de la propuesta de Hetzron (1974), la subdivisión del semítico central fue emprendida por Voigt (1987). Para este autor, el ugarítico pertenecería a este grupo y propone el siguiente árbol:

[15]Véase Huehnergard (1991) p. 283.

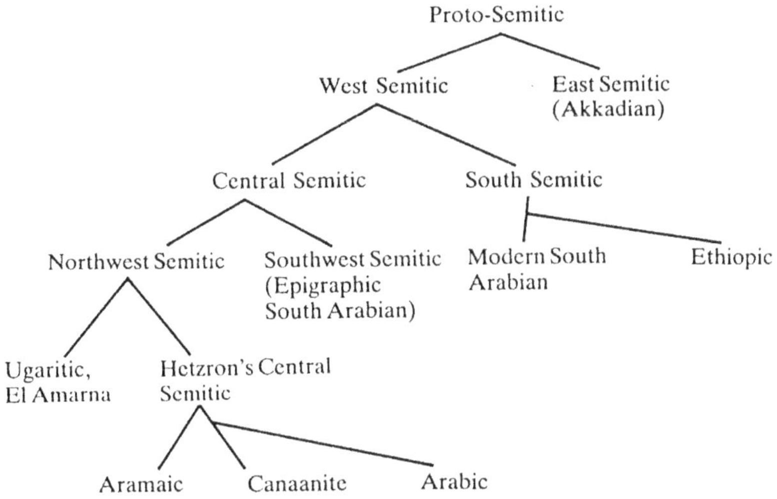

Figura 2.7: Ampliación del árbol genealógico de las lenguas semíticas Voigt (1987)

Pero los detalles de este tipo de árboles genealógicos siguen siendo discutidos. Teniendo en cuenta, por ejemplo, la posible clasificación lingüística (también discutida) de lenguas como el eblaíta o el amorreo, algunos investigadores consideran que hay una fuente común entre el semítico noroccidental y el oriental que podría denominarse «paleo-cananeo» o «paleo-sirio».

Dentro de este marco general, las diversas opiniones de la investigación acerca del ugarítico oscilan entre posiciones prudentes que se limitan a afirmar su pertenencia al grupo semítico noroccidental de lenguas semíticas, hasta las que afirman que se trata de una lengua semítica noroccidental independiente o que es un dialecto amorreo. En su gramática de referencia de la lengua ugarítica, Tropper (2000) en pp. 3-5 trata el tema con mucha cautela. Constata que no existe hoy en día duda acerca de que el ugarítico es una lengua semítica noroccidental que presenta estrechos contactos lingüísticos con las posteriores lenguas cananeas y arameas del I milenio a. C. De estos dos últimos grupos, el ugarítico muestra isoglosas más numerosas y significativas con las lenguas cananeas. La clasificación del ugarítico como rama independiente dentro de la familia del semítico noroccidental es, según este autor, una teoría inatacable, pero que aporta poco al debate por no aclarar las afinidades lingüísticas que presenta esta lengua con las demás del semítico noroccidental. Por su parte deja abierta la cuestión de la posición precisa del ugarítico en relación al grupo cananeo de lenguas semíticas.

En definitiva, puede afirmarse que la clasificación lingüística del ugarítico sigue siendo un problema por resolver.

3. Correspondencia. Marco general de análisis

El género epistolar es un género literario que se ha transmitido a lo largo de toda la historia. Ya lo encontramos en el Antiguo Oriente Próximo. Sin embargo la comunicación y el género tiene sus variantes. El género epistolar es uno de los más abundantes entre los documentos encontrados en Ras Shamra[16] y además es uno de los mejor conservados. Sobre la base del vocabulario que se encuentra en las cartas ugaríticas, una carta se podría definir como «un documento (*spr*), en concreto una tablilla (*lḥt*), que contiene un mensaje (*tḥm*) o una palabra (*rgm*) que el remitente ha dictado (*YTN*) a un escriba. El encargo es así enviarlo (*L'K*) a su destinatario, donde será leído (*RGM* y *DBR*)»[17]. La comunicación a través de cartas que se conoce hoy en día es una comunicación binaria, mientras que en Ugarit nos encontramos con un sistema terciario[18], porque el escriba es parte de esta comunicación y se encuentra entre el remitente y el destinatario.

En Ugarit contamos con abundantes documentos que por una razón u otra pueden llegar a clasificarse como cartas. Estos documentos han sido publicados por la misión de Ras Shamra y han sido analizados en amplias monografías sobre la epistolografía ugarítica[19]. Los últimos documentos que provienen de las últimas campañas de la misión siro-francesa de Ras Shamra han sido publicados recientemente, 2012. Estos estudios tratan los documentos basándose en su clasificación literaria. Dentro de la estructura literaria de las cartas, se pueden diferenciar varias partes [20]. Este tipo de análisis debería de hacerse tras el análisis de la sintaxis, pero al tener bastante información sobre ello y no ser este nuestro propósito, nos hemos permitido hacer una pequeña introducción que justifique la elección de los textos que hemos hecho para un análisis lógico posterior. Podemos diferenciar varias partes dentro de un documento epistolar[21]:

---

[16]Véase para el descubrimiento de Ugarit y el sitio arqueológico en la página 7.

[17]Véase Hawley (2003) p. 17. Téngase en cuenta que estos textos están hechos para ser leídos, es decir proferidos, por lo que la comunicación, la transmisión de la información es un punto clave en su análisis. No se puede dejar de lado el nivel pragmático del mensaje escrito.

[18]Esta situación binaria y ternaria en la comunicación epistolar se describe en Cunchillos (1989b) p. 241.

[19]Los estudios más amplios sobre epistolografía ugarítica son los siguientes Kristensen (1977); Ahl (1980); Cunchillos (1989b); Watson y Wyatt (1999); Pardee (2002); Hawley (2003); Bordreuil y Pardee (2004). Además de estos estudios generales hay diversos estudios dedicados a una o varias cartas. En este trabajo se nombran únicamente los estudios relacionados con las cartas que se utilizan.

[20]Estudios sobre la sintaxis literaria véanse Kristensen (1977); Cunchillos (1989b); Watson y Wyatt (1999); Pardee (2002); Hawley (2003).

[21]Hay diferentes estudios sobre la estructura epistolar ugarítica y no todos coinciden en su estructuración. En Gordon (1949), se diferencian 6 partes: 1 dirección/destinatario, 2 remitente, 3a saludos y/o 3b bendición divina, 4 Informe del bienestar del remitente, 5 Mensaje especial o

- *Praescriptio*:

Conjunto de fórmulas bastante arraigadas en la tradición epistolar del Oriente antiguo y en particular en la tradición ugarítica. Estas fórmulas se repiten prácticamente iguales en la mayoría de las cartas. Son modelos formales para la correspondencia.

- Dirección- Remitente.

  El rango social del remitente y el destinatario juega un papel importante en la estructura de la dirección. Sin embargo hay diferentes opiniones al respecto. Algunos autores afirman que el nombre de la persona de mayor rango precede a la de menor rango, así el orden del remitente y el destinatario depende de la posición social de los implicados[22]. Sin embargo, otros autores afirman que no es el único factor a tener en cuenta a la hora de establecer el orden, en algunos casos se puede deber a normas de cortesía[23]. Los nombres personales suelen sustituirse por nombres que indiquen la relación entre el remitente y el destinatario. Se usan términos como los de «padre», «madre», «hermano» o «hijo», términos que no designan necesariamente una relación familiar de sangre, sino que puede tratarse de una relación de respeto. Parece ser que esta fórmula de dirección no era dictada directamente por el remitente al escriba, puede que fuera una fórmula estándar establecida por los escribas[24] con una distribución formal bastante arraigada. Hay tres fórmulas estándar de estructura de la dirección:

  1. *l* (identificación-relación explícita) *rgm tḥm* (identificación-relación explícita). Apropiada para cartas con un destinatario

pedido y 6 Pregunta sobre el bienestar del destinatario. En Ahl (1980) p. 131 tenemos: 1 Encabezamiento, 2 Saludo y 3 Cuerpo de la carta o mensaje. En Cunchillos (1989b) 1 Introducción y 2 Cuerpo del mensaje, estando dentro de la Introducción 1a Dirección, 1b Proskynesis, 1c Agradecimientos y 1d Deseos. En Watson y Wyatt (1999), Cunchillos vuelve a las tres partes 1 Encabezamiento, 2 Mensaje y 3 Final. El último estudio realizado sobre la sintaxis literaria epistolar ugarítica es Hawley (2003). Este autor utiliza una estructura tripartita con diferentes subdivisiones: La dirección y las fórmulas de cortesía son las partes más formales de las cartas, así las agrupa con el nombre «praescriptio»: 1 Dirección (1a «S», remitente y 1b «R», destinatario); 2 Formulas de cortesía (2a Formula de postración, 2b Saludo, 2c Bendición divina); 3 Cuerpo. En este trabajo se ha optado por la última clasificación porque se considera que este estudio es uno de los más completos y sobre todo el más actualizado con datos de las últimas campañas.

[22]Véase Kristensen (1977); Ahl (1980); Cunchillos (1989b); Watson y Wyatt (1999).

[23]Véase Cunchillos (1989b); Watson y Wyatt (1999); Pardee (2002); Hawley (2003).

[24]Hay cartas como la RS 16.265/ KTU 5.9 y la RS 94.2273 que parecen ser ejercicios de escriba para la correcta composición y distribución de las cartas ugaríticas. Véase Hawley (2003) pp. 182-183.

de nivel social superior al remitente. Algunos ejemplos de cartas que utilizan este modelo son:

- KTU 2.30/RS 16.379:

  00-2. 30: 1 *l mlkt . ů[m]ẙ* «A la reina, mi madre»

  00-2. 30: 2 *r̊gm tḥm* «dí, mensaje de»

  00-2. 30: 3 *mlk . bnk̊* «el rey tu hijo».

- KTU 2.38/RS 18.031:

  00-2. 38: 1 *l . mlk . ugrt* «Al rey de Ugarit,»

  00-2. 38: 2 *aḫy . rgm* «mi hermano, dí»

  00-2. 38: 3 *tḥm . mlk . ṣr . aḫk* «mensaje del Rey de Tiro, tu hermano».

- KTU 2.72/RS 34.124:
  00-2. 72: 0 ... *(1) (l . mlkt . umy) (2) (rgm) (3) (tḥm .) (m) (lk . bnk)* «(¡A la reina, mi madre, dí!: ¡Mensaje del) r(ey, tu hijo!)»

2. *tḥm* (identificación) *l* (identificación) *rgm*. Cartas que no determinan la relación entre el remitente y el destinatario.
3. *tḥm* (identificación) *l* (identificación-relación explícita) *rgm*. Frecuente en cartas con remitente y destinatario pertenecientes al mismo nivel social.

- Fórmulas de cortesía:

  No siempre aparecen las tres fórmulas de cortesía, hay autores que afirman que depende del estatus de la carta y de la relación entre el remitente y el destinatario[25].

  - Fórmula de postración o Proskynesis en acadio:
    Se creía que era obligatoria en las cartas que tenían como destinatario alguien de rango superior[26], sin embargo parece ser que hay cartas en las últimas campañas que requieren un ajuste de esta visión de la estructura[27]. Los últimos estudios consideran que es una estructura típica de las cartas con destinatario de rango superior, pero no necesaria.

    ◇ KTU 2.30/RS 16.379:

    00-2. 30: 4 *l̊* **. p'n . ůmẙ** «A los pies de mi madre»

    10-2. 30: 5 **qlt** ? *l̊y . ů[m]y* «yo caigo. (...)»

[25] Véase Hawley (2003) p. 219 y ss.
[26] Véase Cunchillos (1989b) p. 249.
[27] Véase Hawley (2003) p. 232 y ss.

◇ KTU 2.72/RS 34.124:
10-2. 72: 4 ***[l p]ʻn . umy*** ? ***[qlt]*** «A los pies de mi madre yo caigo»

- Salutación.
  Las fórmulas de cortesía son normalmente expresiones con carácter volitivo que expresan el deseo del remitente de que el destinatario se encuentre bien. Las fórmulas más atestiguada de saludo son las siguientes[28]:

  1. *yšlm lk* «que la paz sea contigo»[29].
     ◇ KTU 2.38/RS 18.031:
     00-2. 38: 4 ***yšlm . lk*** . *ilm* «Que la paz sea contigo, (...)»
     ◇ KTU 2.41/RS 18.075:
     00-2. 41: 1 ***yš[lm . lk*** . *ilm*] «Que la paz sea contigo, (...)»
     ◇ KTU 2.62/RS 19.029:
     00-2. 63: 4 ***yšlm . lk*** «que la paz sea contigo.»
  2. *l* (relación explícita) *yšlm* «que con X sea la paz». Propia de las cartas ascendentes, con destinatario de mayor rango social.
     ◇ KTU 2.30/RS 16.379:
     10-2. 30: 5 *qlt* ? ***ly . u[m]y*** «(...) ¡Que con mi madre»
     00-2. 30: 6 ***yšlm*** *il[m]* «sea la paz! (...)»
     ◇ KTU 2.72/RS 34.124:
     10-2. 72: 5 ***[l]y . umy [. y]šlm*** ? *[ilm]* «que con mi madre sea en paz, (...)»

- Bendición[30].
  Es la última fórmula de la *praescriptio* y tiene un carácter volitivo al igual que la fórmula de salutación. El ejemplo típico de la fórmula es la bendición divina:

---

[28]Véase Cunchillos (1989b) pp. 244, 251-254 y análisis en Hawley (2003) p. 361 y ss.

[29]Esta fórmula está compuesta de una forma verbal prefijada en yusivo y una preposición que expresa el beneficiario de la acción. La fórmula se caracteriza por el hecho de que el verbo está en forma impersonal, el sujeto gramatical del verbo no tiene referencia explícita y es un estativo; y por la preposición que indica hacia quién se realiza la acción verbal, en algunos casos se ha llamado *dativus (in) commodi*, pero esta categoría no corresponde exactamente a una categoría gramatical de la lengua ugarítica, sino más bien a una traducción de su función en términos usados por las lenguas clásicas.

[30]Estudios sobre la benediction véanse Kristensen (1977) pp. 150-153, Ahl (1980) pp. 49-56,77-82 y 117-120, Cunchillos (1989b) p. 254, Watson y Wyatt (1999) pp. 363-364 y Hawley (2003) pp. 510-667.

ilm tǵrk tšlmk «que los dioses te protejan y estés bien».

- ◇ KTU 2.30/RS 16.379:

  00-2. 30: 6 *yšlm* . ***il[m]*** «(...) Que los dioses»

  00-2. 30: 7 ***tǵ[r]k . tš[l]m̊k*** «te guarden y te conserven la salud.»

- ◇ KTU 2.38/RS 18.031:

  00-2. 38: 4 *ẙšlm* . *lk* . ***ilm*** «(...), que los dioses»

  00-2. 38: 5 ***tǵrk . tšlmk*** . «te guarden y te conserven la salud»

- ◇ KTU 2.41/RS 18.075:

  00-2. 41: 1 *ẙš[lm* . *lk* . ***ilm***] «(...), que los dioses»

  00-2. 41: 2 ***tǵ[rk . tšlmk***] «te guarden y te conserven la salud»

- ◇ KTU 2.63/RS 19.029:

  00-2. 63: 5 ***ilm . t[ǵ]rk*** «Que los dioses te protejan y»

  00-2. 63: 6 ***tšlmk*** «te conserven la salud»

- ◇ KTU 2.72/RS 34.124:

  10-2. 72: 5 *[l]ẙ* . *umy [. y]šlm* ? ***[ilm]*** «(...), qué los dioses»

  10-2. 72: 6 ***[t]ǵrk . tšlm̊[k]*** «te protejan y te conserven la salud»

Tenemos ejemplos de la secuencia en diferente posición. Nombre + *šlm,* que expresa un mayor grado de cortesía y *šlm* + N, que parece prestar menos atención a la diferencia entre el estatus social del remitente y el destinatario.

- Cuerpo de la carta:

Esta sección carece de una estructura formal clara y es mucho más flexible, siendo difícil encontrar una estructura tipológica homogénea[31]. Es la parte donde el remitente sitúa el mensaje que quiere enviar al destinatario, por tanto la parte con mayor contenido informativo. Al carecer de una estructura formal estándar es donde mejor se puede observar la estructura de la lengua, pues contamos con mensajes diversos en cuanto a su estructura y su contenido. Frecuentemente puede aparecer una

[31] En Ahl (1980) p. 120 distingue 5 clases de mensajes: informe, mensaje de introducción, mensaje de información, de información y de dirección y mensaje de demanda, basándose en los estudios del corpus acadio de cartas de Ras Shamra, véase Nougayrol (1968). Para un estudio completo y actualizado de la estructura formal del cuerpo del mensaje con categorías provenientes de los actos de habla de Searle y Austin véase Hawley (2003) pp. 669-756, este autor los divide en «directives, assertives, commissives, expressives y performatives».

estructura en el nivel sentencial de «tópico: comentario», de dos sentencias o de varias sentencias[32]. Esta estructura es típica de un mensaje como tal, es una característica gramatical y retórica en el intercambio de información, no específica de la literatura epistolar del antiguo Oriente.

[32]Esta estructura informativa de «tópico: comentario» fue ya objeto de estudio de los gramáticos árabes medievales (*mubtada᾽ : ḫabar*). Véase Hawley (2003) p. 693.

Parte II

ANÁLISIS LÓGICO-LINGÜÍSTICO

4. Semántica formal para las lenguas naturales

Se han elegido como textos base las cartas ugaríticas y en concreto el cuerpo de las cartas porque son fragmentos que muestran la lengua ugarítica casi exenta de estructura formal sentencial. Me refiero a las fórmulas establecidas por la clase de documento, no hay sentencias formales como en la parte de las cartas de la dirección, bendición...; y tampoco hay un lenguaje cargado de figuras literarias como podría ocurrir en los mitos. Para un análisis formal de este tipo es interesante la lengua que usamos normalmente para comunicarnos unos con otros, no una redacción elaborada o estándar.

Las lenguas naturales tienen una versatilidad y flexibilidad difícilmente igualables mediante lenguajes formales. La Lógica tiene entre sus propósitos formalizar parte del lenguaje natural, elabora lenguajes formales y por lo tanto creados. Este no es su único propósito, pues pueden ser aplicados a cualquier otro lenguaje y formalizar el razonamiento de axiomas a teoremas en ese dominio. Sin embargo entre sus mayores logros se encuentran las aplicaciones al análisis de lenguas naturales[33] en el campo de la sintaxis y la semántica. Un sistema de lógica formal es, por supuesto, más simple que los sistemas de lenguas naturales, por ello las formalizaciones no pueden abarcar una lengua natural completa, sin embargo sí pueden ayudar a comprender parte de estas. Estas formalizaciones pueden ser beneficiosas en ambas direcciones, pues las herramientas analíticas de los lenguajes formales ayudan a clarificar las relaciones sintácticas y semánticas en una lengua natural[34] y recíprocamente, los lenguajes formales multitud de veces usan como modelo la expresividad de la lengua natural para sus avances.

Como ya se ha indicado, los lenguajes formales estudian la sintaxis y la semántica. Las diferencias entre la sintaxis y la semántica en un lenguaje, ya sea una lengua natural o un lenguaje formal, parecen estar bastante claras en un principio. La sintaxis estudia las propiedades del sistema mismo, sus primitivos, sus axiomas y sus reglas de inferencia y de reescritura, sus teoremas [35]. Por otro lado, la semántica abarca las relaciones entre el sistema y sus modelos o interpretaciones. A pesar de que esta diferenciación entre forma y contenido parece clara, en la práctica no lo es, pues los aspectos sintácticos de un lenguaje o un sistema se acaban interrelacionando estrechamente con los semánticos y la línea de división acaba difuminándose. Los estudios de semántica en len-

[33]Para un estudio de las herramientas matemáticas en el estudio de la lingüística véase Partee *et al.* (1990) y los textos esenciales en semántica formal Portner y Partee (2002).

[34]Para el impacto de la filosofía y la lógica en la lingüística con más detalle, véase Gochet (2008).

[35]Estudios basados en sintaxis serían por ejemplo el programa formalista, o programa de Hilbert para los fundamentos de las matemáticas en Lógica; o las gramáticas generativas de Chomsky en lingüística. El análisis que se realiza aquí tiene su base en aproximaciones fundamentalmente semánticas y no sintácticas.

guajes formales, semántica formal, dan prioridad al análisis de los aspectos semánticos más que a los sintácticos[36], mientras que en lingüística cuando hablamos de semántica puede llegar a tener un sentido más amplio. Así, aquí se usa el término semántica para las relaciones entre los sistemas formales y sus interpretaciones, se usan los lenguajes formales para el análisis de las estructuras de una lengua natural[37].

Las lenguas naturales son la primera base de investigación para los sistemas de la lógica formal, por ello contamos con conectivas que derivan del lenguaje natural. La lógica más simple es la lógica proposicional y en el nivel sintáctico se compone de fórmulas atómicas o variables proposicionales, representadas comúnmente mediante p, q...; y conectivas sentenciales[38,39]. En el nivel semántico los valores de esta lógica básica son binarios, normalmente Verdadero o Falso[40]. A estas conectivas se le pueden ir añadiendo otras tales como los cuantificadores «algunos» o «todos»[41], y se pasa de esta forma a una lógica de predicados con términos o variables y predicados como $P(x)$, pero manteniendo una semántica binaria[42].

---

[36]Las posibilidades de la semántica formal para lenguas naturales fueron abiertas por los estudios de Montague, véase Gamut (1991a) pp. 139-220.

[37]Concretamente este trabajo se sitúa en el marco de la teoría de modelos y se usa la lógica modal proposicional. Una proposición es la unidad lingüística mínima susceptible de ser «verdadera» o «falsa», describe un cierto estado de hechos. Comúnmente se representan mediante p, q, r,... Aquí hay que distinguir entre proferencia, sentencia y proposición. Una proferencia es el acto lingüístico de enunciar. Una sentencia (*sentence* del inglés u *oración* en español) es el tipo abstracto y general. Una proposición es el contenido significativo de la sentencia susceptible de ser verdadero o falso: p, q...

[38]Ciertas lógicas usan estas conectivas, otras añaden diferentes conectores y otras las modifican.

[39]Las conectivas de las lenguas naturales son mucho más ricas que las conectivas en los lenguajes formales. Muchos autores afirman que ello se debe a la pragmática que aporta parte del significado que la semántica no puede, tales como las máximas conversacionales y las implicaturas conversacionales establecidas por Grice, véanse Gamut (1991b) pp. 198-199, 204 y ss. y Ducrot y Schaeffer (1995) pp. 570-573. Según la metodología usada en este trabajo la teoría del significado que da una interpretación global viene de todos los niveles de la lengua. Véase Barés Gómez (2012).

[40]Esta teoría de la verdad fue desarrollada por Tarski, véase Tarski (1944). Normalmente se habla de ella como la teoría de la correspondencia de la verdad porque define la verdad de una proposición en términos de su correspondencia con los hechos del mundo. La sentencia «Está nevando» formalizada como p es verdadera si realmente está nevando, dentro del modelo designado que correspondería con el mundo real en este caso.

[41]Ellas constituyen las llamadas constantes lógicas. No se va a entrar en los problemas de definición de lo que es una constante lógica, para más detalle sobre este debate véanse Gómez Torrente (2007), «Constante lógica» por Mario Gómez Torrente en pp. 129-134 Vega Reñon y Olmos Gómez (2011) y Frápolli (2012).

[42]No se va a explicar aquí de forma pormenorizada las lógicas existentes y las diferencias entre lógica proposicional y de predicados. Véase Gamut (1991b) para una explicación más detallada.

5. La negación. Teorías simétricas y asimétricas

Los primeros estudios filosóficos de la negación se deben a estudios de carácter ontológico en los que se le otorga un papel secundario. Remontándonos a Parménides y Platón, la negación se muestra como una negación de la afirmación. La afirmación tiene un carácter primario, mientras que la negación es secundaria, es la negación del hecho afirmativo. La afirmación no solamente tiene un estatuto ontológicamente principal, sino que su carácter prioritario es también lógico. La sintaxis de las partículas negativas tanto en lógica como en lingüística favorecen este tipo de interpretación. La negación se forma al añadir un símbolo o palabra al afirmativo, lo cual le otorga un estatuto secundario sintácticamente. Así todo conocimiento de naturaleza negativa parece ser derivado de una percepción de clase positiva, es decir, la negación necesariamente presupone una afirmación. La negación es igual a negar la afirmación. Este tipo de teorías son las que hemos llamado asimétricas y han sido defendidas por multitud de autores a lo largo de la historia. Se considera la negación como un síntoma de falibilidad, necesidad malvada para una mente finita (Bacon, Kant, y los neo-Hegelianos), dispositivo para rechazar el error (Kant y Givon), una falta pragmática de algo mejor (Morris y Russell), o un acto de habla de negación del positivo (Strawson, Searle, Givon)[43].

Por otro lado están las teorías simétricas de la negación. Se considera que, en ciertos casos la negación de un evento, puede él mismo ser un acontecimiento. En lógica formal afirmar o negar son dos actos simétricos. De hecho fue Frege el primero que no considera la negación como una negación de la afirmación. Para este autor está por un lado la proposición, que no es ni afirmada ni negada, y luego el juicio que es siempre una afirmación del sujeto epistémico, es decir los juicios son «afirmo que no» y «afirmo que si». Al igual que hay una sentencia *p* que es verdaderamente afirmada y una sentencia $\neg$p que es verdaderamente negada. Ambas sentencias negativa y afirmativa, resultan ser operaciones separadas de una entidad básica que no es *per se* ni negativa ni afirmativa.

Estos dos tipos de teorías han ido sucediéndose a lo largo de la historia. En este trabajo, nos acercamos más a una visión simétrica de la negación, de ahí la propuesta de una negación *lā/ ʾal* ugarítica como paradigma negativo al mismo nivel que un paradigma afirmativo. Sin embargo en ugarítico no hay evidencias del paradigma aseverativo *lV/Vl* como las tenemos en acadio por ejemplo. El hecho de que no tengamos evidencias de un paradigma aseverativo en ugarítico no es razón suficiente para afirmar la no existencia ya que continuamos sin saber con claridad muchos aspectos de la lengua [44].

---

[43]Para una explicación en profundidad de las teorías asimétricas y simétricas de la negación véase Horn (1989 - 2001) §1.2.2.

[44]El paradigma aseverativo no está atestiguado en ugarítico, pero lógicamente sería posible.

6. La negación en lógica

Como ya se ha indicado, las primeras exploraciones sobre los conceptos negativos se remontan a Parménides y Platón en la tradición occidental. En estos momentos el problema de la negación era tratado desde un punto de vista ontológico. La negación se asociaba con el no ser y por ello tenía un estatuto ontológico menor que el ser. Sin embargo es con Aristóteles y los estoicos cuando el concepto de la negación abandona el estatuto metáfisico-ontológico para llegar a formar parte de los análisis lingüísticos y lógicos. Los problemas y el análisis de los términos negativos en estos autores pueden considerarse como los primeros estudios de la negación en lógica. La diferencia básica en cuanto a la negación entre una corriente y otra es la estructuración de una negación interna a la sentencia (aristotélica)[45] y una negación externa a la sentencia (estoicos, lógica proposicional y Frege). Hay muchas formas de denominar estos dos tipos de negación a lo largo de la historia débil/fuerte, primaria/secundaria, etc[46]. A estos estudios se le suman diferentes análisis en lógicas no clásicas, que tienen una negación externa, pero con diferencias en sus propiedades.

Se considera negación clásica[47] a la negación booleana. Una sentencia p es verdadera cuando su negación es falsa y a la inversa. Es la negación que se utiliza en teoría de modelos. Su semántica sería la siguiente:

Definición 1. Negación:

- $V(\neg\phi) = 0$ ssi $V(\phi) = 1$

Además en muchas lenguas este tipo de aseveración no está marcada por ningun elemento léxico. Estudios sobre el paradigma aseverativo en lenguas semíticas véanse Cohen (2005); Testen (1998). Para más información véase más adelante en el apartado Partículas *lV/Vl* en lenguas semíticas en la página 35. Otro argumento a favor en los estudios ugaríticos sobre una simetría en la lengua entre la negación y la afirmación sería la existencia de dos partículas diferentes para la negación existencial y la afirmación existencial, respectivamente *im/iṯ*. Sin embargo el estudio de estas dos partículas no se va a realizar en este trabajo, podría ser una futura línea de investigación.

[45] Aunque la externa puede ser la negación del predicado.

[46] Para las distintas denominaciones de estas negaciones véase Horn (1989 - 2001) cuadro número 69 en p. 140 y ss.

[47] Las lógicas no clásicas han desarrollado diferentes semánticas para la negación. El desarrollo de estos diferentes tipos de negación queda fuera de los límites de este estudio. Véase una explicación detallada de estas semánticas en Gabbay y Wansing (1999) el Cap. «A comparative Study of various model-theoretic treatments of negation: A history of formal negation» por Michael Dunn. La semántica para la negación ugarítica que se desarrolla en este trabajo tiene características intensionales, lo que hace que no se corresponda exactamente con la negación clásica, pero puede ser definida a través de la negación clásica, el operador K y el anuncio público. Véase capítulos siguientes.

La negación cambia a la inversa el valor de verdad de una sentencia, es decir si tenemos *p* como una sentencia verdadera y tenemos ¬p, esta tiene que ser falsa[48]. ■

7. La negación en ugarítico

Para negar en ugarítico hay cuatro partículas diferentes. Hay muchos problemas a la hora de establecer una estructura clara de estas partículas, pues parece que varias de ellas, según el contexto, pueden ser negativas o positivas. El propósito de este trabajo es, a través de un análisis lógico, determinar la estructura de estas partículas y definir los casos específicos de actuación, así como el alcance de la negación en cada caso. La denominación asignada a estas partículas[49] en el análisis planteado aquí es: *negación modal*[50] (que incluye dos de ellas), *predicativa* y *existencial*. Este análisis se enfoca en las dos primeras partículas, dejando el análisis de las otras dos como posibles futuras investigaciones.

La aproximación lógica que se va a llevar a cabo se deriva de lógicas modales, en concreto de la lógica epistémica dinámica. Para empezar se van a diferenciar las distintas partículas ugaríticas que expresan la negación. Estas han sido divididas según su estructura lógica y su funcionamiento en los textos. Las distintas partículas que nos encontramos en la lengua son:

- Negación modal: representada por las partículas *lā y ʾal*[51].

- Negación predicativa: *bl*[52].

[48]Este es precisamente el punto esencial que se va a desarrollar, ya que la negación en ugarítico no se corresponde con una negación estándar en lógica clásica.

[49]Esta denominación hace referencia a la estructura lógica de estas negaciones lingüísticas.

[50]El adjetivo modal se usa en este trabajo con dos sentidos diferentes. El primero se usa para determinar una modalidad lingüística. El segundo corresponde con la modalidad lógica, una lógica modal proposicional, por lo que me refiero a un operador modal lógico. Se usan operadores modales lógicos para clarificar la modalidad lingüística. Véase para la modalidad lingüística apartado Modo y modalidad. Normalmente se especifica en el título del apartado cuando estamos ante un estudio lingüísitico o ante uno lógico. Sin embargo en algunos casos, como considero que la modalidad lingüística se puede captar en cierto modo a través de la lógica modal, me refiero a las dos modalidades como modal.

[51]Considero que la partícula *lā* en ugarítico es una sola, es decir que se trata de una sola partícula con dos funciones, una positiva y otra negativa. Igualmente trato la partícula *ʾal* como una sola con dos funciones. La estructura semántica de ambas se irá especificando a lo largo de este trabajo. No todos los autores consideran que se trata de las mismas partículas con dos funciones, véase de nuevo nota 3 en la página 4.

[52]Esta negación no se va a desarrollar en este trabajo. Es una negación del predicado y plantea algunos problemas ya que en algunos casos es positiva y en otros negativa. Para especificar su estructura semántica habría que realizar un análisis en profundidad de la partícula analizando a su vez todas sus ocurrencias en los textos. Véase Aartun (1978) p. 26 y ss.; Tropper (2000)

- Negación existencial: *im*[53].

7.1. Análisis lingüístico de la negación *lā/ ʾal* en ugarítico

Las partículas *lā/ ʾal* tienen un comportamiento dual. Estas dos clases de negación ugarítica se relacionan con la modalidad verbal. La primera partícula *lā* es un operador sentencial que en contextos sentenciales indicativos, funciona como un operador modal con valor negativo: niega una sentencia. Normalmente *lā* es una partícula negativa cuando es seguida por un verbo en indicativo o es parte de una sentencia nominal. Sin embargo esta *lā* es difícil de diferenciar de su función *lā* positiva. La positiva parece que no implica deseo, pero se emplea con verbos modales y su función es reforzar esta modalidad. Pero antes de explicar la semántica de *lā* no podemos obviar el significado de *ʾal*. La negación en sentencias modales es marcada por otra partícula diferente, *ʾal,* que parece tener un comportamiento dual a *lā. ʾal* es aplicada a sentencias modales otorgándole un valor negativo (se podría decir de corto alcance, *narrow scope*), mientras que en sentencias indicativas parece que posee un valor positivo utilizada en preguntas retóricas. Estas partículas con sus cuatro funciones representan lo que hemos denominado negación modal y analizaremos cada una de ellas en el contexto de las cartas ugaríticas. Sin embargo, en un principio se dará una breve explicación del uso de este tipo de partículas *lV (l* + vocal*)* y *Vl* (vocal + *l*) en las lenguas semíticas.

7.1.1. La partícula *lV* / *Vl* y su uso en las lenguas semíticas

La vocalización de *l* como *lā* en ugarítico se obtiene de textos lexicales plurilingües encontrados en Ras Shamra[54]. Hay muchos problemas a la hora de estudiar las fuentes encontradas en lengua ugarítica, pero el de mayor importancia se deriva de la no escritura de las vocales. La vocalización, como ya se ha mencionado en este trabajo, nos viene dada por los estudios de lingüística comparada, por las vocales con *alif* y por las palabras en escritura silábica de textos acadios y de los textos plurilingües. Debido a ello para hacer un estudio completo de las partículas negativas hay que acercarse a los usos negativos

§87.3 en pp. 817 y ss. y del Olmo Lete y Sanmartín (1996) p. 108.

[53]Como ya se ha indicado en la nota a pie de página 44 en la página 32 esta partícula tiene su dual afirmativo *i̱t*. Parece ser que correspondería a una negación del existencial. Su traducción aproximada sería «no hay». Sin embargo, como la partícula *bl,* necesitaría de un estudio pormenorizado para especificar su estructura semántica. Véase Aartun (1978) pp. 20 y ss.; Tropper (2000) §88 en pp. 819 y ss.; del Olmo Lete y Sanmartín (1996) pp. 37-38 para *in/im* y del Olmo Lete y Sanmartín (1996) pp. 60 para *i̱t.*

[54]Para una introducción general al tell de Ras Shamra y el descubrimiento de Ugarit, véase en la página 7.

de un *lV* /*Vl* en las lenguas semíticas, uso que es bastante abundante, pero no siempre con la misma vocalización.

Todas las lenguas semíticas tienen diferentes partículas *lV (l* + vocal*)* / *Vl* (vocal+*l)*[55]. Estas podrían diferenciarse en cinco diferentes, pero según su semántica, que no siempre es la misma, podría dar otro tipo de clasificación[56]. Siguiendo el estudio de Huehnergard (1983), las partículas *lV* se han dividido en un principio en dos tipos de partículas. Esta división se basa en su estructura formal y semántica para una primera presentación clara de los datos: partícula *l-* (proclítica), normalmente con un valor precativo y frecuentemente unida al verbo[57]; y una partícula *lV* (partícula independiente) con valor enfático/ aseverativo. A estas dos categorías se le han añadido la negación *lV* y las dos partículas *Vl*: negativa *Vl* y positiva *Vl*. El estudio llevado a cabo en este trabajo se centra en la negación, debido a ello se han introducido también las partículas *lV* negativas. Las *Vl* tanto negativas como positivas parecen tener un comportamiento dual con las *lV* y por ello se han sumado a la clasificación inicial. Mi hipótesis es que tanto las positivas como las negativas *lV* y *Vl* tienen una estructura similar y estudiarlas en conjunto pueden ayudar a comprender su semántica. Así se han diferenciado en este estudio cinco clases de partículas *lV* y *Vl* que se encuentran en la mayoría de las lenguas semíticas: una partícula *l-* (proclítica), normalmente con un valor precativo, una partícula *lV* (partícula independiente) con valor enfático/ aseverativo, la partícula negativa *lV*, la partícula aseverativa *Vl* y la negativa *Vl*[58]:

1. La primera, la partícula *l-* (*li/lu/la*) con valor precativo se encuentra en todas las lenguas semíticas. Sin embargo en muchas lenguas resulta difícil de diferenciar debido a la falta de vocalización en la escritura, como es el caso del ugarítico. Aporta énfasis, es una partícula aseverativa enfática y normalmente no aparece junto con la partícula negativa. También con este mismo significado nos encontramos con partículas independientes aseverativas del tipo *lV*[59].

2. La segunda partícula, *lu/law,* también es común en las lenguas semíticas y se usa frecuentemente en hebreo. Esta es una partícula independiente y su función más generalizada es la de marcar un estado hipotético,

[55]Véase Lipinski (2001) pp. 455-457.

[56]No se va a estudiar la semántica de la *l* de preposición, ni la *l* vocativa.

[57]Su vocalización es indeterminada y variante. Normalmente va unida a la palabra siguiente pero también hay casos de este tipo de partícula como partícula independiente.

[58]Un estudio sobre las partícula *l-* proclíticas y las *lV* independientes puede encontrarse en Huehnergard (1983). Desde el punto de vista semántico este autor diferencia entre partículas aseverativas, optativas e injuctiva (intención, deseo u orden). Desde el punto de vista del árabe como principio de la argumentación, pero cubriendo muchas lenguas semíticas mediante un estudio de semitística comparada se encuentra el estudio de Testen (1998).

[59]Véase Huehnergard (1983).

es decir, contrario a los actos, contrafactual. Es la marca del irrealis y es usada en los condicionales contrafactuales. La partícula mantiene su función en árabe, hebreo y en las lenguas modernas sudarábicas. En arameo esta partícula algunas veces aparece como partícula enclítica y tiene que ser precedida por *hin/in*. En acadio el significado hipotético de *lu* solo permanece en una clase de construcción similar a una disyunción «sea X (o) sea Y». Esta partícula en ugarítico es confusa debido a la naturaleza del material que tenemos, es realmente difícil poder desarrollar su semántica[60].

3. Otra partícula es la negación *lā*. Es muy difícil de diferenciar en las lenguas cuyas únicas fuentes son escritas, debido a la falta de vocalización que ya hemos mencionado.

4. Las partículas *Vl* funcionan en muchos casos como negaciones sobre todo en sentencias con el verbo en forma modal.

5. Las partículas *Vl* funcionan como afirmaciones, se encuentran frecuentemente en preguntas retóricas.

A continuación se va a dar una aproximación a estas partículas en las lenguas semíticas que más han ayudado al desarrollo de los conocimientos sobre el ugarítico. Gracias a la lingüística comparada fue posible descifrar la lengua ugarítica, por lo que para dar una estructura semántica de las partículas *Vl/lV* afirmativa y negativa en ugarítico es necesario hacer una comparativa con las otras lenguas semíticas. No se va a hacer un estudio pormenorizado de ellas, pues para ello sería necesario tratar un conjunto de textos y todas sus ocurrencias como se hará con el ugarítico. Esta exposición se basa en la información obtenida a través de las gramáticas y los estudios lingüísticos de esas lenguas[61].

7.1.1.1. Acadio: Esta lengua es una lengua semítico-oriental[62]. Se habló en Mesopotamia desde antes del III milenio y se conserva como lengua de eru-

[60] Véase Huehnergard (1983).

[61] Un estudio reciente sobre la negación en las lenguas semíticas, véase Na'ama Pat-El (2012). En su estudio sugiere que la primera negación semítica (del proto semítico del oeste) estaba formada por dos partículas *ʾl* para indicativo y *lā* para no indicativo. Sugiere también que en el semítico norte del oeste se produce una innovación y se pasa a *lā* para las formas indicativas. El estudio que ofrecemos aquí no es un estudio de semitística comparada, sino un estudio semántico de la negación semítica a partir del estudio del ugarítico y muy brevemente su función en las lenguas cercanas. Para un estudio completo de la semántica de la negación en semítico habría que estudiar con detalle las ocurrencias en todas las lenguas con el mismo detalle que el ugarítico.

[62] Para un estudio completo de la lengua véanse Malbran-Labat y Vita (2005); von Soden (1995); Huehnergard (1997); Black *et al.* (2000). Para el paradigma precativo, no en el sentido de la Asiriología, que se limita con este nombre a las formas con *lū*, sino incluyendo también la modalidad del prohibitivo y del imperativo, véase Cohen (2005). Este autor hace un estudio

dición hasta la era cristiana. Su escritura es silábica cuneiforme y usa ideogramas sumerios. Ello nos permite conocer su vocalización. Como característica fundamental podemos señalar el léxico triconsonántico habitual de las lenguas semíticas.

La partícula *lū*[63]

Puede ser una partícula precativa *lu-*, *li-* y en asirio también *la-* «déjale ser»[64].

También puede expresar un deseo o una afirmación, en este caso no se contrae con el verbo[65]. Junto con la partícula *-i-*, es la forma de marcar la modalidad subjetiva positiva en acadio. Como partícula independiente se usa

---

pormenorizado de la modalidad diferenciando la modalidad aseverativa (aquí entrarían algunas de las partículas que expondremos como *lū*); la epistémica (partículas como *-ma, midde, tuša y piqat*) y la deóntica (incluyendo el directivo, el ventivo, los desiderativos y el *ša parāsim).* Todas estas modalidades están en estrecha relación con las partículas negativas *Vl / lV*, véase apartados siguientes. Recientemente se ha publicado un estudio sobre la modalidad epistémica en acadio, Wasserman (2012). Este estudio interpreta varias partículas acadias como parte de un paradigma evidencial dentro de una modalidad epistémica, véase los problemas de definición de evidencial-epistémica en la página 90. En este trabajo sólo comentaremos el caso de *lū ittum.* Las otras partículas que analiza este autor son *pīqat* «perhaps», *midde* «probably», «no doubt», *wuddi* «surely» y *anna* «indeed» que forman parte de un paradigma evidencial de inferencia y certeza. Desde mi punto de vista en estos evidenciales se mezclan los conceptos de diferentes formas de inferencia y conocimiento común, véase estructura del conocimiento común en van Ditmarsch *et al.* (2008). Otras partículas analizadas por Wasserman (2012) son *tuša* «it is as if...but...», «apparently...but...», «seemingly...but» como «refuter. Counter-assertion», desde mi punto de vista con características muy similares a una estructura de Miratividad; *-man* «had it (not)...», «wereit (not)...»; *kīša* «surely (ironic-non ironic», «evidently (ironic- non ironic)»; *as-surrē* «I am afraid that...», «I hope that ...not happen»; y *-mi* «allegedly...» «according to him...» desde mi punto de vista con características similares a un evidencial de segunda mano. Creo que estas partículas forman parte de la estructura evidencial del acadio, pero para una determinación exacta de su semántica formal habría que realizar un trabajo detallado. El trabajo de Wasserman (2012) analiza detalladamente los diferentes textos y da una estructura semántica de las partículas, pero creo que se puede especificar aún más con una diferenciación entre creencia y conocimiento, véase en la página 119, y una formalización exacta de cada una de las partículas.

[63]Véase Civil *et al.* (1973) pp. 224-227; Black *et al.* (2000) p. 184; von Soden (1995) §121c p. 219; Huehnergard (1997) p. 126; Huehnergard (1983); Testen (1998) pp. 117-121; Buccellati (1996) pp. 180-187; Malbran-Labat y Vita (2005) pp. 112-114.

[64]Un precativo nunca aparece con un adverbio negativo, para negar deseos se usa el vetitivo o el prohibitivo. Para más información sobre las formas de negar el precativo ver más adelante *lā*. El vetitivo se forma con *ayy-* o *ē-* añadido al pretérito, expresa un deseo negativo. No es una forma muy frecuente y a veces se sustituye por el prohibitivo. Véase Huehnergard (1997) pp. 144-147. Para un estudio del paradigma de deseo en antiguo babilónico véase Cohen (2005) pp. 101-104.

[65]Véase von Soden (1995) §154e p. 256, raras veces fórmulas de deseo con *lūman*. Para las fórmulas de deseo von Soden (1995) §81 pp. 131-133.

para deseo[66], en cláusulas condicionales[67], en los registros usados en irreal[68], como afirmación[69]. En frases nominales denota orden o mandato y también se emplea como una alternancia o disyunción.

- *lū ittum*: esta expresión se encuentra en numerosos textos de cartas en antiguo babilonio, de Mari y los alrededores y en el sur de Babilonia. Normalmente se ha traducido como una fuerte afirmación[70].

La partícula *lā*[71]

Significa «no», o «sin», partícula negativa. Es utilizada en varias ocasiones y en todos los dialectos. La modalidad subjetiva negativa es marcada por esta partícula y por la partícula *-e-*, es decir prohibitivo, vetitivo. Se usa también para negar frases subordinadas e interrogativas con pronombre o partícula. Niega palabras y sentencias. En sentencias: cláusulas subordinadas antes de subjuntivo; cláusulas condicionales, en prótasis, pero no en apódosis; juramentos antes de un subjuntivo, con valor positivo[72]; cláusulas interrogativas; prohibiciones antes de presente; en asirio como negación en cláusula principal, antiguo acadio también : *ula*; *lā...lā* «no ... tampoco...»; antiguo acadio y babilónico es rara como negación fuerte en la cláusula principal (normalmente se usa *ul*); y niega el futuro poéticamente en algunos casos en babilónico.

---

[66]Véase Black *et al.* (2000) p. 184 y von Soden (1995) §81 pp. 131-133 .

[67]Véase ejemplos en Wasserman (2012) p. 134.

[68]Véase modificadores modales en von Soden (1995) §152 pp. 253-254, véase también Wasserman (2012) pp. 115 y ss.

[69]Véase von Soden (1995) §152f p. 254.

[70]En Wasserman (2012) se plantea la hipótesis que una estructura no modal pasa a una modalidad a través de una gramaticalización. Se plantea que el punto de partida del proceso semántico comienza con *ittum* usado como su primer significado léxico «signo, marca, información». Después comienza a tener un significado más abstracto como *šī lū ittu* «this shall be a mark», acabó funcionando como complemento de frases nominales resultando una construcción comparable a otras frases que usan verbos de conocimiento, véase Wasserman (2012) pp. 89 y ss. Desde mi punto de vista otra hipótesis plausible es que la estructura de conocimiento reside en la partícula del paradigma aseverativo *lū*, paradigma que actúa de forma similar al dual de la negación que tenemos en ugarítico, véase más adelante para el análisis de este paradigma modal en la página 128. La semántica de *ittum* se mantendría igual, la semántica básica de «signo, marca o información». En esta estructura se produce un paso similar al paso de la negación *ne + pas* en francés, los primeros pasos de la adicción de una especificación que se producen en el ciclo de Jaspersen, véase en la página 99.

[71]Véase Civil *et al.* (1973) pp. 1-5; Black *et al.* (2000) p. 173; von Soden (1995) §122a p. 220; Huehnergard (1997) p. 199; Malbran-Labat y Vita (2005) pp. 112-114; Buccellati (1996) p. 185 y pp. 421-422.

[72]Véase estructura de los juramentos más adelante.

La partícula *ul*[73]

Se usa normalmente para negar frases principales e interrogaciones sin pronombre interrogativo: en babilonio medio *ul kī eqel burkūti nadaššu* «no se lo des como herencia»; en condicionales después de *šumma* no es frecuente, raramente en lugar de *lā; ul....ul...* «ni ... ni ...», con sustantivos y verbos. En antiguo babilónico «ni...ni». También *ūl* «o», disyunción positiva. Antiguo acadio. *ūl...ūl* «...o...», *šumma ...ūl...* «....o....». Con un tiempo presente puede dar el significado de «no querría, no podría» o «no volverás». Niega frases interrogativas en las que no hay pronombre o adverbio interrogativo, puede aparecer junto al verbo o separado.

ula: esta partícula no es muy común, normalmente se usa *ul*, pero hay casos en los que aparece *ula*. Se sitúa inmediatamente antes del verbo en las cláusulas verbales. Significa «no» en antiguo acadio, antiguo babilónico y asirio, también se alterna con *lā*. También para la disyunción en el antiguo acadio.

Las partículas *ayy-* y *ēt-*[74]

Estas partículas se usan para negar las frases desiderativas. «No».

1. En antiguo acadio, antiguo babilonio y antiguo asirio es el vetitivo antes de un pretérito «puedes tú no...», «no debería». En antiguo asirio se usa antes de perfecto y estativo. En babilonio se usa para negar, *ai addin* : «Yo ciertamente no di».

2. En antiguo asirio la doble negación *ē lā* con 2ª p. en pretérito se convierte en una fuerte afirmación «definitivamente».

7.1.1.2. Canaano-acadio: Cuando se habla de canaano-acadio, se hace referencia principalmente a los dialectos siro-palestinos que se encuentran en los documentos hallados en la antigua ciudad de El-Amarna en Egipto. Esta variedad del acadio es particularmente interesante, pues, al ser la correspondencia entre los reyes cananeos y Egipto, se realiza en acadio, la lengua estándar de la época, pero con fuerte influencia lingüística del substrato cananeo. Puede describirse como un híbrido entre lo que conocemos como cananeo y el acadio.

El funcionamiento de la estructura volitiva y la estructura de la negación con *Vl / lV* en el canaano-acadio a través de los textos, es la siguiente:

Partícula *lū*[75]

[73] Véase Black *et al.* (2000) p. 420 y von Soden (1995) §122b pp. 220-221 y §151 pp. 252-253; Huehnergard (1997) pp 28, 146-147, 199; Buccellati (1996) pp. 421-422; Biggs *et al.* (2010) pp. 65-69.

[74] Véase Black *et al.* (2000) p. 9; Buccellati (1996) p. 422 ; Gelb *et al.* (1964) pp. 218-220.

[75] Para más información sobre el volitivo canaano-acadio véase Tropper y Vita (2010) pp. 75-77 y la partícula *lū* y sus usos véase Rainey (1996) pp. 190-191, 193-200.

Esta partícula, al igual que hemos visto en acadio, en los textos de El-Amarna parece tener varias funciones:

- El volitivo (yusivo) de las lenguas cananeas, expresión de deseo e imperativo, se forma a través de la forma corta de la conjugación prefijada. La modalidad volitiva es la modalidad subjetiva más usada en las lenguas semíticas.

  En acadio el correspondiente al yusivo es el modo precativo que tiene tres características especiales:

  - La forma corta de la conjugación prefijada con la combinación de la partícula proclítica (*lu*), función yusiva.
  - La partícula proclítica *lu* se funde en babilonio con el prefijo *-i-* en *li-* (*lu iprus* >*liprus*), con el prefijo *-a-* (1c.sg) en *lu-* (*lu aprus* >*luprus*).
  - El precativo no tiene forma de 2ª persona (para ello está el imperativo).

  Resulta particularmente interesante, pues la base del precativo acadio es la partícula, ya sea proclítica o independiente *lu*[76], mientras que el yusivo ugarítico aparece frecuentemente con la partícula *lV* (*lā*). En el corpus de El-Amarna se encuentra el precativo acadio con el yusivo cananeo[77].

- Hay un único ejemplo de la partícula *lū* con una función condicional y sustituyendo a la partícula acadia *šumma*. Sin embargo al tener un único ejemplo no podemos llegar a la conclusión de que pueda ser la misma función que la que tiene la partícula *lū* en hebreo[78].

- La partícula *lū* con función aseverativa no es muy frecuente en los textos cananeos.

Partícula *lā/la*

Se usa tanto la forma larga *lā* como la corta *la*[79]. Hay incluso frases en las que se usan las dos sin diferenciación aparente[80]. Estas partículas se encuentran en frases declarativas en presente y en pretérito con *lā*, en los casos en los

[76]No hay casos del uso de *la* con valor optativo en los textos cananeos, Rainey (1996) p. 196

.

[77]Véase más información y ejemplos en Tropper y Vita (2010).

[78]Para la partícula *lū* en hebreo bíblico véase apartado siguiente. Para la partícula *lū* en el condicional en los textos de El-Amarna véase Rainey (1996) Vol. III p. 190.

[79]En algunos casos la partícula *lā* aparece con la enclítica *-mi* para estilo directo o énfasis: *la-a-mi*. Véase Rainey (1996) p. 209 .

[80]Véase ejemplo en Rainey (1996) p. 207.

que en babilonio se usa el *ul*[81]. En frases interrogativas se usa *lā* cuando hay un pronombre interrogativo. Hay dos casos en los que *lā* se interpreta como declarativa, sin embargo de esta forma es difícil explicar la forma enérgica del verbo. Puede ser que sean una especie de preguntas y la partícula tenga un sentido enfático[82].

Se encuentran también cláusulas interrogativas donde la partícula *lā* refuerza la forma de *šumma*, así como en condicionales. En estas últimas se sigue traduciendo por negativa el *šumma lā*, sin embargo con forma pretérita negada en una prótasis condicional es más una pregunta retórica o una afirmación positiva. En los juramentos nos encontramos con la misma estructura que en acadio *šumma lā* en positivo y *šumma* sola en negativo[83]. El prohibitivo suele ser con *lā* más presente.

Partícula *ul*

Partícula negativa que se usa indiscriminadamente en canaano-acadio, pero con menor numero de ocurrencias que *lā*. Continúa el uso del babilonio antiguo para negar frases declarativas, pero también encontramos interrogativas, cuando no tienen un pronombre interrogativo, y preguntas retóricas. Se usa la forma babilonia *ú-ul* y raramente *ul*[84].

Los vetitivos, deseos negativos suelen aparecer con *ul* en lugar del *ay/ē* babilónico.

7.1.1.3. Hebreo bíblico: Se llama hebreo bíblico a la lengua en la que está escrita La Biblia, el Antiguo Testamento. Sin embargo no sólo está escrita en hebreo, sino que del Antiguo Testamento habría que separar las partes arameas que serían Esd 4,8-6,18; 7,12-26; Da 2,4-7,28; Je 10,11 y dos palabras del Ge 31,47. En hebreo bíblico se encuentran prácticamente las mismas partículas que se encuentran en ugarítico. En este apartado se tratarán únicamente las partículas *lV* y *Vl* como ya se ha hecho con el acadio y el canaano-acadio[85].

Partículas *lw, lw' y l'*

[81]Véase ejemplos en Rainey (1996) p. 212.

[82]Véase Rainey (1996) p. 215.

[83]Más información en Rainey (1996) pp. 185 y 225-226.

[84]También la encontramos con la partícula existencial negativa *im*, véase Rainey (1996) pp. 204 y 209.

[85]Véase Meyer (1989) p. 295.

Parece ser que es la correspondiente al *lū* acadio[86]. Es una partícula afirmativa «en verdad». También sirve para introducir una condicional irreal o contrafactual[87], cláusulas concesivas y optativos.

Partícula *ʾal*

Es el correspondiente al ugarítico *ʾal*, la negación con el prohibitivo. Es la forma de negar el cohortativo y el yusivo, el imperativo no aparece con este tipo de partículas. El yusivo frecuentemente se diferencia del imperativo, órdenes negativas por esta partícula, más que por la forma del verbo[88].

Partícula *lā*

Correspondería a la *lā* ugarítica y también sirve para negar. Niega el imperfecto y el infinitivo absoluto[89].

Los juramentos tienen la misma estructura cambiada que en acadio y en canaano-acadio. Los positivos también aparecen con *lā*, sólo que en lugar del acadio *šumma*, nos encontramos con *ʾm* o *ky* . Los negativos aparecen sólo con *ʾm* o *ky*[90].

7.1.1.4. Las partículas *Vl / lV* en proto-semítico Todas las partículas que se han estado viendo, tanto de afirmación como de negación, tienen la característica común de la conocida *l* semítica que puede encontrarse con una vocal delante o detrás: *Vl / lV*. Varios estudios de semítica comparada han llevado a proponer la hipótesis de que todas estas partículas vienen de una sola partícula *l* en el proto-semítico, o de dos.

Semítica[91] es el nombre que se le aplica a las lenguas originadas en el oeste de Asia y se caracterizan por elementos comunes en su fonología, morfología, vocabulario y sintaxis. Todos estos elementos sugieren la idea de una lengua originaria común que ha ido evolucionando creando las distintas lenguas conocidas en época histórica[92]. Esta hipótesis de reconstrucción histórica de las

---

[86]Hay otros autores que afirman que el *lū* hebreo con significado aseverativo, en la mayoría de los casos, es más bien una partícula negativa de pregunta retórica, pues los masoretas lo transcriben por lōʾ, véase Huehnergard (1983) p. 571.

[87]La estructura condicional del hebreo bíblico se puede ver en Meyer (1989) pp. 398-403 y ?.

[88]Véase Ross (2001) p. 152.

[89]Véase Ross (2001) p. 152.

[90]Véase Ross (2001) pp. 357-358.

[91]La primera vez que se utilizó este nombre fue en 1781 por A.L. Schloezer en *Repertorium fuer biblische und morgenlaendische Literatur* (vol. VIII, p. 161) de J.G. Eichhorn. El nombre viene de la población que hablaba este tipo de lenguas, la del Gen. 10,21-31 que estaban entre los hijos de Sem. Véase referencia en Lipinski (2001) p. 23. Véase también apartado 2 en la página 7.

[92]Véase Moscati *et al.* (1980) pp 3, 15-16; una aproximación al proto-semítico con datos históricos y antropológicos puede encontrarse en Lipinski (2001) pp. 41-47.

lenguas nos lleva a la primera etapa: el proto-semítico. Con esta lengua o hipótesis lingüística se hace referencia al conjunto de elementos que han sido históricamente reconocidos en todas las lenguas semíticas y llevan a pensar en un punto de partida común para el desarrollo particular de cada una de las lenguas semíticas. La realidad histórica de esta proto-lengua es muy difícil de determinar, pero es muy útil para el desarrollo de la investigación en lingüística comparada.

Para la exposición de la hipótesis sobre dos o una partícula común *l* en proto-semítico se van a seguir los trabajos de dos autores, Huehnergard (1983) y Testen (1998). Ambos autores hacen un estudio de semitística comparada de la partícula *l*, pero solo de la partícula afirmativa y precativa. No se incluye aquí la partícula negativa *lā* como descendiente de la misma partícula o de alguna de las dos[93].

El primer estudio que se ha mencionado, Huehnergard (1983), separa las partículas según su forma y su semántica en dos tipos de partículas:

- Partícula independiente *lū* o *law*. Esta partícula se encuentra en árabe, sudarábico, hebreo bíblico, arameo y acadio. Su función es en cláusulas concesivas, como optativos y en irreales. A pesar de algunas dudas en lo que respecta a la evolución fonológica[94], parece que todas estas partículas provienen de la misma partícula. Lo que se pone en duda es su primer valor semántico: optativo o condicional. El argumento de este autor es que la primera semántica era la hipoteticidad:

> *«(...) it must be concluded that *lū/law in PS was not necessarily or specifically an optative particle. Rather, it seems, it simply denoted that a statment was hypothetical, that a proposition was deemed by the speaker to be contrary to known fact or to reasonable expectation; it was, then, roughly equivalent to English «were it (true/the case) that»».*
>
> *«(...) debe concluirse que *lū/law en proto-semítico no fue necesariamente o específicamente una partícula optativa. Más bien parece que simplemente denotaba que un juicio era hipotético, que una proposición era considerada por el hablante como contraria a un hecho conocido o a lo razonablemente esperado; era*

---

[93] Sólo el segundo autor hace una aproximación a la negación. Su hipótesis es que proviene de la partícula *lā* y el sufijo *-mā*. Su punto de partida es el árabe y explica como la partícula negativa *lam* no tiene porque venir de la partícula negativa semítica *lā*, sino que puede ser una unión de la precativa con el *-mā* que adquiere un valor negativo secundario. Véase Testen (1998) pp. 202-204.

[94] El hebreo y el arameo **ū* normalmente no vienen de un proto-semítico **aw*; mientras que el proto-semítico **ū* no produce un **aw* en árabe. Véase Huehnergard (1983) p. 573.

entonces aproximadamente equivalente al inglés «era (verdad/el caso) que» Huehnergard (1983) p. 574. (La traducción es mía.)

- Partícula enclítica *l-* cuya vocal varia *li-/la-/le-/lu-*. Se encuentra en la mayoría de las lenguas semíticas, pero es difícil de diferenciar en algunas de ellas debido a que no tenemos su vocalización y tampoco sabemos diferenciarla de la independiente ya que no hay en muchos casos separación de palabras. La encontramos en árabe, ugarítico, amorreo, hebreo, fenicio, arameo, acadio, sudarábico y en las lenguas modernas de Etiopía. Normalmente está en conexión con el inyunctivo[95], yusivo formando la forma prefijada de *l*+ modal (yusivo), también ante verbos en enérgico. Todas las partículas *l-* en semítico vienen de una misma partícula proto-semítica **la-* con un valor semántico de aseveración:

  *«The particle *la- served as an optional asseverative element which, we would suggest, could be prefixed to the predicate in verbal and non verbal clauses to add emphasis to a statment, or to elements other than the predicate (especially the subject) to accentuate or topicalize them»*

  *«La partícula *la- sirve como un elemento opcional aseverativo el cual, nosotros sugerimos, puede prefijar al predicado en cláusulas verbales y no verbales para añadir énfasis a los juicios, o a otros elementos como el predicado (especialmente el sujeto) para acentuarlos o topicalizarlos»* Huehnergard (1983) p. 592. (La traducción es mía.)

En este estudio Huehnergard (1983) afirma que estas dos partículas parecen ser diferentes a pesar de que haya habido intentos de relacionarlas entre si[96]. Estas hipótesis, a pesar de no poder desestimarlas, no parecen afortunadas debido a la gran diferencia semántica entre las dos partículas en las lenguas semíticas.

El segundo estudio que aporta una hipótesis a la partícula *l* es el de Testen (1998). Su punto de partida es el árabe, pero hace un estudio de semitística comparada incluyendo el ugarítico, acadio, arameo, amorreo, lenguas sudarábicas, hebreo bíblico, ge'ez y las lenguas modernas de Etiopía.

Respecto a la reconstrucción de la partícula proclítica y el problema de determinar la vocal que sigue a la *l-* con respecto a los datos de la evolución fonológica de las lenguas, parece ser que lo adecuado sería que viniera de una

---

[95]Denota las formas que significan volición, intención o comando y sirve para captar los términos imperativos, yusivos, precativos y volitivos. Véase Huehnergard (1983).

[96]Se ha sugerido que *law* comprende **la-wa* (Reckendorf, AS. *Arabische Syntax*. Heidelberg 1921) o **la-'aw* (Brockelmann, C. *Grundiss der vergleichenden Grammatik der semitischen Sprachen*,2. Berlin 1908-13), véase Huehnergard (1983) p. 593 .

la-[97]. Sin embargo Testen (1998) plantea la hipótesis de la forma *l-* semítica sin unión de vocales. La determinación de la vocal se deriva del paradigma precativo, es decir del verbo que le sigue.

Otra hipótesis es que la negación *ʾl* venga de esta proto-semítica partícula con *-u-* en acadio y *-a-* en ge'ez al igual que la precativa *lu* en acadio y *la* en ge'ez, siguiendo la evolución normal de cada lengua (cada una con una alternancia vocálica específica).

Así la reconstrucción de la *l-* semítica sería sin ninguna vocal. La semántica primera que le otorga a esta partícula *l-* es la de marca de estatus, una estructura deíctica de aseveración. La argumentación de la determinación de la partícula es fonológico-morfológica[98]:

> *«(...) it has been suggested above that the best caracterization avalaible for the role of this particle is a marker of what has been called «status», an overt indication of the commitment of the speaker to the veracity of his utterance»*
>
> *«(...) ha sido sugerido antes que la mejor caracterización posible para el rol de esta partícula es un marcador de lo que ha sido llamado «estatus», una indicación del compromiso del hablante con la veracidad de sus palabras»* Testen (1998) p. 91[99]. (La traducción es mía.)

Esta partícula proto-semítica corresponde a las dos primeras partículas que hemos diferenciado nosotros en las lenguas semíticas[100]. Una hipótesis que se plantea en este trabajo es que las dos partículas pueden tener una primera estructura de modalidad subjetiva epistémica, marca de estatus que en condicionales funciona como posibilidad epistémica. Se trataría de un paradigma aseverativo que funciona como marca de estatus, hipótesis subjetiva y disyunción epistémica. Sin embargo este trabajo se limita a la estructura de la negación en ugarítico y haría falta una análisis pormenorizado atendiendo a la estructura de los condicionales[101] y la disyunción en las ocurrencias de estas partículas en los textos en lenguas como el acadio. Esta propuesta queda como hipótesis que necesita un análisis en profundidad.

---

[97] Véase Testen (1998) pp. 124-127 y Huehnergard (1983).

[98] Una hipótesis es que la partícula negativa en árabe vendría de **l-mā* dando *lam*. Otra hipótesis planteada es que el artículo *al* en árabe viene de la misma partícula protosemítica, marca de deixis, véase Testen (1998) pp. 135-181.

[99] Sería la traducción al inglés de *do* formando parte del paradigma modal aseverativo, véanse Testen (1998) y Cohen (2005).

[100] Para la diferenciación en cinco partículas véase en la página 35.

[101] Una primera aproximación al condicional epistémico de creencia en ugarítico véase Barés (2012).

La negación en *Vl*, según Testen (1998) puede provenir de la misma partícula semítica *l*, pero no da ninguna explicación al respecto. Las únicas referencias que se han encontrado a la negación en *lV* son respecto al árabe y en comparación y contraposición con la partícula aseverativa. Tampoco hay hipótesis en el proto-semítico del *Vl* afirmativo. Debido a ello no se puede hacer en el proto-semítico la especialización y diferenciación que sí se ha hecho en las otras lenguas con todas las partículas *Vl* /*lV*.

7.1.2. La partícula *l* en ugarítico

Esta partícula aparece algunas veces como una posible partícula enclítica[102] y otras como partícula independiente con un separador de palabras explícito. Como ya hemos indicado en ugarítico no se escriben las vocales, por lo que la primera aproximación basándonos en los resultados de UDB (Ugaritic Data Bank[103]) se realizará sin vocalización para obtener los distintos análisis de la escritura de *l*. En la mayoría de las ocurrencias la encontramos con el divisor de palabras, pero no en todos los casos. Según el UDB, las posibles interpretaciones morfológicas de *l* son las siguientes:

l
Nº 1 – Nivel: 1 – *l* = *l* [Cadena = adverbio: de afirmación] REGLAS UTILIZADAS POR AMU: Entrada del léxico(*l*)–≥adverbio: de afirmación(*l*) ADVERBIO: DE AFIRMACIÓN, RADICAL: *l* adverbio: de afirmación III «verdaderamente, ciertamente.» *lū* «verdaderamente» ac.; *la-* «ciertamente» arb. ; *l-* «ciertamente» s.arab.
Nº 2 – Nivel: 1 – *l* = *l* [Cadena = adverbio: de negación] REGLAS UTILIZADAS POR AMU: Entrada del léxico(*l*)–≥adverbio: de negación(*l*) ADVERBIO: DE NEGACIÓN, RADICAL: *l* adverbio: de negación II «no.» *lā* «no» ac. ; *lā* «no» arb.; *lā* «no» arb. ; *lō* «no» hb.; *lā* «no» ug.
Nº 3 – Nivel: 1 – *l* = *l* [Cadena = conjunción] REGLAS UTILIZADAS POR AMU: Entrada del léxico(*l*)–≥conjunción(*l*) CONJUNCION RADICAL: *l* conjunción «a fin de que.» (≥ *l-* «así,«a fin de que» s.arab.

[102]Una partícula enclítica es una partícula que se liga con el vocablo siguiente o precedente formando con él una sola palabra. No sabemos si es enclítica realmente o simplemente no aparece el separador de palabras.

[103]Véanse Cunchillos y Vita (1993a, 1995); Cunchillos y al (1996); Cunchillos (2000); Cunchillos *et al.* (2003a); Barés Gómez (2012).

l

Nº 4 – Nivel: 1 – *l* = *l* [Cadena = grafema] REGLAS UTILIZADAS POR AMU: Entrada del léxico(*l*)–≥grafema(*l*) GRAFEMA RADICAL: *l* grafema II «».

Nº 5 – Nivel: 1 – *l* = *l* [Cadena = interjección] REGLAS UTILIZADAS POR AMU: Entrada del léxico(*l*)–≥interjección(*l*) INTERJECCION RADICAL: *l* interjección IV «¡oh!» (≥ *la* «» arb.

Nº 6 – Nivel: 1 – *l* = *l* [Cadena = preposición] REGLAS UTILIZADAS POR AMU: Entrada del léxico(*l*)–≥preposición(*l*) PREPOSICION RADICAL: *l* preposición I «a, para.» (≥ *l-* «a, para» sem.com. ; *li-* «» ug. ; «de, desde.» (≥ *l* «de, desde» hb. ; «hasta.» (≥ «hacia, en dirección de.» (≥ «entre».

Nº 8 – Nivel: 2 – *l* = - + - + *yly* + - [Cadena = preformante + verbo: 1ª y 3ª radical débil + desinencia] Asimilación o pérdida de consonante. Análisis teóricamente posible. REGLAS UTILIZADAS POR AMU: Sustantivo de forma verbal(*l*)–≥Entrada del léxico(*l*)–≥preposición(*l*) SUSTANTIVO VERBAL. m. s. CONJUGACIÓN: INFINITIVO G RAÍZ: *yly* verbo: 1ª y 3ª radical débil «suceder.» (≥ *walā* «venir después» arb.

Nº 9 – Nivel: 2 – *l* = - + - + *lwy* + - [Cadena = preformante + verbo: 2ª y 3ª radical débil + desinencia] Asimilación o pérdida de consonante. Análisis teóricamente posible. REGLAS UTILIZADAS POR AMU: Sustantivo de forma verbal(*l*)–≥Entrada del léxico(*l*)–≥preposición(*l*) SUSTANTIVO VERBAL. m. s. CONJUGACIÓN: PARTICIPIO G m. s. CONJUGACIÓN: INFINITIVO G RAÍZ: *lwy* verbo: 2ª y 3ª radical débil «seguir, rodear, rondar.» (≥ *ašlw*, *lwn* «» ug.

Nº 12 – Nivel: 3 – *l* = - + - + *yly* + - [Cadena = prefijo y afijo verbal + prefijo verbal + preformante + verbo: 1ª y 3ª radical débil + afijo verbal] Asimilación o pérdida de consonante. Análisis teóricamente posible. REGLAS UTILIZADAS POR AMU: Forma verbal(*l*)–≥Prefijo verbal(-);Afijo verbal(-);Resto de cadena(*l*)–≥Resto de cadena(*l*) –≥ preformante (-); Resto de cadena(*l*) –≥ pierde 1ª y 3ª radical débil(*yly*) FORMA VERBAL: -≥ imperativo 2ª m. s., 2ª f. s., 2ª c. d., 2ª m. pl., 2ª f. pl. CONJUGACIÓN: G RAÍZ: *yly* verbo: 1ª y 3ª radical débil «suceder.» (≥ *walā* «venir después» arb.

l
Nº 13 – Nivel: 3 – *l* = - + - + *lwy* + - [Cadena = prefijo y afijo verbal + prefijo verbal + preformante + verbo: 2ª y 3ª radical débil + afijo verbal] Asimilación o pérdida de consonante. Análisis teóricamente posible. REGLAS UTILIZADAS POR AMU: Forma verbal(*l*)–≥Prefijo verbal(-);Afijo verbal(-);Resto de cadena(*l*)–≥Resto de cadena(*l*) –≥ preformante (-); Resto de cadena(*l*) –≥ pierde 2ª y 3ª radical débil(*lwy*) FORMA VERBAL: -≥ imperativo 2ª m. s., 2ª f. s., 2ª c. d., 2ª m. pl., 2ª f. pl. CONJUGACIÓN: G -≥ qtl 3ª m. s., 3ª m. d., 3ª m. pl., 3ª f. pl. CONJUGACIÓN: G RAÍZ: *lwy* verbo: 2ª y 3ª radical débil «seguir, rodear, rondar.» (≥ *ašlw, lwn* «».

Cuadro 7.2: Tabla de las interpretaciones morfológicas posibles (AMU) de *l* según el UDB

AMU (Analizador Morfológico Ugarítico[104]) ofrece todas las posibilidades de análisis de *l*, pero el análisis que se ofrece en este trabajo se centra en su posibilidad como partícula, por ello se descartan los análisis que corresponden con verbos de radicales débiles, los Nº 8, 9, 12 y 13. Tampoco se estudiarán los análisis correspondientes a la conjunción (Nº3), grafema (Nº4), interjección (Nº5), o preposición (Nº6)[105]. La gran dificultad reside en diferenciar la partícula negativa de la afirmativa y de la preposición, muchas veces se hace a través del contexto y por ello no coinciden los análisis de todos los autores.

Se van a diferenciar dos análisis de la partícula *l*[106], especificando la vocalización *lā*:

1. Adverbio de negación ya sea nominal o verbal, aunque sólo está demostrado con seguridad en las frases verbales[107]. Así tenemos que la partícula de negación se encuentra en:

[104]Analizador Morfológico Ugarítico, para los análisis se ha utilizado el programa informático desarrollado en el Laboratorio de Hermeneumática, dirigido por Jesáus Luis Cunchillos véase ?Cervigón (2007b,a); Barés Gómez (2012).

[105]*l* como preposición: puede ser de dirección, ventiva, de situación espacial relativa, de situación temporal relativa, introducción de complemento de destinatario (*dativum comodi*), introducción de complemento objeto, de alocución, de pertenencia, de adicción numérica o de finalidad. Es una de las proposiciones con más posibilidades interpretativas en ugarítico. Véase del Olmo Lete y Sanmartín (1996) pp. 234-239.

[106]Véase Aartun (1978) pp. 22-25 y 33-35; Sivan (1997) p. 183 y ss.; Watson (1991); del Olmo Lete y Sanmartín (1996) p. 237 y ss.; Tropper (2000) pp. 814-816 y 808-810; del Olmo Lete y Sanmartín (2004) pp. 482-485.

[107]Las frases nominales normalmente se niegan con *bl*.

a) Frases verbales en modo indicativo [108].

b) Frases verbales con valor modal[109].

c) Sentencias nominales.

2. Functor de afirmación y énfasis en frases nominales o en frases verbales. Desde el punto de vista tradicional, parece ser que ni la *l* afirmativa (+ indicativo) ni la *l* precativa (+ volitivo)[110], habían sido consideradas parte de las partículas afirmativas. Sin embargo muchos autores afirman que ambas partículas no se pueden separar etimológicamente y que hablamos de una sola partícula con valor afirmativo que no aporta deseo al verbo en volitivo[111]. La mayoría de los documentos que tienen esta partícula pertenecen a textos poéticos y es difícil de diferenciar si estamos ante una negación o una afirmación, por ello la mayoría de los ejemplos son ambiguos y de dudosa interpretación:

    a) Con indicativo[112], además este caso puede interpretarse también como negación y no todos los autores están de acuerdo en las interpretaciones de los fragmentos.

    b) Con volitivo[113].

    c) Con frases nominales. Es un caso más dudoso aún[114], pues muchos autores consideran que estamos ante un preposición y no ante una partícula de afirmación.

7.1.2.1. Todas las ocurrencias de *l* en la correspondencia ugarítica Estos son todos los casos de la partícula *l* en la correspondencia ugarítica a los que es posible asociar el análisis de ésta como adverbio de negación/afirmación según el UDB[115]. Se han descartado las ocurrencias de *l* como otra cosa que no

[108]Son las negaciones más frecuentes y el uso más generalizado de la partícula.

[109]Todas las ocurrencias han sido encontradas en contextos interrogativos, preguntas retóricas, y no hay ejemplos en la correspondencia ugarítica. Véase Tropper (2000) pp. 815-816.

[110]Un precativo u optativo indica deseo o ruego.

[111]Véase Tropper (2000) p. 810.

[112]Ejemplos que algunos autores consideran en indicativo con conjugación prefijada carta 2.39:9, véase en la página 58; con conjugación sufijada 2.61:8 en la página 62. Se consideran que estos casos son bastante dudosos y adoptamos la interpretación de la mayoría. En este análisis se opta por la interpretación de la 2.39:9 como negativa con verbo en indicativo, véase interpretación en semántica formal en en la página 143 y para 2.61:8 como positiva con verbo en modal en la página 153, aunque dejando abierta la posibilidad de una *l* de finalidad.

[113]Con volitivo son los llamados precativos, por ejemplo 2.70:20-22 en la página 64 y en la página 153.

[114]Un ejemplo de *l* + frase nominal serían la carta 2. 47: 3-5, véase análisis en en la página 60 . Para el análisis formal véase en la página 174.

[115]Programa informático de textos ugaríticos Ugaritic Data Bank, véase Cunchillos y Vita (1993a, 1995); ?); Cunchillos y al (1996); Barés Gómez (2012).

sea un adverbio de negación/afirmación, es decir como verbo o preposición[116]. Como el ugarítico es una lengua de corpus, tenemos todas las ocurrencias de *l* como posible partícula negativa o afirmativa en los textos elegidos, la correspondencia. Se presentan los textos en contexto, línea anterior y posterior.

UDB 2.3 • RS 1.013 + RS 1.043[117]

00-2.3:14 *w . hw . uẙ . ʿn[. . .] •* ***l ytn*** *. w rgm[. . .] • w yrdnn . å̊n[. . .]*

R1-2.3:14 *w . hw . uẙ . ʿn[. . .] •* ***l ytn*** *. w rgm [. . .] • w yrdnn .å̊n[. . .]*

El contexto de la carta es muy fragmentario, y la decisión entre una partícula afirmativa o negativa suele depender bastante del contexto de la línea. En este caso no se sabe si estamos ante una partícula negativa o positiva. Una traducción aproximada tendría en cuenta ambas posibilidades: «El no / seguramente dió, él dijo»[118]. Parece claro que el análisis morfológico del verbo sería:

- *l* + *qtl*, 3ª p.s. CONJUGACIÓN: G RAÍZ: *ytn* verbo: 1ª *y*, 3ª radical *n* «dar, vender, Š: entregar (en nombre de otro).» (≥ *nadānu* «dar» ac.; *ntn* «dar» arm.; *ytn* «dar» fen.; *nātan* «dar» hb.

UDB 2.13 • RS 11. 872[119]

00-2.13:16 *i̱t . ʿmn . mlkt̊ • w . rgmy .* ***l • lqt (lqḥt)*** *. w . pn*

[116]Puede que algunos autores no estén de acuerdo con esta selección, pues depende en algunos casos de la colación que hemos elegido ya que son partículas que pueden ser negativas o positivas o preposiciones, tal es el caso de la carta 2.39:5. Aquí se ha optado por la colación nº11, véase Pardee (1981).

[117]Otras numeraciones de la tablilla A2746=CTA 54=KTU 2.3=M3357=UT 13+43, encontrada en la casa del gran sacerdote, colación 00 = KTU; R1= LH, véase UDB.

[118]No se han encontrado autores que se decidan claramente y sin duda por una u otra posibilidad: «and he...() not/surely he gives. And he spoke», Ahl (1980) p. 467. En Watson (1991) p. 180 parece decantarse por la negación, pero afirma que el contexto es fragmentario e incierto, al igual que hacen del Olmo Lete y Sanmartín (1996) en p. 238 y del Olmo Lete y Sanmartín (2004) p. 484. Otra bibliografía en Herdner (1963) pp. 143-145.

[119]Otras numeraciones A2807 = CTA 50 = KTU 2.13 = M 3374 = UT 117 = COS 5 (3.45E) = MOU 23. Encontrada en el Palacio Real, Archivo Oeste. Colaciones 00 = KTU, véase UDB.

La partícula ha sido interpretada como positiva en la mayoría de los casos[120]. La raíz verbal ha tenido múltiples interpretaciones[121], pero las más recientes parecen coincidir en que es un acabado: «ella realmente aceptó» [122]. La morfología parece ser un *qtl*, aunque muchos lo interpretan como *yqtl*:

- *l* + *qtl* 3ªf.s. CONJUGACIÓN: G, Gp RAÍZ: *lqḥ* verbo: 1ª radical débil «coger, tomar, agarrar, recibir.» ($\geq$ *laqū,leqū* «tomar» ac.; *laqaḥ* «ser tomada como esposa» arm.; *laqqaḥa* «prestar» etiop.; *lāqaḥ* «tomar» hb.

UDB 2.17 • RS 15.098 [123]

00-2.17:1-3 • *l yblt* . *ḫbṯm* • *ap ksphm•* ***l yblt***

En este caso es una estructura morfológica de *l* + indicativo. La negación es una negación sentencial seguida de un verbo en indicativo.

---

[120] Aunque también hay autores que la traducen como negativa, este es el caso de Lipinski (1981a) en p. 93. La sentencia es interpretada como *l* + *qtl,* verbo *lqq*, interpretación número 1 véase nota 121: «je ne l'ai pas bredouillé». Otros no reconocen la partícula *l: l(ḥ) (l)qt* «I make my words flattering.» Ahl (1980) p. 411.

[121] La interpretación primera del verbo es *lqt*, después es reinterpretada como *lqḥt* en Dietrich *et al.* (1976):

1 - *lqt*: FORMA VERBAL: -$\geq$ *qtl* 3ª f. s., 2ª m. s., 2ª f. s., 1ª c. s., 3ª f. d. CONJUGACIÓN: G, Gp RAÍZ: *lqq* verbo: 2ª y 3ª geminadas «lamer, dar lengüetadas.» ($\geq$ *laqqa* «lamer, dar lenguetadas» arb.; *lāqaq* «lamer, dar lenguetadas» hb.

2 - *lqḥ*: FORMA VERBAL: -$\geq$ *qtl* 3ª f. s., 2ª m. s., 2ª f. s., 1ª c. s., 3ª f. d. CONJUGACIÓN: G, Gp RAÍZ: *lqḥ* verbo: 1ª radical débil «coger, tomar, agarrar, recibir.» ($\geq$ *laqū,leqū* «tomar» ac.; *laqaḥ* «ser tomada como esposa» arm.; laqqaḥa «prestar» etiop. ; lāqaḥ «tomar» hb.

Ha sido interpretado como acabado y como inacabado, véase nota siguiente.

[122] Otra bibliografía en Herdner (1963) pp. 139-140. Interpretaciones del tiempo/aspecto:

1. *l* + *qtl*, aceptando la corrección de KTU y con la interpretación de nº 2, véase nota 121: «und meine Worte habe ich, fürwahr, geglättet» Aartun (1978) p. 34; «My words she did indeed accept» en Pardee (1984a) p. 224;

2. *l* + *yqtl* verbo *tqt* del acadio *qatû* «terminar»: «Mes affaires sont terminées» en Cunchillos (1989b) p. 290; con el verbo *lqḥ,* interpretación nº2 las siguientes: «und meine Worte hat sie wirklich angenommen» Dietrich *et al.* (1974c) p. 461; «et elle a bien reçu ce que j'avais à dire» en Bordreuil y Pardee (2004) p. 83, «My words she indeed acept» en Pardee (2002) p. 92.

[123] Otras numeraciones DO 3971 = KTU 2.17 = PRU 2, 21 = UT 1021. Encontrada en el Palacio Real, Archivo Este, Habitación 53. Colaciones 00 = KTU, R1 = LH, véase UDB.

En los casos en los que la carta ha sido estudiada, la partícula se interpreta con un valor negativo[124]. Los verbos tienen un aspecto acabado[125]: «No he traído a los libertos, tampoco su plata, y no he traído...».

- *l + qtl* 1°c.s. / 2m.s. CONJUGACIÓN: G , RAÍZ: *ybl* verbo: 1ª radical débil «llevar, traer, aportar, favorecer.» *abālu* «llevar, traer» ac.; *wabala* «derramar lluvia» arb.; *ʾōbēl* «llevar, traer» arm.; *hōbīl* «llevar, traer» hb.; «traer la lluvia, hacer venir la lluvia.» *wabala* «(hacer) caer la lluvia» arb. ; *ybl* «traer la lluvia, hacer venir la lluvia» hb.

UDB 2.21 • RS 15.174[126]

00-2.21:10-11 *hn . km . rgmt* • *i̊ky . **l** . **ilak*** • *[. . .]n̊(?) . ʿmy*

En este caso se ha interpretado como positiva en la mayoría de los casos[127], aunque también hay ocasiones en las que se usa un sentido negativo en la tradución[128]. El verbo parece claro que es un inacabado: «Yo no enviaré/ yo de seguro enviaré».

- *l + yqtl*, FORMA VERBAL: -≥ *yqtl* 1ª c. s. CONJUGACIÓN: G, Gp, D, Dp, N RAÍZ: *lik* verbo: regular «encargar, comisionar, enviar.» (≥ *laʾaka* «enviar» arb.; *laʾaka* «enviar» etiop.

---

[124]También con interpretación positiva: «fürwahr, ich habe die Soldaten gebracht; auch habe ich, fürwahr, ihren Sold gebracht» Aartun (1978) p. 34.

[125]«Je n'ai pas amené les *ḫbšm*; aussi leur argent (=solde?) je n'ai pas, non plus, apporté» Virolleaud (1957) p. 42; «I have surely/not brought the free commoners/soldiers. Also their silver I have surely/not brought» Ahl (1980) p. 417; «Du hast nicht die Freigelassenen gebracht, auch ihr Geld hast du nicht gebracht» Dietrich y Loretz (1982) p. 86; «Je n'ai pas amené les affranchis, et je n'ai pas apporté leur argent non plus» Cunchillos (1989b) p. 304, la justificación de la elección viene por el contexto, porque es razonable la contraposición de lo que no ha hecho con lo que va a hacer después. «Yo no he traído/hecho traer los *ḫbṯm* (¿libertos?)/ y su dinero tampoco lo he traído/ hecho traer» Cunchillos (1989a) p. 109 y Cunchillos (1989a) p. 109; «No has traído a los liberados (...) no has traído» del Olmo Lete y Sanmartín (1996) p. 238; «I did not bring the free-booters and even their money I did not bring» Watson (1991) p. 180; «you have not brought the emancipated (men) (...) you have not brought» del Olmo Lete y Sanmartín (2004) p. 486.

[126]Otras numeraciones DO 4029 = KTU 2.21 = PRU 2,16 = UT 1016. Encontrada en el Palacio Real, Archivo Este, Habitación 52. Colaciones 00 = KTU, R1 = LH, véase UDB.

[127]Interpretaciones positivas de la partícula: «En cuanto a mi, yo me encargo» al compararla con el sentido de la línea 17, en Cunchillos (1989a) pp. 118,121-122; «ces choses/cela comme tu avais dit, Quant à moi, j'envoie/j'enverrai un message(r)» Cunchillos (1981a) p. 45, la misma opinión es la que sostiene Watson (1991) p. 184. En otros casos proponen ambas: «I/you spoke not/surely I sent» Ahl (1980) p. 420.

[128]Este es el caso de: posible negación Aartun (1978) p. 25;«¿cómo no voy a enviar?» del Olmo Lete y Sanmartín (1996) p. 238; «how I am not going to send» en del Olmo Lete y Sanmartín (2004) p. 484.

UDB 2.26 • RS 16.264[129]

00-2.26:17 _________ • *w* ***l*** *. ṣm* • ***tspr***

Suele ser interpretada como partícula afirmativa con verbo en inacabado[130]: «Tienen que dar cuenta de los registros».

- *l* + sustantivo + *yqtl,* FORMA VERBAL: -≥ *yqtl* 3ª f. s., 2ª m. s., 2ª f. s. (apocopado) , 3ª m. d. (apocopado) , 3ª f. d. (apocopado) , 2ª c. d. (apocopado) , 3ª m. pl. (apocopado) , 3ª f. pl. (apocopado) , 2ª m. pl. (apocopado) , 2ª f. pl. (apocopado) CONJUGACIÓN: G, Gp, D, Dp, N. RAÍZ: *spr* verbo: regular «escribir, contar, relatar.» (≥ *šipru* «envío, carta, escrito» ac.; *sifrā* «escrito» arm.; *sēfer* «escrito» hb.

UDB 2.30 • RS 16.379[131]

00-2.30:18-20 *ʿmk . w . hm* • ***l*** *.* ***ʿl*** *. w . lakm* • *ilak . w . at*

La estructura morfológica es de *l* + indicativo con traducción por una sentencia negativa.

Se interpreta como partícula negativa con un verbo en imperativo, un sustantivo verbal o un verbo en inacabado[132]: «Y si no ataca, entonces enviaré».

---

[129]Otras numeraciones DO 4338 = KTU 2.26 = PRU 2.10 = UT 1010 = COS 17 (3.45Q). Tablilla encontrada en el Palacio Real, Habitación 73. Colaciones 00 = KTU.

[130]«Et pour les arbres, tu (les?) compteras» Virolleaud (1957) p. 24; «et à propos des arbres tu écriras:...» Lipinski (1973) p. 42; «Ferner, bezüglich der Bäume sollst du berichten» Dietrich *et al.* (1974d) p. 454; «und fürwahr, die Holzstämme, sollst du zählen» Aartun (1978) p. 33; «An surely you will count the logs of Nuranu» Ahl (1980) p. 424; «tu compteras les grumes» en Cunchillos (1989b) pp. 317-318; «y los árboles, (los) contarás tú (mismo)» en Cunchillos (1989a) pp. 124, 127-128; «provide an account for the logs» en Pardee (2002) p. 101.

[131]Otras numeraciones DO 4387 = KTU 2.30 = PRU 2,13 = UT 1013 = COS 6 (3.45F) = MOU 25. Encontrada en el Palacio Real, Archivo Central, Habitación 64. Colaciones 00 = KTU.

[132]«S'il ne monte pas, je (t')enverrai mes messagers» Virolleaud (1957) p. 29; «And if (the army) does not go up, I will send messengers» Ahl (1980) p. 429; «Kommt, sende ich zu Dir, wenn er nicht (Unrecht tut)» Dietrich *et al.* (1974b) p. 459; «si il ne monte/faute pas» Cunchillos (1979) p. 74; «und wenn (er, d.h. der Hethiter) nicht aufsteigt» considerada como *l* + sustantivo verbal Aartun (1978) p. 25; «Et s'il ne monte pas» Lipinski (1981b) p. 94; «if they do not ascend I will certainly send (one)» Pardee (1984a) p. 225; «et s'il (le Hittite) n'attaque pas, je (le) commissionerai de toute façon» Cunchillos (1989b) p. 324; «and if they do not go up, I will certainly send one» Pardee (2002) p. 92, este autor recalca la dificultad de la interpretación del verbo y afirma que no se ha ofrecido una interpretación mejor que la de 3ªm.s. prefijada de *ʿly*: «to ascend»; «et s'il ne monte pas, c'est sûr que je (t'en) enverrai (un report)» Bordreuil y Pardee (2004) p. 85; «Y si no sube» del Olmo Lete y Sanmartín (1996) p. 238; «and if they (=Hittites) do not ascend/attack I will certainly send (a message)» Watson (1991) p. 180; «and if it (:Hatti) does not attack» del Olmo Lete y Sanmartín (2004) p. 484.

- *l* + :

1. Imperativo. FORMA VERBAL: -≥ imperativo 2ª m. s., 2ª f. s., 2ª c. d., 2ª m. pl., 2ª f. pl. CONJUGACIÓN: G -≥ *qtl* 3ª m. s., 3ª m. d., 3ª m. pl., 3ª f. pl. CONJUGACIÓN: G, D RAÍZ: *ˁly* verbo: 3ª radical débil I «subir, salir, atacar, asaltar, echarse encima, ascender, Š: ofrecer, elevar.» (≥ *elū, alū* «subir, ascender» ac.,; *ˁalā* «subir, ascender» arb.; *ˁalawa* «atravesar, cruzar» etiop. ; *ˁālāh* «subir, ascender» hb.; *ˁallī* «levantar» sir.
2. SUSTANTIVO VERBAL.m. s. CONJUGACIÓN: PARTICIPIO G. m. s. CONJUGACIÓN: INFINITIVO G RAÍZ: *ˁly* verbo: 3ª radical débil I «subir, salir, atacar, asaltar, echarse encima, ascender, Š: ofrecer, elevar.» (≥ *elū,alū* «subir, ascender» ac. ; *ˁalā* «subir, ascender» arb.; *ˁalawa* «atravesar, cruzar» etiop.; *ˁālāh* «subir, ascender» hb.; *ˁallī* «levantar» sir.
3. *yqtl* 3ªm.s.

UDB 2.31 • RS 16.394[133]

00-2.31:48 *[...]k bˁlt bhtm̊[.]ånk • [...]y .* ***l ihbt*** *. yb̊[...] . rgmy •*

El contexto es fragmentario e incierto, por lo que muchos autores no se han decidido por una partícula en concreto. Se ha afirmado que posiblemente sea una negación[134]. Sin embargo la negación/afirmación *l* suele aparecer antes de un verbo y en este caso es un sustantivo, aunque puede considerarse sustantivo verbal.

- *l* + SUSTANTIVO m. s. RADICAL: *ihbt* sustantivo «amor» (≥ *ahbt* «amar, amor» ug. *ahb* «amar».

00-2.31:65 *[... n]p̊šy . w ydn . b̊ˁ[...]n • [...]m . k yn . hm .* ***l atn*** *. bty . lh •*

En este caso el contexto se conserva un poco mejor. Se ha considerado una negación con un verbo en inacabado[135]: «No le entregaré/entrego mi casa».

---

[133]Otras numeraciones DO 4394 = KTU 2.31 = PRU 2,2 = UT 1002. Tablilla encontrada en el Palacio Real, Archivo Central, Habitación 64. Colaciones 00 = KTU; R1 = LH. Véase UDB.

[134]«je ne... pas celui qui ...mon ordre» en Virolleaud (1957) p. 9 y véase: posible negación Aartun (1978) p. 25; del Olmo Lete y Sanmartín (1996) p. 238 y del Olmo Lete y Sanmartín (2004) p. 484.

[135]«Je ne lui donnerai pas ma maison» Virolleaud (1957) p. 9; «wenn ich ihm nicht mein Haus gebe» Aartun (1978) p. 24; «si no le entrego mi hija» del Olmo Lete y Sanmartín (1996) p. 238; «If I do not give him my house» en Watson (1991) pp. 180-181; «if I do not give him my daughter» en del Olmo Lete y Sanmartín (2004) p. 484.

- *l* + *yqtl*, FORMA VERBAL: -≥ *yqtl* 1ª c. s. CONJUGACIÓN: G RAÍZ: *ytn* verbo: 1ª *y*, 3ª radical *n* «dar, vender, Š: entregar (en nombre de otro).» (≥ *nadānu* «dar» ac.; *ntn* «dar» arm.; *ytn* «dar» fen.; *nātan* «dar» hb.

UDB 2.33 • RS 16.402[136]

00-2.33:26 *rgmt . ʿly . ṯh . lm •* ***l . ytn*** *. hm . mlk . ʿly (bʿly) • w . hn . ibm . šṣq . ly*

R1-2.33:26 *rgmt . ʿly . ṯh . lm •* ***l . ytn*** *. hm . mlk . ʿly • w . hn . ibm . šṣq . ly*

La partícula se ha interpretado en la mayoría de los casos, aunque no siempre[137], como negación[138] y el verbo como inacabado. Sin embargo la exacta interpretación del verbo no queda del todo clara, pues hay algunos que lo interpretan como nifal de *ntn* + la preposición también hebrea *ʿl* con el valor semántico del *ana ṣēr «dar a»* en acadio y en *yqtl* [139]. Otros autores afirman que esta interpretación es errónea, pues la preposición hebrea *ʿl* es usualmente confundida con *ʾl* y el ugarítico no tiene esta última para poder ser confundida, por lo cual lo interpretan como un acabado[140]: «¿Por qué el rey no me los otorga?»/ «Por qué los ha colocado encima de mi?».

- *l* +

1. FORMA VERBAL: -≥ *yqtl* 3ª m. s., 3ª m. d. (apocopado) , 3ª m. pl. (apocopado) CONJUGACIÓN: G RAÍZ: *ytn* verbo: 1ª *y*, 3ª radical *n* «dar, vender, Š: entregar (en nombre de otro).» (≥ *nadānu* «dar» ac.; *ntn* «dar» arm.; *ytn* «dar» fen.; *nātan* «dar» hb.

[136]Otras numeraciones DO 4402 = KTU 2.33 = PRU 2,12 = UT 1012 = COS 24 (3.45X). Encontrada en el Palacio Real, Archivo Central, Habitación 64. Colaciones 00 = KTU; 10 = Pardee (1984a); R1= LH, véase UDB.

[137]Como partícula positiva ha sido interpretada en: «Why has he placed them upon me?» Pardee (1984a) p. 216; «Why has the king imposed this (duty) upon me?» (Pardee, 2002) p. 106.

[138]Como negación ha sido traducido en: «Pourquoi le roi ne me les a t-il pas donnés?» Virolleaud (1957) p. 28; «does not the king, my lord, supply them?» Albright (1958) p. 37; «Let my lord the king grant them (horses),...» Cutler y Macdonald (1976) p. 35; «warum gibt sie nicht der König, mein Herr?» Aartun (1978) p. 24; «Why doesn't he give (them/word what to do) or does he rule against me?» Ahl (1980) p. 432; «why hasn't the king given them to me?» Gordon (1999) p. 106; «Pourquoi le roi ne me les a t-il pas donnés?» Lipinski (1981a) pp. 103,105; «Pouquoi le roi ne me les accorde-t-il pas?» Cunchillos (1989b) pp. 335-336; «Why does the king not grant them to me?» Watson (1991) p. 185 ; «¿Por qué no me los otorga?» del Olmo Lete y Sanmartín (1996) p. 238; «why did the king not grant them (to me)?» en del Olmo Lete y Sanmartín (2004) p. 484.

[139]Véase Cunchillos (1989b) pp. 335-336 y Lipinski (1981a) p. 107.

[140]Véase Pardee (1984a) pp. 219-220.

2. FORMA VERBAL: -≥ *qtl* 3ª m. s., 3ª m. d., 3ª m. pl., 3ª f. pl. CONJUGACIÓN: G RAÍZ: *ytn* verbo: 1ª *y*, 3ª radical *n* «dar, vender, Š: entregar (en nombre de otro).» (≥ *nadānu* «dar» ac.; *ntn* «dar» arm.; *ytn* «dar» fen.; *nātan* «dar» hb.

00-2.33:28 *w . hn . ibm . šṣq . ly • p .* ***l . ašt*** *. a<u>t</u>ty • nʿry . <u>t</u>h . l pn . ib*

Como en el caso de la frase anterior de esta misma carta, esta partícula ha sido interpretada en la mayoría de los casos como negativa[141] y con verbo en inacabado, sin embargo también ha sido interpretada como positiva[142]: «yo no pondré a mi mujer y mis hijos» / «¿Debo yo poner a mi mujer y a mis hijos...?».

- *l + yqtl* FORMA VERBAL: -≥ *yqtl* 1ª c. s. CONJUGACIÓN: G, Gp RAÍZ: *šyt* verbo: 2ª radical débil «poner, colocar, establecer, dejar, echar, derramar, reducir.» (≥ *št* «poner, colocar» fen.; *šīt* «poner, colocar» hb.; *šītu* «colocar, poner» ug.

UDB 2.36 • RS 17.434[143]

00-2.36:10-11 *[...] qrt [.] - n<u>t</u>b . ʿmnkm . qrb [...] • [...]r . i[...]- . w . at . ʿmy .* ***l . mǵt*** *. [...] • [...]mlk[...]tk . ʿmy .* ***l . likt*** *• [...] . k̊m . šknt . ly . ht . hln . ḫrṣ . [...]*

10-2.36:10-11 *[–]qrt[–]n<u>t</u>b . ʿmnkm . qrb[...] • [–]r . i[-]t̊ . w . at . ʿmy .* ***l . mǵt*** *. [...] • [w .]mla[k]tk . ʿmy .* ***l . likt*** *• [—]šknt . ly . ht . hln . ḫrṣ[...]*

11-2.36:10-11 *[–̊]q̊rt[-] ẘn<u>t</u>b . ʿmnkm . l . qrb[...] • [-]r . h̊/i̊/p̊[-] ᵒ . w . at . ʿmy .* ***l . mǵt*** *ọ [...] • [w.]mla[k]t̊k . ʿmy .* ***l . likt*** *• [h]t̊ . k̊m̊ ọ šknt . ly . ht . hln . ḫrṣ[...]*

[141] «je n'abandonnerai pas» Virolleaud (1957) p. 28; «and I can not leave my wives (and) my children...» Albright (1958) p. 37; «und ich kann nicht meine Frau (und) meine Kinder (wie) Geschenke vor den Feind setzen» Aartun (1978) p. 24; «And I must not put my wife (and) my young men in jeopardy before the enemy.» Ahl (1980) p. 432; «je ne vais pas ranger» Lipinski (1981a) p. 107; «je ne mettrai pas mes femmes (et) mes garçons» Cunchillos (1989b) p. 336; «y no pondré a mi mujer» del Olmo Lete y Sanmartín (1996) p. 238; «I will not place my wife (and) children...» Watson (1991) p. 181; «I do not wish to put/send my woman» en del Olmo Lete y Sanmartín (2004) p. 483.

[142] «I should put my wife (and) children in X before the enemy?!» Pardee (1984a) p. 216; «I should put my wife (and) children in peril before the enemy?!» Pardee (2002) p. 106.

[143] Otras numeraciones DO 4744 = KTU 2.36 + 2.37 + 2.73 + 2.74 = RS 17.435 + 17.436 + 17.437 = COS 10 (45J). Hallada en el Palacio Real, Archivo Este, Habitación 56. Colaciones 00 = LH.; 10 = de Ras Shamra (1978) pp. 123-133 por Caquot; 11 = Pardee (1983-1984); R1 = LH.

R1-2.36:10-11 *qrt ? ẘ nṯb . ʿmnkm . qrb[n...] • [-]r . i̊p̊[d] ° . w . at . ʿmy . **l** . **mǵt** ? [...] • [w.] mla[k]t̊k . ʿmy . **l** . **likt** • [h]t̊ .k̊m̊ ? šknt . ly . ht . hln . ḫrṣ*

La partícula *l* se ha interpretado en todos los casos como partícula negativa seguida de un verbo en acabado[144]: «a mi no viniste... y no me enviaste».

- *l* + *qtl*, FORMA VERBAL: -≥ *qtl* 3ª f. s., 2ª m. s., 2ª f. s., 1ª c. s., 3ª f. d. CONJUGACIÓN: G, D RAÍZ: *mǵy* verbo: 3ª radical débil «llegar, venir, alcanzar.» (≥ *maḍā* «pasar» arb.; *maḍā* «ir» arb.; *mʿy* «venir» hb.; *mẓʾ* «venir» s.arab.

- *l* + *qtl*, FORMA VERBAL: -≥ *qtl* 3ª f. s., 2ª m. s., 2ª f. s., 1ª c. s., 3ª f. d. CONJUGACIÓN: G, Gp, D, Dp RAÍZ: *lik* verbo: regular «encargar, comisionar, enviar.» (≥ *laʾaka* «enviar» arb.; *laʾaka* «enviar» etiop.

00-2.36:28 *qdš . w . b . ḥwt[...] • w . **l** . **ṯḫlq** . ḥwt[...] •* _________

11-2.36:28 *qdš . w . b . ḥwt ? [...] • w . **l** . **ṯḫlq** . ḥwt̊[...] •* _________

R1-2.36:28 *qdš . w . b . ḥwt [...] • w . **l** . **ṯḫlq** . ḥwt [...] •* _________

Aquí ha sido traducida por negación y verbo en inacabado[145]: « y X no perecerá».

- *l* + *yqtl*, FORMA VERBAL: -≥ *yqtl* 3ª f. s., 2ª m. s., 2ª f. s. (apocopado) , 3ª m. d. (apocopado) , 3ª f. d. (apocopado) , 2ª c. d. (apocopado) , 3ª m. pl. (apocopado) , 3ª f. pl. (apocopado) , 2ª m. pl. (apocopado) , 2ª f. pl. (apocopado) CONJUGACIÓN: G, Gp, D, Dp, N RAÍZ: *ḫlq* verbo: regular «evitar, estar ausente.» (≥ «perecer, destruir (factitivo).» (≥ *ḫalāqu* «irse, perecer» ac.; *ḫalaqa* «languidecer» etiop.

---

[144] «tu n'es pas venu auprés de moi (et) ton mes(sa)ge, tu n'as pas envoyé auprès de moi» en de Ras Shamra (1978) p. 128, A. Caquot; «but to me you have not come (...) (and) your mess(e)nger-party you have not sendt me.» en Pardee (1983-1984) p. 325; «Mais toi, auprès de moi, tu n'es pas venu...(et) une tienne ambassade auprès de moi tu n'as pas commissionnée» en Cunchillos (1989b) pp. 400-401; «tu a mi no viniste (...) ni me enviaste tu mensaje» en del Olmo Lete y Sanmartín (1996) p. 238; «But you, to me you did not come... and your embassy to me you did not send» en Watson (1991) p. 181; «But to me you have not come (...and) your messenger-party you have not sent to me» en Pardee (2002) p. 96; «you did not come to me(...) you did not send me your message» en del Olmo Lete y Sanmartín (2004) p. 483.

[145] «ne périra pas le pays» en de Ras Shamra (1978) p. 132 en Caquot; «and the land of (X) shall not harm (them) (or: shall not be harmed)» Pardee (1983-1984) p. 325; «et dans le pays de (...) et évitera le pays de...» en Cunchillos (1989b) p. 411, este autor dice que puede ser ambos, negativa o afirmativa; «and through the land of (X...); and the land of (X) shall not harm (them) (or: shall not be harmed)» Pardee (2002) p. 96; «and the land of (Ugarit?) will no longer be ruined» Watson (1991) p. 181.

UDB 2.39 • RS 18.038 [146]

00-2.39:9 *w . b [bʿly] . uk . nǵr • w . -[. . .] . adny .* ***l . yḫsr*** *• w . [ank y]d̊ʿ . l . ydʿt*

10-2.39:9 *w . b̊[nh] . uk . nǵr • w . k̊[rgm] . adny .* ***l . yḫsr*** *• ẘ b̊[ʿly . y]dʿ . l . ydʿt*

11-2.39:9 *w . b̊[ʿlh] . uk . nǵr • w . d̊[rʿ . l .]å dny .* ***l . yḫsr*** *• åt[. hn . y]dʿ . l . ydʿt*

Ha sido traducida como partícula negativa con verbo inacabado[147], aunque también hay autores que consideran posible que sea una partícula positiva con indicativo[148]: «que no le falte grano a mi señor».

- *l + yqtl*, FORMA VERBAL: -≥ *yqtl* 3ª m. s., 3ª m. d. (apocopado) , 3ª m. pl. (apocopado) CONJUGACIÓN: G, Gp, D, Dp, N RAÍZ: *ḫsr* verbo: regular «sentir privaciones, ser deficiente, fallar, faltar, necesitar.» (≥ *ḫasira* «sufrir perjuicio» arb.; *ḥsr* «faltar, pasar privaciones» arm.; *ḫasra* «pasar privaciones» etiop.; *ḥsr* «faltar, pasar privaciones» hb.

00-2.39:10 *w . -[. . .] . adny . l . yḫsr • w . [ank y]d̊ʿ .* ***l . ydʿt*** *• h̊t [. . .]l . špš . bʿlk*

10-2.39:10 *w . k̊[rgm] . adny . l . yḫsr • ẘ b̊[ʿly . y]dʿ .* ***l . ydʿt*** *• ht[. t]k̊n̊[.] l . špš . bʿlk*

11-2.39:10 *w . d̊[rʿ . l .]å dny . l . yḫsr • åt[. hn . y]dʿ .* ***l . ydʿt*** *• h̊t [.]åt̊[.]l ̣ . špš . bʿlk*

[146]Otras numeraciones DO 4781 = KTU 2.39 = PRU 5,60 = UT 2060 = COS 9 (3.45I). Encontrada en el Palacio Real. Colaciones 00 = KTU; 10 = de Moor (1979); 11 = Pardee (1981); R1 = LH.

[147]Posible negación Aartun (1978) p. 25; «My lord will not be wanting anything» de Moor (1979) p. 651; «So my master not/surely will be lacking» Ahl (1980) p. 440; «Now there is no grain lacking to my lord.» Pardee (1981) p. 152; «que son seigneur ne manque de rien» Virolleaud (1965) p. 85; «no le falte descendencia a mi señor» del Olmo Lete y Sanmartín (1996) p. 238; «Now there is no grain lacking to my lord» Watson (1991) p. 181; «My father never lacked g(rain)» Pardee (2002) p. 95 ; «may my lord not lack descendants» en del Olmo Lete y Sanmartín (2004) p. 484.

[148]«Mein(em) Herrn aber fehlt fürwahr Saat(gut)» no es seguro y considera posible tanto la negación como la afirmación Tropper (2000) p. 811.

Interpretación negativa, aunque no siempre, de la partícula con verbo en acabado [149]. «Tú no lo has reconocido».

- *l* + *qtl*, FORMA VERBAL: -≥ *qtl* 3ª f. s., 2ª m. s., 2ª f. s., 1ª c. s., 3ª f. d. CONJUGACIÓN: G RAÍZ: *ydʿ* verbo: 1ª radical débil I «conocer, saber, comprender.» (≥ *idū* «saber, conocer» ac.; *yedaʿ* «saber, conocer» arm.; *ʾaydeʿa* «dar a conocer» etiop.; *yādaʿ* «saber, conocer» hb. ; II «sudar.» (≥ *waḍaʿa* «» arb.; *wazʿa* «» etiop. ; «permitir.» (≥ *wadaʿa* «permitir» arb.

00-2.39:14 *ht […] . špš . bʿlk • ydʿm .* ***l . ydʿt*** *• ʿmy . špš . bʿlk*

Considerada como negativa[150] con verbo en acabado[151]: «Tú no lo has reconocido en absoluto».

- *l* + *qtl*, FORMA VERBAL: -≥ *qtl* 3ª f. s., 2ª m. s., 2ª f. s., 1ª c. s., 3ª f. d. CONJUGACIÓN: G RAÍZ: *ydʿ* verbo: 1ª radical débil I «conocer, saber, comprender.» (≥ *idū* «saber, conocer» ac.; *yedaʿ* «saber, conocer» arm.; *ʾaydeʿa* «dar a conocer» etiop.; *yādaʿ* «saber, conocer» hb. ; II «sudar.» (≥ *waḍaʿa* «» arb.; *wazʿa* «» etiop. ; «permitir.» (≥ *wadaʿa* «permitir» arb.

00-2.39:16 *ʿmy . špš . bʿlk • šnt . šntm . lm . .* ***l . tlk*** *• w . lḥt . akl . ky*

R1-2.39:16 *ʿmy . špš . bʿlk • šnt . šntm . lm .* ***l . tlk*** *• w . lḥt . akl . ky*

Traducida por una negación con verbo inacabado[152]: «¿Por qué no vienes?».

[149] «qu'il ne sait rien» Virolleaud (1965) p. 85; «and I fully recognize my master» de Moor (1979) p. 651; «And this (I(?)) surely know» Ahl (1980) p. 440; «You, for your part, behold, you have not recognized (this)» Pardee (1981) p. 152; «no sé/sabes/sabe (ella)» del Olmo Lete y Sanmartín (1996) p. 238; «You, for your part, behold, you have not recognize (this)» Watson (1991) p. 181; «you for your part, have not recognized» Pardee (2002) p. 95; «I/you/she does not know» en del Olmo Lete y Sanmartín (2004) p. 484.

[150] Encontrada también como positiva: «if you have truly recognized the Sun, your lord» Dijkstra (1976) p. 437; «you have fully recognized» de Moor (1979) p. 651.

[151] «Je ne sais rien!» Virolleaud (1965) p. 84; «you do not acknowledge the Sun, your lord?» Huffmon y Parker (1966) p. 37; «siehe, du hast wahrlich die Sonne, deinen Herrn, nicht anerkannt» Aartun (1978) p. 23; «your lord, surely knows» Ahl (1980) p. 440; «you have not recognized at all» Pardee (1981) p. 152; «Now as for you , the Sun, your master, you have not recognized at all» Watson (1991) p. 182; «you have not at all recognized» Pardee (2002) p. 95.

[152] «Pourquoi, pendant un an ou deux, n'es-tu pas venu?» Virolleaud (1965) p. 84; «Why have you not come to me, the Sun, your lord, for one year, for two years?» Huffmon y Parker (1966) p. 37; «why have you not come to me...?» Dijkstra (1976) p. 437; «warum kommst (wörtlich:gehst) du nicht?» Aartun (1978) p. 24; «why then you did not come to me...?» de Moor (1979) p. 651; «for on year, two years why do you not come?» Pardee (1981) p. 152; «¿por qué (hace uno o dos años) que no vienes?» del Olmo Lete y Sanmartín (1996) p. 238; «a year, two years, why didn´t you come ?» Watson (1991) p. 185; «Why do you not come?» Pardee (2002) p. 95; «(for one, two years) did you not come?» en del Olmo Lete y Sanmartín (2004) p. 484.

- *l* + *yqtl,* FORMA VERBAL: -≥ *yqtl* 3ª f. s., 2ª m. s., 2ª f. s. (apocopado) , 3ª m. d. (apocopado) , 3ª f. d. (apocopado) , 2ª c. d. (apocopado) , 3ª m. pl. (apocopado) , 3ª f. pl. (apocopado) , 2ª m. pl. (apocopado) , 2ª f. pl. (apocopado) CONJUGACIÓN: G RAÍZ: *hlk* verbo: 1ª radical débil I «ir, marchar, andar, venir, Š "hacer volver".» (≥ *alāku* «ir» ac.; *halaka* «perecer, perderse» arb.; *hāk* «ir» arm.; *helak* «ir» arm.; *haguala* «perecer, perderse» etiop.; *hālak* «ir» hb.; *hlk* «ir» s.arab.

UDB 2.47 • RS 18.148 [153]

00-2.47:4 *w* ***l . a[ny]t . tšknn • ḫmšm . l m[i]t . any • tšknn̊*** *[...]ẙh . kt̊[...]*

Ha tenido diversas interpretaciones:

a) la primera como negación con verbo inacabado[154]: «Yo no falté (a mi deber?)».

b) También se puede interpretar como afirmación con frase nominal volitiva seguida de enérgico[155]: «Se facilita de seguro los buques, sin duda proporcionará 150 barcos».

- *l* + sustantivo + *yqtl,*

  - FORMA VERBAL: -≥ *yqtl* 2ª f. s., 3ª m. d., 3ª f. d., 2ª c. d., 3ª m. pl., 3ª f. pl., 2ª m. pl. CONJUGACIÓN: Š, Šp RAÍZ: *kwn* verbo: 2ª débil, 3ª *n* «ser, establecer. Š: crear, hacer preparativos» (≥ *kānu* «establecer» ac. *kānu* «ser firme», D.: «establecer»; *kāna* «ser» arb.; kūn «hacer directamente» arm. Pa.: «hacer directamente»; *kōna* «ser» etiop.; *kūn* «establecer, disponer» hb. N: «establecer», Hif.: «disponer»; «ser leal.» (≥ *kīnu* «» ac. ; *kānu* «» ac. ; *kēn* «» hb.
  - FORMA VERBAL: -≥ *yqtl* 2ª f. pl. (apocopado) CONJUGACIÓN: Š, Šp RAÍZ: *kwn* verbo: 2ª débil, 3ª *n* «ser, establecer. Š: crear, hacer preparativos» (≥ *kānu* «establecer», «ser firme» ac., D.: «establecer»; *kāna* «ser» arb.; *kūn* «hacer directamente» arm. Pa.: «hacer directamente»; *kōna* «ser» etiop.; *kūn* «establecer, disponer» hb. N: «establecer», Hif.: «disponer»; «ser leal.» (≥ *kīnu* «» ac.; *kānu* «» ac.; *kēn* «» hb. ; SUFIJO: pronombre sufijo verbal -*nn* 3ª m. s.; modo enérgico.

---

[153]Otras numeraciones DO 4856 = KTU 2.47 = PRI 5,62 = UT 2062. Encontrada en el Palacio Real. Colaciones 00 = KTU; R1 = LH.

[154]Posible negación Aartun (1978) p. 25; «je ne (faillirai) pas (à mon devoir?)» Virolleaud (1965) p. 89; «je ne (faillirai) pas (à mon devoir?)» en de Ras Shamra (1968) p. 739.

[155]«And surely you will equip the sh(ip)s.» Ahl (1980) p. 455; «Und du sollst fürwahr (?) Schiffe bereitstellen: (und zwar) sollst du 150 Schiffe bereitstellen!» Tropper (2000) p. 733 y p. 812.

- FORMA VERBAL: -≥ *yqtl* 3ª f. s., 2ª m. s., 2ª f. s. (apocopado) , 3ª m. d. (apocopado) , 3ª f. d. (apocopado) , 2ª c. d. (apocopado) , 3ª m. pl. (apocopado) , 3ª f. pl. (apocopado) , 2ª m. pl. (apocopado) 2ª f. pl. CONJUGACIÓN: Š, Šp RAÍZ: *kwn* verbo: 2ª débil, 3ª *n* «ser, establecer. Š: crear, hacer preparativos» (≥ *kānu* «establecer», «ser firme» ac. , D.: «establecer»; *kāna* «ser» arb.; *kūn* «hacer directamente» arm. Pa.: «hacer directamente»; *kōna* «ser» etiop.; *kūn* «establecer, disponer» hb. N: «establecer», Hif.: «disponer»; «ser leal.» (≥ *kīnu* «» ac. ; *kānu* «» ac. ; *kēn* «» hb. ; SUFIJO: pronombre sufijo verbal -*n* 3ª m. s.; 1ª c. s.; modo enérgico.

c) En otros casos la *l* se ha considerado una proposición, ya que la *l* afirmativa no es probable con frases nominales[156].

UDB 2.50 • RS 18.287 [157]

R1-2.50:10 *[. . .]-ẙ . w . lm* • ***[l likt]*** *s̊il . šlm[y]* • *[. . .] ånk*

10-2.50:10 *[. . .]-ẙ . w . lm[. . .]* • [. . .]*s̊il . šlm[. . .]* • *[. . .]ånk*

00-2.50:13 *[. . .]y . w . lm* • [. . . *š]il . šlm* • *[. . .]ank*

Sólo en una colación observamos la partícula *l* y esta sería negativa con verbo en acabado: «No me enviaste».

- *l* + *qtl*, FORMA VERBAL: -≥ *qtl* 3ª f. s., 2ª m. s., 2ª f. s., 1ª c. s., 3ª f. d. CONJUGACIÓN: G, Gp, D, Dp RAÍZ: *lik* verbo: regular «encargar, comisionar, enviar.» (≥ *laʾaka* «enviar» arb.; *laʾaka* «enviar» etiop.

00-2.50:3 *[. . .]y . ʿmk* • *[. . .]tn .* ***l . stn*** • *[. . .]d . nʿm . lbš̊(?)k*

10-2.50:16 *[. . .]-ẙ . ʿmk* • *[. . .]–̊ ? w .* ***l . štnt*** • *[. . .]d . nʿm̊ ? lbšk*

La partícula *l* ha sido interpretada en este caso como partícula negativa con un verbo en acabado [158]: «Tú no fuiste entregado».

- *l* + *qtl*, FORMA VERBAL: -≥ *qtl* 3ª f. s., 2ª m. s. CONJUGACIÓN: Š RAÍZ: *ytn* verbo: 1ª *y*, 3ª radical *n* «dar, vender,Š: entregar (en nombre de otro).» (≥ *nadānu* «dar» ac.; *ntn* «dar» arm.; *ytn* «dar» fen. ; *nātan* «dar» hb.

---

[156] Véase Tropper (2000) pp. 812-813; Aartun (1978) y Sivan (1997) p. 191.

[157] Otras numeraciones DO s.n. = KTU 2.50 = PRU 5, 128 = UT 2128. Colaciones 00 = KTU; 10 = Pardee (1984b); R1 = LH.

[158] «with/to you____which are good» Ahl (1980) p. 461; «(...) and you (or: I ?) did not cause to be given» Pardee (1984b) p. 241; igual traducción en Watson (1991) p. 182 .

00-2.50:6-7 *[...]dm . ṯnid • [...]m . d .* ***l . n'mm*** *• [...]* ***l . likt*** *. 'my*

10-2.50:19-20 *[...]–̊m . d .* ***l . n'm*** *• [...]**l . likt*** *. 'my • [...]'bd . ank*

Es una negación con verbo en acabado[159]: «El cual no fue agradable/bueno».

- *l + qtl,* FORMA VERBAL: -≥ *qtl* 3ª m. s., 3ª m. d., 3ª m. pl., 3ª f. pl. CONJUGACIÓN: G, D RAÍZ: *n'm* verbo: 1ª radical *n* «ser agradable.» (≥ *na'ama* «ser agradable» arb.; *n'm* «ser agradable» hb.

En cuanto a la segunda ocurrencia de *l*, se ha traducido como partícula negativa con verbo en acabado[160]: «No me enviaste».

- *l + qtl,* FORMA VERBAL: -≥ *qtl* 3ª f. s., 2ª m. s., 2ª f. s., 1ª c. s., 3ª f. d. CONJUGACIÓN: G, Gp, D, Dp RAÍZ: *lik* verbo: regular «encargar, comisionar, enviar.» (≥ *la'aka* «enviar» arb.; *la'aka* «enviar» etiop.

UDB 2.54 • RS 18.386[161]

00-2.54:2 *[...]- tmtt • [...]**l . yṣin̊*** *• [...] . hm*

R1-2.54:2 *[...]- tmtt • [...]* ***l . yṣin̊*** *• [...] . hm*

Partícula en un contexto muy dañado. Posible interpretación negativa/positiva con verbo inacabado: «él no/seguramente sale/saldrá».

- *l + yqtl,* FORMA VERBAL: Apocopado. Apocopado. Apocopado. Apocopado. -≥ *yqtl* 3ª m. s. CONJUGACIÓN: G RAÍZ: *yṣa* verbo: 1ª radical débil «salir, aparecer, asomar; Š: hacer salir, entregar.» (≥ *aṣū, waṣū* «salir, aparecer» ac.; *waḏa'a* «superar (en pureza)» arb.; *waḏe'a* «salir» etiop.; *yāṣā'* «salir, aparecer» hb.; *y'ā* «salir, aparecer» sir.; SUFIJO: pronombre sufijo verbal *-n* 3ª m. s.; 1ª c. s.; modo enérgico.

UDB 2.61 • RS 19.011[162]

159 «which are not good» Ahl (1980) p. 461; «which is not good» Pardee (1984b) p. 241 y Watson (1991) p. 182. Otra posibilidad es interpretar la partícula negativa seguida de una frase nominal: «der/das nicht gut/angenehm ist» Tropper (2000) p. 814.

160 «() you do not (?) send to me () servant am I.» Ahl (1980) p. 461; «you did not send to me» Pardee (1984b) p. 241 y Watson (1991) p. 182; según del Olmo Lete y Sanmartín (1996) p. 238 y en del Olmo Lete y Sanmartín (2004) p. 484 es también una negación, pero el contexto es fragmentario para una traducción.

161 Otras numeraciones DOs.n. = ESS199 = KTU 2.54. Colaciones 00 = KTU; R1 = LH.

162 Otras numeraciones DO 4998 = KTU 2.61 = PRU 5, 114 = UT 2114 = COS 32 (3.45FF). Hallada en el Palacio Sur, Habitación 204. Colaciones 00 = KTU; R1=LH.

00-2.61:9 *akln . b . grnt* • ***l . bʿr*** • *ap . krmm*

Ha sido traducida por una partícula positiva[163] con verbo en acabado[164]: «Nuestro grano de seguro se quemó».

- *l* + *qtl*, FORMA VERBAL: ≥ *qtl* 3ª m. s., 3ª m. d., 3ª m. pl., 3ª f. pl. CONJUGACIÓN: G, Gp, D, Dp RAÍZ: *bʿr* verbo: regular «quemar, encender.» (≥ *buḫḫuru* «calentar» ac.; *baʿar* «quemar» arm.; *bāraʿe* «desencadenarse, estallar (fuego)» etiop.; *bāʿar* «quemar» hb.; «abandonar, dejar, destruir.» (≥ *biʿēr* «apartar, quitar» hb. (Pi).

UDB 2.63 • RS 19.029[165]

00-2.63:7 __________ • *lm[.]l̊* . ***likt*** • *šil . šlmy*

Este caso es similar a los anteriores. Tiene una estructura de *l* + indicativo. Partícula interpretada como negativa con verbo en acabado[166]: «¿por qué no enviaste a preguntar?».

- *l* + *qtl*, FORMA VERBAL: -≥ *qtl* 3ª f. s., 2ª m. s., 2ª f. s., 1ª c. s., 3ª f. d. CONJUGACIÓN: G, Gp, D, Dp RAÍZ: *lik* verbo: regular «encargar, comisionar, enviar.» (≥ *laʾaka* «enviar» arb. ; *laʾaka* «enviar» etiop.

00-2.63:10 *ʿ̊d . ruš* • *-ly .* ***l . likt*** • *ånk . ʿ-[...]n̊[...]*

[163] Otra posibilidad es considerar la *l* como una *l* de finalidad y el verbo *bʿr* como un infinitivo constructo que puede tener dos significados «pillar» o «quemar». Así la traducción quedaría: «Nuestros alimentos (estuvieron) en las eras para el pillaje», véase Cunchillos y Vita (1993b). En este caso no sería una partícula ni negativa ni positiva. Creo que esta posibilidad es plausible, pero mantengo las otras interpretaciones como partícula positiva para mostrar las diferentes opiniones de los ugaritólogos y mostrar cual sería su estructura si se considera como partícula positiva.

[164] «a été pillée» Virolleaud (1965) p. 137; «Unser Getreide ist auf den Tennen verbrannt» Dietrich *et al.* (1975a) p. 532; «unsere Ernte (wörtlich: unser Essen) auf den Dreschtennen hat er, fürwahr, verwüstet» Aartun (1978) p. 34; «Our food is indeed pillaged from the threshing floor» Ahl (1980) p. 463; «nuestro grano en las eras de seguro se quemó» del Olmo Lete y Sanmartín (1996) p. 238; «Das Gereide...wurde fürwahr verbrannt/geraubt» Tropper (2000) p. 812; «he has even burned our grain» Pardee (2002) p. 110; «our grain on the threshing floors has been set on fire» en del Olmo Lete y Sanmartín (2004) p. 485.

[165] Otras numeraciones DO 5016 = KTU 2.63 = PRU 5, 10 = UT 2010. Hallada en el Palacio Real, Archivo Suroeste. Colaciones 00 = KTU; R1 = LH.

[166] «Pourquoi ne m'as-tu pas envoyé de ...» Virolleaud (1965) p. 17; «Why have(n't) you sent aski(ng) of my welfare?» Ahl (1980) p. 465; «¿por qué no enviaste a preguntar?» del Olmo Lete y Sanmartín (1996) p. 238; *l* + indicativo, «Warum hast du nicht (einen Briefboten zu mir) geschickt, um dich nach meinem Wohlbefinden zu erkundigen?» Tropper (2000) p. 814; «why have you not sent (asking for my welfare)?» del Olmo Lete y Sanmartín (2004) p. 484.

R1-2.63:10 *ʿ̊d . ruš • [ʿ]ly .* ***l . likt*** *• ån̊k . ʿ-[...]n̊[...]*

La *l* ha sido traducida como partícula negativa con verbo acabado[167]: «yo/tú no envié/enviaste a preguntar».

- *l + qtl*, FORMA VERBAL: -≥ *qtl* 3ª f. s., 2ª m. s., 2ª f. s., 1ª c. s., 3ª f. d. CONJUGACIÓN: G, Gp, D, Dp RAÍZ: *lik* verbo: regular «encargar, comisionar, enviar.» (≥ *laʾaka* «enviar» arb.; *laʾaka* «enviar» etiop.

UDB 2.70 • RS 29.093[168]

10-2.70:22 *ṯmt . ʿmnk •* ***klttn*** *. akl . lhm • w . ktšal*

00-2.70:22 *ṯmt . ʿmnk • klt tn . akl . lhm • w . k tšal*

Cuando la lectura epigráfica la considera partícula, es decir la colación 10, ha sido traducida por negativa[169]. *ttn* sería un inacabado: «No se les dió grano».

- *l + yqtl*,

    1. FORMA VERBAL: -≥ *yqtl* 3ª f. s., 2ª m. s., 2ª f. s. (apocopado) , 3ª m. d. (apocopado) , 3ª f. d. (apocopado) , 2ª c. d. (apocopado) , 3ª m. pl. (apocopado) , 3ª f. pl. (apocopado) , 2ª m. pl. (apocopado) CONJUGACIÓN: G RAÍZ: *ytn* verbo: 1ª *y*, 3ª radical *n* «dar, vender, Š: entregar (en nombre de otro).» (≥ *nadānu* «dar» ac.; *ntn* «dar» arm.; *ytn* «dar» fen.; *nātan* «dar» hb.

    2. FORMA VERBAL: -≥ *yqtl* 2ª f. pl. (apocopado) CONJUGACIÓN: G RAÍZ: *ytn* verbo: 1ª *y*, 3ª radical *n* «dar, vender, Š: entregar (en nombre de otro).» (≥ *nadānu* «dar» ac.; *ntn* «dar» arm.; *ytn* «dar» fen.; *nātan* «dar» hb.; SUFIJO: pronombre sufijo verbal -*n* 3ª m. s.; 1ª c. s.; modo enérgico.

---

[167] Posible negación Aartun (1978) p. 25; «yo no envié a preguntar» del Olmo Lete y Sanmartín (1996) p. 238; «...did you not send» Watson (1991) p. 182; «I did not send a message» del Olmo Lete y Sanmartín (2004) p. 484.

[168] Otras numeraciones A 6167 = KTU 2.70 = M 8210 = COS 34 (3.45HH) = MOU 28. Encontrada en Barrio residencial Tr 101E. Colaciones 00 = KTU; 10 = A. Herdner en de Ras Shamra (1978); R1 = LH.

[169] «Als deine beiden Diener dort bei dir waren, da hast du ihnen kein Getreide gegeben» Dietrich y Loretz (1984) p. 67; «that you did not give any food» Watson (1991) p. 182; «ya que no se les dió grano» del Olmo Lete y Sanmartín (1996) p. 238; «as they did not give them grain» en del Olmo Lete y Sanmartín (2004) p. 484.

Sin embargo otros autores optan por la interpretación de la *l* como parte de *klt*, o por una partícula afirmativa[170].

00-2.70:27 *ʿbdk . l šlm • ʿmk . p* ***l . yšbʿl*** *• ḫpn . l bʿly*

Interpretada casi siempre como afirmación y verbo en inacabado[171]: «él seguramente tendrá».

- *l* + *yqtl*, FORMA VERBAL: -≥ *yqtl* 3ª m. s., 3ª m. d. (apocopado) , 3ª m. pl. (apocopado) CONJUGACIÓN: Š, Šp RAÍZ: *bʿl* verbo: regular II «trabajar, hacer.» (≥ *faʿala* «hacer» arb.; *pāʿal* «hacer» hb.

UDB 2.72 • RS 34.124[172]

10-2.72:20-21 *im ht .* ***l . b • mṣqt .*** *yṯbt* (°°)

00-2.72:17-18 *im ht .* ***lb • mṣqt .*** *yṯbr*(?) (°°)

Hay bastantes dudas a la hora de especificar el sentido y el uso de la partícula *l* en este caso. Normalmente sería una negación sentencial, pero ya se ha dicho que es posible encontrarla con un valor positivo. Las distintas interpretaciones de la partícula son las siguientes:

1. La primera como negación con verbo inacabado.

2. También se puede interpretar como afirmación con frase nominal volitiva[173]: «La ciudad está ahora verdaderamente en problemas»

    - *l* + sustantivo + *qtl*,
        - FORMA VERBAL: -≥ *qtl yṯbt* = **wṯb* «asentarse, habitar»; QTL G 3fs/d, 2ms, 1cs // part. f.s.

3. En otros casos la *l* se ha considerado una proposición, ya que la *l* afirmativa no es probable con frases nominales[174].

---

[170] «Und was deine beiden Diener betrifft, die dort bei dir sind, (so) sollst du ihnen fürwahr zu essen geben» considerada l + volitivo con dos partículas afirmativas simultáneas k + l, Tropper (2000) p. 812; «tout: donne-leur des vivres» Bordreuil y Pardee (2004) p. 89; «Now as for your two servants, there with you is all (one could need), so you must give food to them.» Pardee (2002) p. 111.

[171] Interpretación insegura de verbo en volitivo, véase Tropper (2000) p. 812; «he will be sure to have» Pardee (2002) p. 111; «saluer, il fera faire» Bordreuil y Pardee (2004) p. 89.

[172] Otras numeraciones KTU 2.72 = M 847 = COS 4 (3.45D) = MOU 29. Hallada en un escombro. Colaciones 00 = KTU; 10 = pp. 142-150 Bordreuil (1991); R1 = LH.

[173] «Falls die Stadt nun fürwahr in Bedrängnis bleibt (?)» Tropper (2000) p. 812.

[174] Véase Tropper (2000) pp. 812-813; Aartun (1978) y Sivan (1997) p. 191.

4. Otra interpretación es como condicional en forma negativa que en el caso de los juramentos adquiere un valor positivo[175].

UDB 2.75 • RIH 77/1[176]

00-2.75:13 __________ • *w . **l** . **tʿw[r** . . .]* • *w . ḥd . a[. . .]*

Interpretada como negación con verbo en inacabado, pero el contexto es muy fragmentario[177]: «Y no te ciega».

- *l* + *yqtl*, FORMA VERBAL: -≥ *yqtl* 3ª f. s., 2ª m. s., 2ª f. s. (apocopado) , 3ª m. d. (apocopado) , 3ª f. d. (apocopado) , 2ª c. d. (apocopado) , 3ª m. pl. (apocopado) , 3ª f. pl. (apocopado) , 2ª m. pl. (apocopado) , 2ª f. pl. (apocopado) CONJUGACIÓN: D RAÍZ: *ʿwr* verbo: 2ª radical débil «estar en cueros, estar desnudo.» (≥ *ʿawrat* «vergüenzas, pudendas» arb.; *ʿiwwer ʿōr* «cuero, piel, estar desnudo» hb.; *ú-ra-tu, ú-ru /ʿōru/, ú-ra-tu /ʿōrātu/* «cuero, piel, cueros, pieles» ug.; «cegar.» (≥ *ʿawara* «ser tuerto, perder un ojo» arb.; *ʿora* «ser ciego» etiop.; *ʿiwwer* «cegar» hb.; *wr* «ser ciego» s.arab.; *ʿwr* «ciego» ug.; «inquietar, perturbar.» (≥ *ēru* «» ac. ; *ʿwr* «vigilar, inquietar, perturbar» hb. Q: «vigilar», Pi: «inquietar, perturbar».

UDB 2.80 • RIH 78/12[178]

00-2.80:7 *wlb . bnk* • ***lyšqp*** *. uṣ/lʿnk* • *wank . ṯt . ymm*

R1-2.80:7 *w lb . bnk* • ***l yšqp*** *. uṣ/l ʿnk* • *w ank . ṯt . ymm* [179]

Ha sido interpretada como negación con verbo en inacabado, pero también como afirmación con inacabado igualmente. La elección entre positiva o negativa depende de la elección en la interpretación del verbo, pues puede ser

[175] Véase Dietrich y Loretz (2010).

[176] Otras numeraciones KTU 2.77. Hallada en Ras Ibn Hani. Palacio Norte NW. Colaciones 00 = A. CAQUOT, ACF 78 (1977-78) p. 576.

[177] «et ne t'aveu(gle) pas (?)» Bordreuil y Caquot (1979) p. 305; «and do not blind yourself» Watson (1991) p. 184.

[178] Otras numeraciones KTU 2.82 = COS 7 (3.45G). Encontrada en Ras Ibn Hani: Palacio Norte. Colaciones 00 = Bordreuil y Caquot (1980); 10 = Pardee (1984a); R1 = LH.

[179] La línea número 8 también ha sido considerada en algunas ocasiones como *k* + *l* + *vb*. Si se opta por la opción de considerarla como *kl*, es decir «todo» y no como dos partículas, no habría ni una negación ni una afirmación véase Tropper (2000) p. 812.

«afligir»[180] o «sostener»[181], aquí se ha mantenido la interpretación de AMU: «él no/seguramente aflija/afligirá».

- *l + yqtl,* FORMA VERBAL: -≥ *yqtl* 3ª m. s., 3ª m. d. (apocopado) , 3ª m. pl. (apocopado) CONJUGACIÓN: G, Gp, D, Dp, N RAÍZ: *šqp* verbo: regular «golpear, quebrar, afligir.» (≥ *šqp* «golpear, quebrar, afligir» arm.

UDB 5.9 • RS 16.265[182]

00-5.9:I:13 *ttn . w tn • w **l ttn** • w al ttn*

Traducida como afirmación con verbo en inacabado[183], aunque también como negación[184]: «puedes tú darle seguro/ podéis vosotros darle».

- *l + yqtl,*

  1. FORMA VERBAL: -≥ *yqtl* 3ª f. s., 2ª m. s., 2ª f. s. (apocopado) , 3ª m. d. (apocopado) , 3ª f. d. (apocopado) , 2ª c. d. (apocopado) , 3ª m. pl. (apocopado) , 3ª f. pl. (apocopado) , 2ª m. pl. (apocopado) CONJUGACIÓN: G RAÍZ: *ytn* verbo: 1ª "y", 3ª radical *n* «dar, vender, Š: entregar (en nombre de otro).» (≥ *nadānu* «dar» ac.; *ntn* «dar» arm.; *ytn* «dar» fen.; *nātan* «dar» hb.
  2. FORMA VERBAL: -≥ *yqtl* 2ª f. pl. (apocopado) CONJUGACIÓN: G RAÍZ: *ytn* verbo: 1ª "y", 3ª radical *n* «dar, vender, Š: entregar (en nombre de otro).» (≥ *nadānu* «dar» ac.; *ntn* «dar» arm.; *ytn* «dar» fen.; *nātan* «dar» hb.; SUFIJO: pronombre sufijo verbal -*n* 3ª m. s.; 1ª c. s.; modo enérgico.

---

[180]«n'a pas éte affligé (?), ou bien...» Bordreuil y Caquot (1980) p. 360; «ne palpitait plus (d'émotion), ou il ne t'aurait pas répondu.» Lipinski (1981a) p. 114.

[181]«the heart of your son will he indeed uplift and your pain (?) as well.» Pardee (1984a) pp. 221-223; «He (now) will uplift the heart of your son and (take away) your pain as well.» Pardee (2002) p. 93.

[182]Otras numeraciones DO 4339 = KTU 5.9 = PRU 2,19 = UT 1019 = COS 41 (3.45OO). Hallada en el Palacio Real, Habitación 73. Colaciones 00 = KTU.

[183]«Et que tu (le) donnes» Virolleaud (1957) p. 40; «may you indeed give» Pardee y Whiting (1987) p. 11, Pardee (2002) p. 115 y Pardee y Whiting (1987) p. 11.

[184]«und dir wird nicht gegeben» Aartun (1978) p. 24; «And (if) you will not give,...» Ahl (1980) p. 427; «(if) you will not give, do not give» Watson (1991) p. 184, aunque este autor afirma que por el contexto puede ser positiva; «no das» del Olmo Lete y Sanmartín (1996) p. 238; «you do not give» en del Olmo Lete y Sanmartín (2004) p. 484.

UDB 5.11 • RS 17.117 [185]

00-5.11:7 *azt l ṯlḥmy • w . l . ṯyny ksp ṯl • ṯ t t m l l a l̊ n*

10-5.11:7 *aṯt **lṯ̊t** lḥmy • w**lṯṯ**yny ksp t̊l • ṯt ʿmlt l åd̊n*

11-5.11:7 *åṯt **lṯt** lḥmy • w**lṯṯ** yny ksp ṯl • ṯt ʿmlt l ad̊n̊*

Traducida en unos casos por negativa[186] y en otros por positiva[187] con verbo en inacabado: «la mujer no/ de seguro acoge...no/de seguro acoge».

- *l + yqtl,* FORMA VERBAL: -≥ *yqtl* 3ª f. s., 2ª m. s., 2ª f. s. (apocopado) , 3ª m. d. (apocopado) , 3ª f. d. (apocopado) , 2ª c. d. (apocopado) , 3ª m. pl. (apocopado) , 3ª f. pl. (apocopado) , 2ª m. pl. (apocopado) , 2ª f. pl. (apocopado) CONJUGACIÓN: G RAÍZ: *ṯwy* verbo: 2ª y 3ª radical débil «reinar, gobernar, dar órdenes.» (≥ *wh* «» hb.*šwh*; «acoger amigablemente.» (≥ *ṯawā* «acoger amigablemente a alguien» arb.; «refugiarse.» (≥ *ṯwy* «pararse, habitar» arb.; «nivelar, allanar.» (≥ *swy* «nivelar, allanar» arb.; *šwʾ* «» arm.; *šwh* «» hb.

00-5.11:13-14 *w arš l aḫtk • db**lt tn** tyt • pt#[. . .]lṯ l pkdy*

10-5.11:13-14 *warš laḫ̊tk[. . .] • d b **l t t n** t y t • p̊ [. . .] t̊ ṯ l[. . .] d y l̊ t*

11-5.11:13-14 *w arš l aḫtk • d **bl ttn** tyt • h̊m̊ **lṯt** l p̊kdy*

R1-5.11:13-14 *w arš l aḫtk • d **bl ttn** tyt • h̊m̊ **lṯt** l p̊kdy*

Partícula negativa con inacabado[188]. Esta partícula plantea algunos problemas pues se puede interpretar como un *bl*, partícula que no suele ir con verbos, o como un *l* y una preposición, un poco extraña, o como un *bl* que se ha adelantado y se ha fusionado con la partícula *l*: «que no/ seguramente dará ella (ninguna) *asa foetida* (planta conocida también como 'estiercol del diablo')».

---

[185] Otras numeraciones DO 4583 = KTU 5.11 = COS 31 (3.45DD). Hallada en la Casa de Rasapabu. Colaciones 00 = KTU; 10 = Caquot pp. 392-398 de Ras Shamra (1978); 11 = (Afo19); R1 = LH.

[186] «La femme ne fournit pas ma nourriture et elle ne me fournit pas l'argent de trois ouvrages pour le maitre» en de Ras Shamra (1978) p. 396 Caquot; «the (house?) wife is not furnishing my bread nor is she furnishing my wine» Watson (1991) p. 184 ; también en Pardee (Afo 19).

[187] «(His) wife is furnishing my bread and moreover, she is furnishing my wine (for) three (shekels of) silver» Pardee (2002) p. 109.

[188] « (toi/elle) qui (ne/certes) donnera(s) (pas)du tyt» en de Ras Shamra (1978) p. 397 Caquot; «And he asked your sister that she should not give (me) any asa foetida.» Pardee (2002) p. 109.

- *l* + *yqtl*, FORMA VERBAL: -≥ *yqtl* 3ª f. s., 2ª m. s., 2ª f. s. (apocopado) , 3ª m. d. (apocopado) , 3ª f. d. (apocopado) , 2ª c. d. (apocopado) , 3ª m. pl. (apocopado) , 3ª f. pl. (apocopado) , 2ª m. pl. (apocopado) , 2ª f. pl. (apocopado) CONJUGACIÓN: G RAÍZ: *ṯwy* verbo: 2ª y 3ª radical débil «reinar, gobernar, dar órdenes.» (≥ *wh* «» hb.*šwh*; «acoger amigablemente.» (≥ *ṯawā* «acoger amigablemente a alguien» arb.; «refugiarse.» (≥ *ṯwy* «pararse, habitar» arb.; «nivelar, allanar.» (≥ *swy* «nivelar, allanar» arb.; *šwʾ* «» arm.; *šwh* «» hb.

La segunda partícula de este fragmento es interpretada de igual forma, solo que en este caso no hay la duda de un *bl*. Se trata de un *l* negativo con un verbo en inacabado[189]: «Si ella no amuebla...».

- *l* + *yqtl*, FORMA VERBAL: -≥ *yqtl* 3ª f. s., 2ª m. s., 2ª f. s. (apocopado) , 3ª m. d. (apocopado) , 3ª f. d. (apocopado) , 2ª c. d. (apocopado) , 3ª m. pl. (apocopado) , 3ª f. pl. (apocopado) , 2ª m. pl. (apocopado) , 2ª f. pl. (apocopado) CONJUGACIÓN: G RAÍZ: *ṯwy* verbo: 2ª y 3ª radical débil «reinar, gobernar, dar órdenes.» (≥ *wh* «» hb.*šwh*; «acoger amigablemente.» (≥ *ṯawā* «acoger amigablemente a alguien» arb.; «refugiarse.» (≥ *ṯwy* «pararse, habitar» arb.; «nivelar, allanar.» (≥ *swy* «nivelar, allanar» arb.; *šwʾ* «» arm.; *šwh* «» hb.

UDB 2.83 • RS 34.148 [190]

00-2.83:12 __________ • *[w] bʿl* . ***[l .] ydʿ***

Interpretada como partícula afirmativa con verbo en inacabado[191]: «Y mi señor ciertamente sabe».

- *l* + *yqtl*, FORMA VERBAL: -≥ *yqtl* 3ª m. s., 3ª m. d. (apocopado) , 3ª m. pl. (apocopado) CONJUGACIÓN: G RAÍZ: *ydʿ* verbo: 1ª radical débil I «conocer, saber, comprender.» (≥ *idū* «saber, conocer» ac.; *yedaʿ* «saber, conocer» arm.; *ʾaydeʿa* «dar a conocer» etiop.; *yādaʿ* «saber, conocer» hb.; II «sudar.» (≥ *wadaʿa* «» arb.; *wazʿa* «» etiop. ; «permitir.» (≥ *wadaʿa* «permitir» arb.

---

[189] « If she does not furnish it sufficiently according to your order, would you give it to me?» Pardee (2002) p. 109.

[190] Otras numeraciones KTU 2.75 = M850 = COS 23 (3.45W). Colaciones 00 = Bordreuil (1991); R1 = LH.

[191] «(Und) mein Herr möge (es) (fürwahr) wissen!» *l* + volitivo Tropper (2000) p. 812; «My master (must) know (this)!» Pardee (2002) p. 105.

UDB 2.86 • RS 88.2159[192]

00-2.86:17 *mdy . ʿmk[...] • lm . **l** . **hbṭ**-[...] • ht . alpy . [...]*

Partícula negativa/positiva con verbo en acabado: «El no se abatió».

- *l* + *qtl*, FORMA VERBAL: -≥ *qtl* 3ª m. s., 3ª m. d., 3ª m. pl., 3ª f. pl. CONJUGACIÓN: G, D RAÍZ: *hbṭ* verbo: 1ª radical débil «humillar, abatir.» (≥ *hbṭ* «bajar, disminuir» arb. *hbṭ* «abajar, disminuir».

RS 94.2406[193]

lineas:24 *w. ugrt. [i]la[k][...] • w išmʿ. [k].**l.ʿ[rb]** [. . .] • bk ankm ilak*

Partícula interpretada como negativa con verbo en acabado y restituyendo un *t* en el verbo *ʿrbt* porque el contexto nos dice que es una 3ªp f. s. y así es como aparece la forma verbal en el siguiente párrafo [194]: «Ella no llevó la garantía».

- *l* + *qtl*, FORMA VERBAL: -≥ *qtl* 3ª m. s., 3ª m. d., 3ª m. pl., 3ª f. pl. CONJUGACIÓN: G, Gp, D, Dp RAÍZ: *ʿrb* verbo: regular II «entregar.» (≥ *ʿrb* «entrar» ug. *ʿrb* «entrar»; I «entrar, ponerse (el sol).» (≥ *erēbu* «entrar, ponerse (el sol)» ac.; *ġaraba* «ponerse (el sol)» arb.; *ʿarab* «tarde, occidente» etiop.; *ʿrb* «entrar» fen.; *ʿārab* «entrar, anochecer» hb. ; *ʿerab* «ponerse (el sol)» sir.; *mʿrb* «oeste, occidental» s.arab.; III «garantizar, proporcionar garantía, salir garante o fiador por alguien.» (≥ *ʿaraba* «dar una prenda» arb.; *māʿrabt* «plaza comercial» etiop.; *ʿārab* «cambiar, canjear, proporcionar garantía» hb.; *ʿerab* «empeñar, hipotecar» sir.; *ʿrb* «dar garantía» s.arab.

Lineas:28 *[w] g[p]m.ʿdbm • w**l ʿrbt** bk **l ʿrbt**• ʿmy.mlk[.i]lak • w rʾš[k].ḫlq*

Partícula interpretada como negativa con verbo acabado igualmente[195]: «Si ella no te garantiza, si no está de acuerdo conmigo».

---

[192]Otras numeraciones RSO XIV nº 51 = + 2.86 = DO 7791 = KTU 9.425. Encontrada en el barrio Centro-sur, pieza 2055, D8/m2.

[193]Otras numeraciones COS 18 (3.45R) = MOU 31 = Texto 60 en Bordreuil *et al.* (2012) = DO 7930. Tablilla encontrada en la casa de ʾUrtēnu.

[194]«I hear that [she] has not agreed to guarantee you» Pardee (2002) p. 102; «j'entendrais qu'(elle) ne s'est pas portée garante» Bordreuil y Pardee (2004) p. 93. «et (dans le cas où) j'entendrais qu'(elle) ne s'est pas portée garante» Bordreuil *et al.* (2012) p. 158. Para la restitución véase Pardee (2002) p. 102, notas 113 y 114.

[195]«(If) she does not guarantee you, does not (agree to) come to me», literalmente «does not enter for you (=guarantee you), does not enter with me» Pardee (2002) p. 102; «et (si) elle ne se porte pas garante pour toi (et) ne rentre pas auprès de moi» Bordreuil y Pardee (2004) pp. 92-93; «et (si) elle ne se porte pas garante pour toi (et) ne rentre pas» Bordreuil *et al.* (2012) p. 158.

- *l* + *qtl*, FORMA VERBAL: -≥ *qtl* 3ª m. s., 3ª m. d., 3ª m. pl., 3ª f. pl. CONJUGACIÓN: G, Gp, D, Dp RAÍZ: ʿrb verbo: regular II «entregar.» (≥ *ʿrb* «entrar» ug. *ʿrb* «entrar»; I «entrar, ponerse (el sol).» (≥ *erēbu* «entrar, ponerse (el sol)» ac.; *ǵaraba* «ponerse (el sol)» arb.; *ʿarab* «tarde, occidente» etiop.; *ʿrb* «entrar» fen.; *ʿārab* «entrar, anochecer» hb.; *ʿerab* «ponerse (el sol)» sir.; *mʿrb* «oeste, occidental» s.arab.; III «garantizar, proporcionar garantía, salir garante o fiador por alguien.» (≥ *ʿaraba* «dar una prenda» arb.; *māʿrabt* «plaza comercial» etiop.; *ʿārab* «cambiar, canjear, proporcionar garantía» hb.; *ʿerab* «empeñar, hipotecar» sir.; *ʿrb* «dar garantía» s.arab.

RS 96.2039. [196]

Línea:19 *w k in [h] lk • w.**l.likt** • ʿm mlk*

Interpretada como partícula negativa con verbo en acabado[197]: «Yo no he enviado un mensaje».

- *l* + *qtl*, FORMA VERBAL: -≥ *qtl* 3ª f. s., 2ª m. s., 2ª f. s., 1ª c. s., 3ª f. d. CONJUGACIÓN: G, Gp, D, Dp RAÍZ: *lik* verbo: regular «encargar, comisionar, enviar.» (≥ *laʾaka* «enviar» arb.; *laʾaka* «enviar» etiop.

RS 94.2284 [198]

Línea:8 *w lb ʾaḫtk. mrṣ • ky. ḫbt w **l ušʾal** • ʾu ky. b ḫ. yr k ʾind šʾiln*

Partícula negativa con verbo en inacabado[199]: «Yo no fui consultado».

- *l* + *yqtl*, FORMA VERBAL: -≥ *yqtl* 1ª c. s. CONJUGACIÓN: Gp RAÍZ: *šil* verbo: regular «interrogar, preguntar, pedir, rogar.» (≥ *šaʾālu* «pedir» ac.; *saʾala* «pedir» arb.; *šeʾil* «pedir» arm.; *saʾala* «pedir» etiop.; *šāʾal* «pedir» hb.; *šēl* «pedir» sir.

Línea:29 *ṯn ḫpnm . ḥdm • hyd . d ẓnt . ly **l ytn** • w ks . pʾa . ʾamḥt . ʾakydnt*

[196] Otras numeraciones COS 19 (3.45S) = MOU 33 = Texto 65 en Bordreuil *et al.* (2012) = DO 8109.

[197] «I have not sent a message» Pardee (2002) p. 103; «et (que) je n'ai pas envoyé de message» Bordreuil y Pardee (2004) p. 96 y Bordreuil *et al.* (2012) p. 175.

[198] Otras numeraciones COS 38 (3.45LL) = MOU 34 = Texto 67 en Bordreuil *et al.* (2012) = DO7878.

[199] «I was never consulted» Pardee (2002) p. 113; «parce qu'on (m')a fait du mal et je n'ai jamais été consultée» Bordreuil y Pardee (2004) p. 98 y Bordreuil *et al.* (2012) p. 181.

Partícula negativa con verbo en acabado[200]: «(por?) las provisiones de vino que no se me han dado».

- *l* + FORMA VERBAL: -≥ *qtl* 3ª m. s., 3ª m. d., 3ª m. pl., 3ª f. pl. CONJUGACIÓN: G RAÍZ: *ytn* verbo: 1ª *y*, 3ª radical *n* «dar, vender, Š: entregar (en nombre de otro).» (≥ *nadānu* «dar» ac.; *ntn* «dar» arm.; *ytn* «dar» fen.; *nātan* «dar» hb.

Línea:34 *w ml'aktk . lm tšḫr • 'my . **l yd't** . lby k mrṣ*

Partícula negativa con verbo en inacabado[201]: «No sabes que mi corazón está enfermo?».

- *l* + *qtl*, FORMA VERBAL: -≥ *qtl* 3ª f. s., 2ª m. s., 2ª f. s., 1ª c. s., 3ª f. d. CONJUGACIÓN: G RAÍZ: *yd*ʿ verbo: 1ª radical débil I «conocer, saber, comprender.» (≥ *idū* «saber, conocer» ac.; *yeda*ʿ «saber, conocer» arm.; *'ayde'a* «dar a conocer» etiop.; *yāda*ʿ «saber, conocer» hb. ; II «sudar.» (≥ *waḍa'a* «» arb.; *waz'a* «» etiop. ; «permitir.» (≥ *wada'a* «permitir» arb.

RS 94.5015 [202]

Línea:10 *b*ʿ *ly . 'aṯṯb . w . ml • 'ap . hnkt . **[l . k]nt** • mlḥmt . b . ḥwt.* ʿ*bdk*

Partícula negativa con verbo en acabado[203]: «No hubo guerra».

- *l* + *qtl*, FORMA VERBAL: -≥ *qtl* 3ª f. s., 2ª m. s. CONJUGACIÓN: G RAÍZ: *kwn* verbo: 2ª débil, 3ª *n* «ser, establecer. Š: crear, hacer preparativos» (≥ *kānu* «establecer» ac. *kānu* «ser firme», D.: «establecer»; *kāna* «ser» arb.; *kūn* «hacer directamente» arm. *kūn* ; *kōna* «ser» etiop. ; *kūn* «establecer, disponer» hb. *kūn* N: «establecer», Hif.: «disponer».

Línea:15 *b*ʿ *ly . ṯn'id . ṯlṯ'i[d][...] • p **l . l'ikt** . l . ḫr[...] • [nǵr] . 'ar . w . [-][...]*

---

[200] «(for?) the wine from the provisions that were not given to me.» Pardee (2002) p. 113; «(pour?) le? vin des provisions (que) l'on ne m'a pas données.» Bordreuil y Pardee (2004) p. 98 y Bordreuil *et al.* (2012) p. 181.

[201] «Don't you know that my heart is sick?» Pardee (2002) pp. 113-114; «Ne sais-tu pas au sujet de mon coeur qu'il est malade?» Bordreuil y Pardee (2004) p. 98 y Bordreuil *et al.* (2012) p. 181.

[202] Bordreuil *et al.* (2012), pp 147-152. Texto nº 58.

[203] «Aussi, (en raison de) cela, il n'y eut pas de guerre dans le pays de ton serviteur.» Bordreuil *et al.* (2012) p. 148.

Partícula negativa con verbo en acabado[204]: «Tu no has enviado (un mensaje)...».

- *l* + *qtl*, FORMA VERBAL: -≥ *qtl* 3ª f. s., 2ª m. s., 2ª f. s., 1ª c. s., 3ª f. d. CONJUGACIÓN: G, Gp, D, Dp RAÍZ: *lik* verbo: regular «encargar, comisionar, enviar.» (≥ *la'aka* «enviar» arb.; *la'aka* «enviar» etiop.

RS 94.2545+RS94.2944+RS94.2950 [205]

Línea:9 *[–]ny . [-][-][-][-]lb nḫtk • [–]ṣ . k[y .] ḫbt . w* ***l uš'al*** *• [ ][yb]y ḥdy . ly*

Partícula negativa con verbo en inacabado[206]: «No he sido consultado jamás».

- *l* + *yqtl*, FORMA VERBAL: -≥ *yqtl* 1ª c. s. CONJUGACIÓN: Gp RAÍZ: *šil* verbo: regular «interrogar, preguntar, pedir, rogar.» (≥ *ša'ālu* «pedir» ac.; *sa'ala* «pedir» arb.; *še'il* «pedir» arm.; *sa'ala* «pedir» etiop.; *šā'al* «pedir» hb.; *šēl* «pedir» sir.

7.1.3. Partícula *'al*

Esta partícula parece ser una partícula negativa en enunciados volitivos e imperativos, sin embargo también se ha interpretado como positiva en enunciados volitivos. Según el UDB, las posibles interpretaciones morfológicas de *'al* son las siguientes:

al
Nº 1 – Nivel: 1 – *al* = *al* [Cadena = adverbio: de afirmación] REGLAS UTILIZADAS POR AMU: Entrada del léxico(*al*)–≥adverbio: de afirmación(*al*) ADVERBIO: DE AFIRMACION RADICAL: *al* adverbio: de afirmación II «cierto, sin duda, ciertamente» (≥ *'alā* «» arb.; *'al* «» hb.
Nº 2 – Nivel: 1 – *al* = *al* [Cadena = adverbio: de negación] REGLAS UTILIZADAS POR AMU: Entrada del léxico(*al*)–≥adverbio: de negación(*al*) ADVERBIO: DE NEGACION RADICAL: *al* adverbio: de negación I «no, que no, de ninguna manera» (≥ *'ul* «no, no» ac.; *'al* «no, no» ac.; *'l* «no» fen.; *'al* «no» hb.; *'l* «no» s.arab.

[204]«mais tu n'as pas envoyé (de message) au sujet de trou[pes...]» Bordreuil *et al.* (2012) p. 148.

[205]Bordreuil *et al.* (2012), pp 186-190. Texto nº 68 = DO8028.

[206]«je n'ai jamais été consultée» Bordreuil *et al.* (2012) p. 187.

Nº 4 – Nivel: 3 – *al* = - + - + *awl* + - [Cadena = prefijo y afijo verbal + prefijo verbal + preformante + verbo: 2ª radical débil + afijo verbal] Asimilación o pérdida de consonante. Análisis teóricamente posible. REGLAS UTILIZADAS POR AMU: Forma verbal(*al*)–≥Prefijo verbal(-);Afijo verbal(-);Resto de cadena(*al*)–≥Resto de cadena(*al*) –≥ preformante (-); Resto de cadena(*al*) –≥ pierde 2ª radical débil(*awl*) FORMA VERBAL: -≥ *qtl* 3ª m. s., 3ª m. d., 3ª m. pl., 3ª f. pl. CONJUGACIÓN: G RAÍZ: *awl* verbo: 2ª radical débil I «ser fuerte, ser primero.»

Nº 8 – Nivel: 3 – *al* = *a*- + - + *wly* + - [Cadena = prefijo y afijo verbal + prefijo verbal + preformante + verbo: 1ª y 3ª radical débil + afijo verbal] Asimilación o pérdida de consonante. Análisis teóricamente posible. REGLAS UTILIZADAS POR AMU: Forma verbal(*al*)–≥Prefijo verbal(*a*-);Afijo verbal(-);Resto de cadena(*l*)–≥Resto de cadena(*l*) –≥ preformante (-); Resto de cadena(*l*) –≥ pierde 1ª y 3ª radical débil(*wly*) FORMA VERBAL: -≥ *yqtl* 1ª c. s. CONJUGACIÓN: G RAÍZ: *wly* verbo: 1ª y 3ª radical débil «suceder.» (≥ *walā* «venir después» arb.

Nº 9 – Nivel: 3 – *al* = *a*- + - + *yly* + - [Cadena = prefijo y afijo verbal + prefijo verbal + preformante + verbo: 1ª y 3ª radical débil + afijo verbal] Asimilación o pérdida de consonante. Análisis teóricamente posible. REGLAS UTILIZADAS POR AMU: Forma verbal(*al*)–≥Prefijo verbal(*a*-);Afijo verbal(-);Resto de cadena(*l*)–≥Resto de cadena(*l*) –≥ preformante (-); Resto de cadena(*l*) –≥ pierde 1ª y 3ª radical débil(*yly*) FORMA VERBAL: -≥ *yqtl* 1ª c. s. CONJUGACIÓN: G RAÍZ: *yly* verbo: 1ª y 3ª radical débil «suceder.» (≥ *walā* «venir después» arb.

Nº 10 – Nivel: 3 – *al* = *a*- + - + *lwy* + - [Cadena = prefijo y afijo verbal + prefijo verbal + preformante + verbo: 2ª y 3ª radical débil + afijo verbal] Asimilación o pérdida de consonante. Análisis teóricamente posible. REGLAS UTILIZADAS POR AMU: Forma verbal(*al*)–≥Prefijo verbal(*a*-);Afijo verbal(-);Resto de cadena(*l*)–≥Resto de cadena(*l*) –≥ preformante (-); Resto de cadena(*l*) –≥ pierde 2ª y 3ª radical débil(*lwy*) FORMA VERBAL: -≥ *yqtl* 1ª c. s. CONJUGACIÓN: G RAÍZ: *lwy* verbo: 2ª y 3ª radical débil «seguir, rodear, rondar.» (≥ *ašlw* «» ug.; *lwn* «» ug.

Cuadro 7.5: Tabla de las interpretaciones morfológicas posibles (AMU) de *al* según el UDB

AMU nos ofrece todas las posibilidades de *al*. Este análisis se retringe a las ocurrencias de la partícula analizadas como negativa o positiva, por ello se descartan los análisis de *al* como verbo, es decir los análisis nº 10, 4, 8 y 9.

Por lo tanto se diferencian dos análisis de la partícula *ʾal* o dos partículas[207].

1. Functor de negación, «no; (que) no». Una explicación para su etimología es que la partícula negativa *ʾal* deriva de la partícula *lā* a la que se le añade *ʾa*. Este tipo de prefijación puede haber surgido históricamente y podría justificarse por la similitud semántica de ambas partículas. Estas dos partículas son particulas negativas y su distribución refleja modo[208]. La partícula *ʾal* como partícula negativa ocurre en enunciados volitivos y tiene distintas formas:

   a) No + conjugación prefijada corta. 2ª p. en imperativo[209].

   b) (Que) no, + conjugación prefijada 3ª p. en enunciados volitivos.

   c) De dudosa interpretación es cuando funciona en contextos interrogativos[210], pues en estos contextos el orden verbal es una construcción nominal y se suele usar la negación *bl* o *blt*. No tenemos ejemplos en la correspondencia (1.4:VII:45f).

2. Functor positivo «de cierto, sí». Es difícil de diferenciar del *ʾal* negativo. Cuando ocurre en enunciados volitivos suele ser en preguntas retóricas y la mayoría de los ejemplos provienen de la poesía. El origen de este lexema ha sido un tema bastante discutido y hay tres posiciones al respecto[211]:

   - Es el mismo lexema que la negación *ʾal*. Este es el punto de vista tradicional de los estudios ugaríticos.

   - Está formado por *ʿa* < **ha* y la negación *l* = *lā*, que viene del hebreo *ʿa-lā* (no acreditado en ugarítico), lo que sería una interpretación válida en lo que respecta a la pregunta retórica «¿no es así?» y a su vez semánticamente equivaldría a «seguramente».

---

[207] Véase Aartun (1978) pp. 20-22 y 31; del Olmo Lete y Sanmartín (1996) pp. 22-23; Tropper (2000) pp. 729, 805-807 y 816-817; del Olmo Lete y Sanmartín (2004) pp. 46 y 47.

[208] Esta es una de las hipótesis y es señalada por Pardee (2003-2004) en p. 384: «(...) because of the basically identical semantics of the two forms, i.e., they are both negative particles of wich the distribution reflects mood».

[209] Ejemplo con la carta 2.30:11,20-24. Sección siguiente.

[210] Véase en Tropper (2000) pp. 729 y 816.

[211] Véase Tropper (2000) pp. 805-807.

- La última opción es que vendría de la unión de dos partículas afirmativas **ʾan* «pero, sin embargo» y **l* «ciertamente»[212].

En la mayoría de los casos se puede interpretar como negativa o afirmativa, no quedando claro cuándo debe de ser uno u otro. No hay ningún ejemplo claro de *ʾal* afirmativa en la correspondencia ugarítica.

1. Si, + conjugación prefijada 1p. enunciados cohortativos. Solo hay dos pruebas inciertas (1.4:VII:45 y 1.3:V:22).

2. En 2ª persona con volitivo hay varios ejemplos parecidos que no provienen de las cartas, sólo citaremos uno:

    a) *idk/pnk al tnn /pnm...* «Entonces que os (ambos) apartéis de hecho (a)...!»[213].

3. Para la forma de conjugación prefijada con 3ª persona normalmente se interpreta como negación, pero al tratarse en varios ejemplos de contextos interrogativos, son difíciles de interpretar.

Por lo tanto nos centramos en su valor como adverbio negativo y como functor de afirmación.

7.1.3.1. Todas las ocurrencias de ´*al* en la correspondencia ugarítica A continuación, al igual que se ha hecho con *l*, se expondrán todos los casos en la correspondencia ugarítica en los que es posible asociar el análisis de *ʾal* como partícula negativa o positiva. Se presentan los textos en contexto, línea anterior y posterior.

UDB 2.16 • RS 15.008[214]

00-2.16:12 *tšmḫ . mab* • *w* ***al*** *.* ***trḥln*** • *ʿtn (ʿnt) . ḫrd . ank*

10-2.16:12 *tšmḫ . mab* • *w**al*** *.* ***tẘḥln*** • *ʿtn . ḫrd . ank*

[212]Un estudio a favor de esta interpretación es el de Tropper (2000), véase p. 806.

[213]«Dann sollt ihr (beide) euch fürwahr hinwenden (zu)...!» este y otros ejemplos Tropper (2000) p. 806, este autor afirma también que la construcción afirmativa *ʾal* + volitivo equivale a la construcción afirmativa *l* + indicativo.

[214]Otras numeraciones DO 3901 = KTU 2.16 = PRU 2, 15 = UT 1015 = COS 1 (3.45A) = MOU 24. Tablilla hallada en el Palacio Real, Archivo Este, Habitación 53. Colaciones 00 = KTU; 10 = Pardee (1984a); R1 = LH.

Partícula traducida como partícula negativa con verbo en inacabado, ya sea la colación 00 o la 10[215]: «Que ella no se preocupe» «Puede que ella no se desanime».

- *ʾal + yqtl*,

1. 00: FORMA VERBAL: -≥ *yqtl* 3ª f. s., 2ª m. s., 2ª f. s. (apocopado) , 3ª m. d. (apocopado) , 3ª f. d. (apocopado) , 2ª c. d. (apocopado) , 3ª m. pl. (apocopado) , 3ª f. pl. (apocopado) , 2ª m. pl. (apocopado) , 2ª f. pl. (apocopado) CONJUGACIÓN: G, Gp, D, Dp, N RAÍZ: *rḥl* verbo: regular «preocuparse por alguien.» (≥ *rḥl* «hartarse, estar harto. hartarse el alma, preocuparse» arb. ≥ (fig.) «hartarse el alma» ≥ «preocuparse»; «desplazarse.» (≥ *raḥala* «desplazarse» arb.; SUFIJO: pronombre sufijo verbal *-n* 3ª m. s.; 1ª c. s.; modo enérgico.
2. 10: FORMA VERBAL: -≥ *yqtl* 3ª f. s., 2ª m. s., 2ª f. s. (apocopado) , 3ª m. d. (apocopado) , 3ª f. d. (apocopado) , 2ª c. d. (apocopado) , 3ª m. pl. (apocopado) , 3ª f. pl. (apocopado) , 2ª m. pl. (apocopado) , 2ª f. pl. (apocopado) CONJUGACIÓN: D RAÍZ: *wḥl* verbo: 1ª radical débil «desanimarse.» (≥ *yḥl* «desanimarse» hb.; SUFIJO: pronombre sufijo verbal *-n* 3ª m. s.; 1ª c. s.; modo enérgico.

UDB 2.18 • RS 15.107 [216]

00-2.18:3 *[…]- . šḥr . […] • […] .* ***al . ytb*** *ʿ[…] • […]l̊ adn . ḥwt[…]*

R1-2.18:3 *[…]- . šḥr . […] • […] .* ***al . ytb*** *ʿ […] • […] l̊ adn . ḥwt […]*

Partícula interpretada como negativa con verbo en inacabado[217]: «Que no se vaya».

[215]Con la interpretación de la colación 00: «et qu'elle ne...pas.» Virolleaud (1957) p. 31; 2p. yusivo dudoso Aartun (1978) p. 22; «And may you not...» Ahl (1980) p. 416; «Et ne quittez pas la protection de l'armée» Lipinski (1981a) p. 99; «And may she not be discouraged», volitivo, enérgico Pardee y Whiting (1987) p. 8; «Et qu'elle ne se préoccupe pas» aunque con dudas en la colación y la raíz correcta en Cunchillos (1989b) p. 300. Aceptando la colación 10: «and may she not be discouraged,...» Pardee (1984a) p. 220; «may she not be discouraged» Pardee (2002) p. 89; «et qu'elle ne se décourage pas» Bordreuil y Pardee (2004) p. 84; «do not fear» del Olmo Lete y Sanmartín (2004) p. 47.

[216]Otras numeraciones DO 3979 = KTU 2.18 = PRU 2, 23 = UT 1023. Encontrada en el Palacio Real, Archivo Este, Habitación 52. Colaciones 00 = KTU; R1 = LH.

[217]«qu'il n'aille pas» «ne parte pas pour...» Virolleaud (1957) p. 44; «er möge sich nicht entfernen o.ä.» 3ª persona yusivo Aartun (1978) p. 21; «let him not depart» Ahl (1980) p. 418. Posible negación, pero en contexto fragmentario del Olmo Lete y Sanmartín (2004) p. 47.

- *al + yqtl*, FORMA VERBAL: -≥ *yqtl* 3ª m. s., 3ª m. d. (apocopado) , 3ª m. pl. (apocopado) CONJUGACIÓN: G, Gp, D, Dp RAÍZ: *tbʿ* verbo: regular «partir, irse, marcharse.» (≥ *tebū* «perseguir, encaminarse» ac.; *tabiʿa* «seguir a uno» arb.; *tebaʿ* «cumplir (la ley)» sir.

UDB 2.26 • RS 16.264 [218]

00-2.26:19 *tspr* • *nr̊n* . ***al*** . ***tud*** • *ad* . *at* . *lhm*

Interpretada como negativa[219], pero también como positiva[220] con verbo en inacabado: «que no se precise» «que no se defina»/ «tu reembolsarás».

- *al + yqtl*,

    1. FORMA VERBAL: -≥ *yqtl* 3ª f. s., 2ª m. s., 2ª f. s. (apocopado) , 3ª m. d. (apocopado) , 3ª f. d. (apocopado) , 2ª c. d. (apocopado) , 3ª m. pl. (apocopado) , 3ª f. pl. (apocopado) , 2ª m. pl. (apocopado) , 2ª f. pl. (apocopado) CONJUGACIÓN: G RAÍZ: *wad* verbo: 1ª radical débil «definir, precisar.» (≥ *wadu* «determinación, decreto» ac.; *wadū* «determinación, decreto» ac.; *adā* «definir, precisar» ac.
    2. FORMA VERBAL: -≥ *yqtl* 3ª f. s., 2ª m. s., 2ª f. s. (apocopado) , 3ª m. d. (apocopado) , 3ª f. d. (apocopado) , 2ª c. d. (apocopado) , 3ª m. pl. (apocopado) , 3ª f. pl. (apocopado) , 2ª m. pl. (apocopado) , 2ª f. pl. (apocopado) CONJUGACIÓN: G, Gp RAÍZ: *nad* verbo: 1ª radical *n* «alzar.» (≥ *naʾādu* «alzar, erguir» ac.; *nit* «alto, elevado» ug.

UDB 2.30 • RS 16.379 [221]

00-2.30:21 *ilak* . *w* . *at* • *ůmy* . ***al*** . ***tdḥl̊*** • *w* . *ap* . *mhkm*

10-2.30:21 *ilak* . *w* . *at* • *umy* . ***al*** . ***tdḥṣ̊*** • *w* . *ap* . *mhkm*

[218] Otras numeraciones, encontrada en y las colaciones, véase nota 129 en la página 53.

[219] «...ne pas...toi» Virolleaud (1957) p. 24; «Den Nrs belaste nicht bezüglich ihrer...» Dietrich *et al.* (1974d) p. 454; 2p. yusivo dudoso Aartun (1978) p. 22; «Do not exceed(a price of) 60 (shekels)» Ahl (1980) pp. 424-425; «Nrn no pagará/ no pesará (el dinero)» Cunchillos (1989a) p. 124; «Do not burden Nūrānu» Pardee (2002) p. 101; «to not overcharge» del Olmo Lete y Sanmartín (2004) p. 46.

[220] Como positiva: «C'est en ordre, c'est solide» Lipinski (1973) p. 42; «Tu rembourseras Nuranu» Cunchillos (1989b) p. 319 .

[221] Otras numeraciones, hallada en y colaciones véase nota 131 en la página 53.

La estructura morfológica es de *ʾal* + imperativo, volitivo, enérgico o modal sentencial, tenemos una negación de modal. Partícula interpretada como negativa con verbo en inacabado[222]: «No te agites/ no temas»

- Colación 00: *al* +

    1. *yqtl*, FORMA VERBAL: -≥ *yqtl* 3ª f. s., 2ª m. s., 2ª f. s. (apocopado) , 3ª m. d. (apocopado) , 3ª f. d. (apocopado) , 2ª c. d. (apocopado) , 3ª m. pl. (apocopado) , 3ª f. pl. (apocopado) , 2ª m. pl. (apocopado) , 2ª f. pl. (apocopado) CONJUGACIÓN: G, Gp, D, Dp, N RAÍZ: *dḥl* verbo: regular «temer, asustarse.» (≥ *zaḥala* «apartarse, alejarse» arb.; *daḥala* «esconderse, ocultarse» arb.; *zḥl* «temer» hb.; *dḥl* «temer» sir.
    2. imperativo, FORMA VERBAL: -≥ imperativo 2ª m. s., 2ª f. s., 2ª c. d., 2ª m. pl., 2ª f. pl. -≥ *qtl* 3ª m. s., 3ª m. d., 3ª m. pl., 3ª f. pl. CONJUGACIÓN: tD RAÍZ: *dḥl* verbo: regular «temer, asustarse.» (≥ *zaḥala* «apartarse, alejarse» arb.; *daḥala* «esconderse, ocultarse» arb.; *zḥl* «temer» hb.; *dḥl* «temer» sir.

- Colación 10: *al* +

    1. *yqtl*, FORMA VERBAL: -≥ *yqtl* 3ª f. s., 2ª m. s., 2ª f. s. (apocopado) , 3ª m. d. (apocopado) , 3ª f. d. (apocopado) , 2ª c. d. (apocopado) , 3ª m. pl. (apocopado) , 3ª f. pl. (apocopado) , 2ª m. pl. (apocopado) , 2ª f. pl. (apocopado) CONJUGACIÓN: G, Gp, D, Dp, N. RAÍZ: *dḥṣ* verbo: regular «estar agitado» (≥ *dḥṣ* «estar convulsionado, dar vueltas en la cama» arb.
    2. imperativo, FORMA VERBAL: -≥ imperativo 2ª m. s., 2ª f. s., 2ª c. d., 2ª m. pl., 2ª f. pl. -≥ *qtl* 3ª m. s., 3ª m. d., 3ª m. pl., 3ª f. pl. CONJUGACIÓN: tD RAÍZ: *dḥṣ* verbo: regular «estar agitado» (≥ *dḥṣ* «estar convulsionado, dar vueltas en la cama» arb.

00-2.30:23 *w . ap . mhkm* • *b . lbk .* ***al .*** • ***tšt***

[222]Colación 00: «Et toi, ma mère, ne t'inquiète pas» Virolleaud (1957) p. 29; «du sollst dich nicht fürchten» 2p yusivo Aartun (1978) p. 22; «Mais toi, ma mère, ne crains pas» Cunchillos (1979) p. 74; «So you , my mother, do not fear!» Ahl (1980) p. 429; «ma mère, ne t'inquiète pas» Lipinski (1981a) p. 94; «Toi, ma mère, ne crains pas» Cunchillos (1989b) p. 324; «Pero tú, mi madre, no temas» Cunchillos (1989a) p. 132. Con la colación 10: «my mother, do not be agitated» Pardee (1984a) p. 225; «no temas» negación en prohibiciones del Olmo Lete y Sanmartín (1996) p. 22; «do not fear!», negación del yusivo Sivan (1997) p. 183; «... davon berichte mir...Und du, meine Mutter, hab' keine Angst!» Tropper (2000) p. 729; «Now you, my mother, do not be agitated» Pardee (2002) p. 92; «ma mère, ne sois pas agitée» Bordreuil y Pardee (2004) p. 85; «my mother, do not be afraid» del Olmo Lete y Sanmartín (2004) p. 46.

La estructura morfológica es de *ʾal + yqtl*, otra negación. Partícula interpretada como negativa con verbo inacabado[223]: «y no pongas preocupaciones en tu corazón»

- *al + yqtl*, FORMA VERBAL: -≥ *yqtl* 3ª f. s., 2ª m. s., 2ª f. s. (apocopado) , 3ª m. d. (apocopado) , 3ª f. d. (apocopado) , 2ª c. d. (apocopado) , 3ª m. pl. (apocopado) , 3ª f. pl. (apocopado) , 2ª m. pl. (apocopado) , 2ª f. pl. (apocopado) CONJUGACIÓN: G, Gp RAÍZ: *štt* verbo: 2ª y 3ª geminadas «destruir, desgarrar, asolar.» (≥ *šatta* «separar, dispersar, esparcir» arb.

UDB 2.31 • RS 16.394[224]

00-2.31:14 *[...]-[...] • [...] .* ***al*** *.* ***$t\overset{o}{\check{s}}t$****[...] •* _________

R1-2.31:14 *[...]-[...] • [...] .* ***al*** *.* ***$t\overset{o}{\check{s}}t$*** *[...] •* _________

Partícula traducida por negativa con verbo en inacabado en contexto muy fragmentario[225]: «Que no pongas/ que no bebas/ que no desgarres».

- *al + yqtl,*

    1. FORMA VERBAL: -≥ *yqtl* 3ª f. s., 2ª m. s., 2ª f. s. (apocopado) , 3ª m. d. (apocopado) , 3ª f. d. (apocopado) , 2ª c. d. (apocopado) , 3ª m. pl. (apocopado) , 3ª f. pl. (apocopado) , 2ª m. pl. (apocopado) , 2ª f. pl. (apocopado) CONJUGACIÓN: G, Gp RAÍZ: *štt* verbo: 2ª y 3ª geminadas «destruir, desgarrar, asolar.» (≥ *šatta* «separar, dispersar, esparcir» arb.

---

[223]«dans ton coeur, ne mets pas» Virolleaud (1957) p. 29; «und auch sollst du dir nichts zu Herzen nehmen» 2p. yusivo Aartun (1978) p. 22; «et ne mets pas de soucis dans ton coeur» Cunchillos (1979) p. 74; «do not worry!» Ahl (1980) p. 429; «ne mets pas dans ton coeur» Lipinski (1981a) p. 94; «and do not put any (distress) in your heart» Pardee (1984a) p. 225; «et ne mets pas de soucis dans ton coeur» Cunchillos (1989b) p. 324; «y preocupaciones en tu corazón no pongas» Cunchillos (1989a) p. 132; «ni te preocupes tampoco» en prohibiciones del Olmo Lete y Sanmartín (1996) p. 22; «don't put» negación del yusivo Sivan (1997) p. 183; «Und mach' dir keine Sorgen!» volitivo, Tropper (2000) p. 729; «and do not allow yourself to be distressed in any way», «and moreover, do not place anything in your heart» Pardee (2002) pp. 92-93; «et ne te fais aucun souci» Bordreuil y Pardee (2004) p. 85; «and also do not worry» del Olmo Lete y Sanmartín (2004) p. 46.

[224]Otras numeraciones DO 4394 = 2.31 = PRU 2,2 = UT 1002. Hallada en el Palacio Real, Archivo Central, Habitación 64. Colaciones 00 = KTU; R1 = LH.

[225]«ne mets pas» o «ne bois pas» Virolleaud (1957) p. 8; posible negación con cohortativo en texto muy dañado Aartun (1978) p. 22. Contexto fragmentario del Olmo Lete y Sanmartín (2004) p. 47.

2. FORMA VERBAL: -≥ *yqtl* 3ª f. s., 2ª m. s., 2ª f. s. (apocopado) , 3ª m. d. (apocopado) , 3ª f. d. (apocopado) , 2ª c. d. (apocopado) , 3ª m. pl. (apocopado) , 3ª f. pl. (apocopado) , 2ª m. pl. (apocopado) , 2ª f. pl. (apocopado) CONJUGACIÓN: G, D, Dp RAÍZ: *šty* verbo: 3ª radical débil I «beber, degustar.» (≥ *šatū* «beber» ac.; *šetī* «beber» arm.; *satya* «beber» etiop.; *šātāh* «beber» hb.
3. FORMA VERBAL: -≥ *yqtl* 3ª f. s., 2ª m. s., 2ª f. s. (apocopado) , 3ª m. d. (apocopado) , 3ª f. d. (apocopado) , 2ª c. d. (apocopado) , 3ª m. pl. (apocopado) , 3ª f. pl. (apocopado) , 2ª m. pl. (apocopado) , 2ª f. pl. (apocopado) CONJUGACIÓN: G, Gp RAÍZ: *šyt* verbo: 2ª radical débil «poner, colocar, establecer, dejar, echar, derramar, reducir.» (≥ *št* «poner, colocar» fen.; *šīt* «poner, colocar» hb.; *šītu* «colocar, poner» ug.
4. FORMA VERBAL: -≥ *yqtl* 3ª f. s., 2ª m. s., 2ª f. s. (apocopado) , 3ª m. d. (apocopado) , 3ª f. d. (apocopado) , 2ª c. d. (apocopado) , 3ª m. pl. (apocopado) , 3ª f. pl. (apocopado) , 2ª m. pl. (apocopado) , 2ª f. pl. (apocopado) CONJUGACIÓN: G, Gp RAÍZ: *nšt* verbo: 1ª radical *n* «secar.» (≥ *nšt* «secar» hb.
5. FORMA VERBAL: -≥ *yqtl* 2ª f. pl. (apocopado) CONJUGACIÓN:Š RAÍZ: *ytn* verbo: 1ª "y", 3ª radical *n* «dar, vender,Š: entregar (en nombre de otro).» (≥ *nadānu* «dar» ac. ; *ntn* «dar» arm.; *ytn* «dar» fen.; *nātan* «dar» hb.

UDB 2.38 • RS 18.031[226]

00-2.38:27 *w . aḫy . mhk* • *b . lbh .* ***al . yšt*** •

Este caso es similar a los anteriores. Tiene una estructura de *ʾal* + *yqtl*, negación. Interpretada como partícula negativa con verbo en inacabado[227]: « que no ponga preocupaciones en su corazón»

- *al* + *yqtl*, FORMA VERBAL: -≥ *yqtl* 3ª m. s., 3ª m. d. (apocopado) , 3ª m. pl. (apocopado) CONJUGACIÓN: G, Gp, RAÍZ: *štt* verbo: 2ª y

[226] Otras numeraciones DO 4775 = KTU 2.38 = PRU 5, 59 = UT 2059 = COS 8(3.45H) = MOU 26. Hallada en el Palacio Real. Colaciones 00 = KTU; 10 = Pardee (1998); R1 = LH

[227] «Que mon frère ne se fasse donc pas de soucis» Virolleaud (1965) p. 82; «und möge mein Bruder sich nichts zu Herzen nehmen» 3p yusivo Aartun (1978) p. 21; «So may my brother not worry» Ahl (1980) p. 438; «Que mon frère ne mette pas de soucis dans son coeur» Cunchillos (1989b) p. 357; «que mi hermano no se preocupe» enunciado volitivo del Olmo Lete y Sanmartín (1996) p. 23; «may he not place» negación del yusivo Sivan (1997) p. 184; «May my brother not put anything in his heart» «My brother should not worry» Pardee (2002) p. 94; «Que mon frère ne se soucie de rien!» Bordreuil y Pardee (2004) p. 86; «my brother, do not worry» del Olmo Lete y Sanmartín (2004) p. 47.

3ª geminadas «destruir, desgarrar, asolar.»(≥ *šatta* «separar, dispersar, esparcir» arb.

UDB 2.41 • RS 18.075 [228]

00-2.41:22 *ẙʿmsn . ṯmn • w . [u]ḫy . **al . ybʿrn** •* _________

En este caso es una estructura morfológica de *ʾal + yqtl*. Es una negación modal seguida de un verbo en volitivo. Interpretada como negativa con verbo en inacabado[229]: «que mi hermano no me abandone».

- *al + yqtl*, FORMA VERBAL: -≥ *yqtl* 3ª m. s., 3ª m. d. (apocopado) , 3ª m. pl. (apocopado) CONJUGACIÓN: G, Gp, D, Dp, N RAÍZ: *bʿr* verbo: regular «quemar, encender.» (≥ *buḫḫuru* «calentar» ac.; *baʿar* «quemar» arm.; *bāraʿe* «desencadenarse, estallar (fuego)» etiop.; *bāʿar* «quemar» hb.; «abandonar, dejar, destruir.» (≥ *biʿēr* (Pi) «apartar, quitar» hb.; SUFIJO: pronombre sufijo verbal *-n* 3ª m. s.; 1ª c. s.; modo enérgico.

UDB 2.42 + 2.43 • RS 18.113 A+B[230]

00-2.42:19 *w . ʿl . ap̊[. s . . .] • bhm . w[. rgm . hw . **al . . .]** • **atn** . ks[p . lhm . ʿd]*

Partícula negativa con verbo en inacabado[231]: «que no les diera/ que no vengan».

- *al ʾatn:*
    - *al + yqtl,*

[228]Otras numeraciones DO 4805 = KTU 2.41 = PRU 5, 65 = UT 2065 = COS 12(3.45L). Hallada en el Palacio Real. Colaciones 00 = KTU; R1=L.H.

[229]«que mon frère ne (le) gaspille pas!» Virolleaud (1965) p. 93; «und möge mein (Bru)der mich nicht vertilgen o.ä.», 3p yusivo Aartun (1978) p. 21; «And my brother , do not disapointment me!» Ahl (1980) p. 445; «Que mi hermano no me falle» volitivo del Olmo Lete y Sanmartín (1996) p. 23; «and may my brother not abandom me» Segert (1984) p. 100; «let him not turn me down» negación del yusivo Sivan (1997) p. 184; «May my (br)other not leave me to perish!» literalmente «may he not destroy me» Pardee (2002) p. 98; «my brother, do not fail me» del Olmo Lete y Sanmartín (2004) p. 47.

[230]Otras numeraciones DO7509 = ESS 33 = KTU 2.42 = PRU 5, 8 = UT 2008 = COS 21(3.45U). Encontrada en el Palacio Real, Habitación 77.

[231]Hay varias lecturas *ʾatn*: «I will not give them any silver until...» Lipinski (1977) p. 215 y véase también Knapp (1983) p. 41; «I will give silver to them...» Ahl (1980) p. 447; y *tnn* con el verbo en volitivo: «que no les diera», las correcciones epigráficas en Pardee (1987a) pp. 208-209.

1. FORMA VERBAL: -≥ *yqtl* 1ª c. s. CONJUGACIÓN: D RAÍZ: *atw* verbo: 3ª radical débil «venir, llegar, ir.» (≥ *ʾatā* «venir» arb.; *ʾatā* «venir» arm.; *ʾatawa* «regresar» etiop.; *ʾātāh* «venir» hb.; *ʾtw* «venir, ir» s.arab.; SUFIJO: pronombre sufijo verbal -*n* 3ª m. s.; 1ª c. s.; modo enérgico.
2. FORMA VERBAL: -≥ *yqtl* 1ª c. s. CONJUGACIÓN: G RAÍZ: *ytn* verbo: 1ª *y*, 3ª radical *n* «dar, vender, Š: entregar (en nombre de otro).» (≥ *nadānu* «dar» ac.; *ntn* «dar» arm.; *ytn* «dar» fen.; *nātan* «dar» hb.

- *al tnn*

• *al + yqtl,*

1. FORMA VERBAL: -≥ *yqtl* 3ª f. s., 2ª m. s., 2ª f. s. (apocopado) , 3ª m. d. (apocopado) , 3ª f. d. (apocopado) , 2ª c. d. (apocopado) , 3ª m. pl. (apocopado) , 3ª f. pl. (apocopado) , 2ª m. pl. (apocopado) CONJUGACIÓN: G RAÍZ: *ytn* verbo: 1ª *y*, 3ª radical *n* «dar, vender, Š: entregar (en nombre de otro).» (≥ *nadānu* «dar» ac.; *ntn* «dar» arm.; *ytn* «dar» fen.; *nātan* «dar» hb.
2. FORMA VERBAL: -≥ *yqtl* 2ª f. pl. (apocopado) CONJUGACIÓN: G RAÍZ: *ytn* verbo: 1ª *y*, 3ª radical *n* «dar, vender, Š: entregar (en nombre de otro).» (≥ *nadānu* «dar» ac.; *ntn* «dar» arm.; *ytn* «dar» fen.; *nātan* «dar» hb.; SUFIJO: pronombre sufijo verbal -*n* 3ª m. s.; 1ª c. s.; modo enérgico.

UDB 2.47 • RS 18.148[232]

00-2.47:16 *d št . ʿl . ḫrdh* • *špḥ . **al . thbṭ*** • *ḫrd . ʿps . aḫd . kw*

Partícula negativa con verbo en inacabado[233]: «¡No humilles!».

- *al + yqtl,* FORMA VERBAL: -≥ *yqtl* 3ª f. s., 2ª m. s., 2ª f. s. (apocopado) , 3ª m. d. (apocopado) , 3ª f. d. (apocopado) , 2ª c. d. (apocopado) , 3ª m. pl. (apocopado) , 3ª f. pl. (apocopado) , 2ª m. pl. (apocopado) , 2ª f. pl. (apocopado) CONJUGACIÓN: D, N RAÍZ: *hbṭ* verbo: 1ª radical débil «humillar, abatir.» (≥ *hbṭ* «abajar, disminuir» arb.

[232]Otras numeraciones, hallada en y colaciones véase nota 153 en la página 60.

[233]«ne l'abaisse (?) pas» Virolleaud (1965) p. 89 y Schaeffer (1968) p. 739; 2p. yusivo dudoso Aartun (1978) p. 22; «Do not abase...» Ahl (1980) p. 456; «don't abase (m.s.) (the family)!» negación del yusivo Sivan (1997) pp. 183-184; «do not wipe out the family» del Olmo Lete y Sanmartín (2004) p. 47.

UDB 2.77 • RIH 77/25[234]

00-2.77:4 *[...]ʿmt . wištn . lk • [...]rk . w**al tšiḫrhm̊**[...] • [...]nt . lk . bd .*

R1-2.77:4 *[...] ʿmt . w ištn . lk • [...]rk . w **al tšiḫrhm̊** [...] • [...]nt . lk . bd .*

Partícula negativa con inacabado[235]: «no los retrases».

- *al* +

  1. sustantivo, SUSTANTIVO. m. s. RAÍZ: *aḫr* verbo: regular * «retardar.» (≥ *maḫr* «después, retrasando» ug. *aḫr* «después», *maḫr* «retrasando»; SUFIJO: pronombre-adj. posesivo *-hm* 3ª m. pl., c. d.
  2. *yqtl*, FORMA VERBAL: -≥ *yqtl* 2ª m. s., CONJUGACIÓN: Š RAÍZ: *aḫr* verbo: regular * «retardar.» (≥ *maḫr* «después, retrasando» ug. *aḫr* «después», *maḫr* «retrasando»; SUFIJO: pronombre-adj. posesivo *-hm* 3ª m. pl., c. d.

UDB 5.9 • RS 16.265[236]

00-5.9:I:14 *w l ttn • w **al ttn** • tn ks yn*

Partícula interpretada como negativa con verbo en inacabado[237]: «No le des».

- *al* + *yqtl,*

  1. FORMA VERBAL: -≥ *yqtl* 3ª f. s., 2ª m. s., 2ª f. s. (apocopado) , 3ª m. d. (apocopado) , 3ª f. d. (apocopado) , 2ª c. d. (apocopado) , 3ª m. pl. (apocopado) , 3ª f. pl. (apocopado) , 2ª m. pl. (apocopado) CONJUGACIÓN: G RAÍZ: *ytn* verbo: 1ª *y*, 3ª radical *n* «dar, vender, Š: entregar (en nombre de otro).» (≥ *nadānu* «dar» ac.; *ntn* «dar» arm.; *ytn* «dar» fen.; *nātan* «dar» hb.

[234]Otras numeraciones KTU 2.79. Encontrada en Ras Ibn Hani: Palacio Norte, fortificación sur. Colaciones 00 = Bordreuil y Caquot (1979); R1 = LH.

[235]«...et tu ne les mettras pas en retard» Bordreuil y Caquot (1979) p. 306; «no los retrases» negación en prohibiciones del Olmo Lete y Sanmartín (1996) p. 22.

[236]Otras numeraciones, hallada en y colaciones véase nota 182 en la página 67.

[237]«Et que tu (le) donnes ou que tu ne (le) donnes pas» Virolleaud (1957) p. 40; «und du sollst nicht geben» 2p. yusivo Aartun (1978) p. 22; «do not give» Ahl (1980) p. 427; «will you not certainly give» Pardee y Whiting (1987) p. 11; «tu das, da, no das, no des» en prohibiciones del Olmo Lete y Sanmartín (1996) p. 22; «will you not certainly give?» Pardee (2002) p. 115; «you give, give, do not give, may you give» del Olmo Lete y Sanmartín (2004) p. 46.

2. FORMA VERBAL: -≥ *yqtl* 2ª f. pl. (apocopado) CONJUGACIÓN: G RAÍZ: *ytn* verbo: 1ª *y*, 3ª radical *n* «dar, vender, Š: entregar (en nombre de otro).» (≥ *nadānu* «dar» ac.; *ntn* «dar» arm.; *ytn* «dar» fen.; *nātan* «dar» hb.; SUFIJO: pronombre sufijo verbal -*n* 3ª m. s.; 1ª c. s.; modo enérgico.

RS 94.2406[238]

Líneas:21-22 *w . ʾat . b pk [.] ʾ**a[l]** [...] • **yṣʾi** mnk [ʿ]d m[ǵ] [...]*

Partícula negativa con verbo en inacabado[239]: «Que no (...) salga».

- *al* + *yqtl*, FORMA VERBAL: Apocopado.-≥ *yqtl* 3ª m. s. CONJUGACIÓN: G RAÍZ: *yṣa* verbo: 1ª radical débil «salir, aparecer, asomar; Š: hacer salir, entregar.» (≥ *aṣū* «salir, aparecer» ac.; *waṣū* «salir, aparecer» ac.; *waḍaʾa* «superar (en pureza)» arb.; *waḍeʾa* «salir» etiop.; *yāṣāʾ* «salir, aparecer» hb.; *yʿā* «salir, aparecer» sir.

Líneas:39-40 *w . ʾat . b pk . **ʾal . yṣʾi** • mhk. ʾugrt*

Partícula negativa con inacabado al igual que en las líneas anteriores[240]: «Que no salga».

- *al* + *yqtl*, FORMA VERBAL: Apocopado. -≥ *yqtl* 3ª m. s. CONJUGACIÓN: G RAÍZ: *yṣa* verbo: 1ª radical débil «salir, aparecer, asomar; Š: hacer salir, entregar.» (≥ *aṣū* «salir, aparecer» ac.; *waṣū* «salir, aparecer» ac.; *waḍaʾa* «superar (en pureza)» arb.; *waḍeʾa* «salir» etiop.; *yāṣāʾ* «salir, aparecer» hb.; *yʿā* «salir, aparecer» sir.

RS 94.2457[241]

Líneas:23 *[...] mlʾaktk • [...]mnm. **ʾal . yns***

Partícula negativa con verbo en inacabado[242]: «...que no se escape nadie/nada».

- *al* + *yqtl*, FORMA VERBAL: -≥ yqtl 3ª m. s., 3ª m. d. RAÍZ: *nws* verbo: 1ª *n*, 2ª rad. débil «huir.» (≥ *nāsa* «» arb.; *nās* «» hb.

---

[238] Otras numeraciones COS 18 (3.45R) = MOU 31 = Texto 60 en Bordreuil *et al.* (2012) = DO 7930.

[239] «As for you, not a word must escape your mouth until (X) arrives.» Pardee (2002) p. 102; «Et quant à toi, de ta bouche ne doit sortir quoi que ce soit avant l'arrivée (de X)» Bordreuil y Pardee (2004) pp. 92-93 y Bordreuil *et al.* (2012) p. 158.

[240] «But you must keep absolutely quiet (about all of this) at Ugarit» Pardee (2002) p. 103; «Et quant à toi, de ta bouche ne doit sortir quoi que ce soit à Ougarit» Bordreuil y Pardee 2004 p. 93 y Bordreuil *et al.* (2012) p. 158.

[241] Texto 72 en Bordreuil *et al.* (2012) = DO 7966.

[242] «...que personne ne s'enfuie» Bordreuil *et al.* (2012) p. 195.

8. Modo y Modalidad. Lingüística-Filosofía.

Tradicionalmente en lingüística se ha diferenciado el modo y la modalidad. Se considera modo a las formas del verbo ya sea en imperativo, optativo, condicional, subjuntivo o formas subordinadas. La modalidad sería la expresión de la obligación, la probabilidad o la posibilidad. Sin embargo hay estudios que muestran cómo las nociones modales van más allá de esta definición. Además los datos lingüísticos muestran cómo el modo y la modalidad se expresan en muchos casos a través de la misma estructura gramatical. Así se considera modalidad en general como la gramaticalización de las actitudes y opiniones subjetivas de los hablantes, algunas de ellas derivadas de las formas verbales, pero también a través de partículas, auxiliares, adjetivos o adverbios. Modalidad es el fenómeno lingüístico donde la gramática nos permite decir cosas sobre situaciones no reales[243], actitudes u opiniones subjetivas.

La mayor diferencia en la modalidad de las lenguas, sobre todo en las indoeuropeas se expresa mediante el modo. Se diferencia entre el modo indicativo y subjuntivo, lo que se considera real y lo irreal o subjetivo. Otra diferenciación que se encuentran en varias lenguas son realis / irrealis[244]. El realis implica situaciones actualizadas que son, han sido o serán, mientras que el irrealis muestra situaciones de posibilidad ya sean pensadas, conocidas o imaginadas[245]. Esta diferenciación de realis/irrealis ha pasado a ser en muchos casos una diferenciación que se refiere a las nociones de real/irreal o factual / no factual, no a sus marcas gramaticales de modo. Dentro del no factual estarían la modalidad, el modo no indicativo, la negación, la interrogación, los futuros o los condicionales, todo tipo de estructuras de no-afirmación[246].

Además del modo no indicativo, la posibilidad se marca en las lenguas

[243]Véase Ducrot y Schaeffer (1995) p. 699, Palmer (2001) y Portner (2009) pp. 1-2.

[244]Aquí hablo de la diferenciación como marcas gramaticales de modo. Esta diferenciación se produce en muchas lenguas de Papúa Nueva Guinea y en las lenguas Nativas Americanas, véase en Palmer (2001) p. 145 y ss.

[245]Hay diferencias entre el subjuntivo y el irreal en la tipología lingüística. Por ejemplo, las lenguas que marcan la diferenciación entre real e irreal normalmente sitúan el futuro como categoría irreal, mientras que las lenguas que diferencian entre indicativo/subjuntivo lo sitúan en el indicativo. Sin embargo en ambos casos suele tener un carácter de posibilidad no realizada. Para un estudio detallado de las diferencias entre indicativo/subjuntivo y real/irreal véase en Palmer (2001) pp. 107 y ss.

[246]En este trabajo normalmente se usa indicativo/modal para la diferencia en ugarítico. Dentro del modal tendríamos lo que correspondería a un no factual. Creo que puede considerarse una diferenciación entre factual/no factual debido a que en muchos casos las diferentes partículas ugaríticas analizadas cambian en las situaciones no factuales tales como los condicionales, las interrogaciones o modos verbales no indicativos. El estudio sobre los condicionales excede los límites de este trabajo, pero hay muchos casos en lenguas semíticas en los que este tipo de partículas *lV/Vl* cambia en los condicionales, por ejemplo este es el caso de los juramentos en acadio.

mediante un sistema modal, normalmente se usan auxiliares de modalidad. Las modalidades más estudiadas son la epistémica y la deóntica, expresan el paradigma de conocimiento y de obligación de un agente. Verbos como saber, conocer, poder, deber o creer formarían parte de este paradigma[247].

Como se ha afirmado anteriormente, la modalidad es la gramaticalización de las opiniones o actitudes de un agente y ésta se expresa en las lenguas mediante estructuras verbales, auxiliares, adjetivos, adverbios o partículas. Sin embargo es bastante dificil de definir y determinar exactamente la gramaticalización de la modalidad, por lo que la mayoría de los estudios deciden determinarla mediante el estudio de las formas concretas. Los datos lingüísticos son la fuente de la determinación de la modalidad y van cambiando según las distintas lenguas, aunque parece posible hacer una clasificación global tanto de su forma estructural[248], como de los parámetros generales del cambio en su gramaticalización a través de la comparación lingüística[249], y de su diferenciación conceptual[250].

A partir de aquí se van a establecer las distintas modalidades que se han estudiado en las lenguas y se va a analizar el paradigma ugarítico de la partícula *lā/ ʾal* como parte de la estructura modal de la lengua. La negación *lā/ ʾal* parece formar parte de la estructura modal del ugarítico, por lo que se va a intentar determinar en los textos los diferentes tipos de modalidad y analizar su estructura.

Desde el punto de vista de la estructura modal, se puede diferenciar la modalidad en[251] :

- Modalidad sentencial.
- Modalidad sub-sentencial.
- Modalidad discursiva.

8.1. Modalidad sentencial

Es la modalidad que tiene bajo su alcance toda la sentencia. La mayoría de estudios de la modalidad toman esta modalidad como centro principal. Esta

[247] En lógica se habla de verbos de actitud proposicional. Para una explicación de las actitudes proposicionales véase en la página 131.

[248] Se pueden diferenciar distintas formas de modalidad según su estructura : sentencial, sub-sentencial y discursiva, véase más adelante y Portner (2009).

[249] Un estudio de los cambios en la gramaticalización con una base comparativa de unas 76 lenguas puede verse en Bybee *et al.* (1994).

[250] Normalmente se diferencia entre modalidad epistémica y no epistémica (raíz modal); o epistémica , deóntica y dinámica; o epistémica, prioridad y dinámica, véase más adelante y Portner (2009); Bybee *et al.* (1994).

[251] En esta división se seguirá la división realizada en Portner (2009) pp. 2-8. Para una explicación pormenorizada con ejemplos sobre todo del inglés véase este autor.

modalidad se mezcla con la sub-sentencial y muchas de las categorías pertenecientes a una también lo son en la otra. Es muy difícil diferenciar estos niveles de modalidad, pero los fenómenos lingüísticos que captan la modalidad sentencial serían los siguientes:

1. Los verbos conocidos como modales auxiliares y semi-modales son los más característicos de la modalidad sentencial. En esta categoría se encuentran los verbos como *debe, puede, debería, necesitaría* o *podría.* Si alguna lengua tiene estos verbos dentro de los verbos normales, serían parte de la modalidad sub-sentencial.

2. Adverbios modales: *quizás, probablemente, posiblemente.*

3. Formas genéricas (*Una tortuga es una animal muy rápido*) o habituales (*Conchi bebe zumo por las mañanas*).

4. Tiempo y aspecto. Futuros, pasados de irrealidad, presentes continuos o perfectos pueden tener cierto tipo de modalidad.

5. Condicionales[252].

6. Modalidad encubierta: *José María sabe que puede llevar las cuentas.*

7. La disyunción. Hay casos en los que se ha considerado la disyunción de dos proposiciones como la conjunción de dos modales[253].

8. Aquí se va a añadir también la relación de la negación a nivel sentencial. Lo que se ha llamado *neg-raising* o en otros casos negación paratáctica. Es una forma de negación a caballo entre la negación subsentencial y la sentencial.

Desde el punto de vista semántico, en este tipo de modalidad se encuentran los tipos epistémico y deóntico. Según los diferentes autores existen distintas tipologías de la modalidad. Una tipología muy generalizada es la que diferencia entre modalidad espistémica y modalidad de raíz:

- Modalidad epistémica: es la modalidad que corresponde a las situaciones de creencia y conocimiento del agente.

[252]La relación entre la modalidad y los condicionales es un tema bastante amplio, por lo que este análisis no se va centrar en este aspecto de la modalidad. Las partículas *Vl* y *lV* normalmente interactúan con los condicionales. Para una primera aproximación de los condicionales ugaríticos tratados con un paradigma modal de creencia con la teoría de revisión de creencia AGM véase Barés (2012).

[253]Recuérdese que la partícula *ul* se usa en acadio para la disyunción. En Wasserman (2012) también se muestra como diferentes partículas acadias, que funcionan como modales epistémicos, suelen aparecer en las disyunciones en acadio. Un estudio sobre la disyunción vista como la conjunción de posibilidades epistémicas puede encontrarse en Zimmermann (2000).

- Modalidad de raíz o no epistémica. Es considerada en esta subdivisión cualquier tipo de modalidad que no sea epistémica. En esta categoría normalmente entraría la modalidad deóntica y la dinámica.

Sin embargo la primera clasificación que se ha ofrecido aquí resulta bastante general y creo que la modalidad sentencial necesita más subdivisiones que den cuenta de su estructura y ayuden a comprender sus aspectos. Otra de las clasificaciones más usadas es la que diferencia entre epistémica, deóntica y dinámica[254].

Además de las clasificaciones generales, habría que tener en cuenta las clasificaciones que han sido hechas desde una perspectiva de tipología lingüística[255]. La clasificacion de la tabla siguiente tiene como finalidad la determinación de la gramaticalización de la modalidad en una perspectiva de lingüística comparada[256].

[254]Hay muchos autores que utilizan ésta última, pero también le añaden varias subdivisiones. Para más información véanse Portner (2009); Hacquard (2006). Para un estudio de estas modalidades en acadio diferenciando entre modalidad epistémica, deóntica y aseverativa véase Cohen (2005).

[255]Existen otro tipo de clasificaciones que no se van a indicar aquí. Algunas de ellas restringen la modalidad a la posibilidad y la necesidad, por lo que la volitiva aparecería fuera de esta clasificación. Véase de Haan (2011a,b); van der Auwera y Ammann (2011a,b,c). Para un estudio sobre la modalidad clasificada por el objetivo de evaluación y el dominio de evaluación, clasificación que se realiza desde el punto de vista de la orientación de la modalidad véase Hengeveld (2004).

[256]Hay argumentos a favor del desarrollo de una modalidad de agentes a una modalidad espistémica que implica un cambio de alcance, véase Bybee *et al.* (1994) pp.198-199 y apartado siguiente.

Bybee *et al.* (1994)	Modalidad orientada a agentes. Condiciones internas y externas de un agente con respecto a la acción expresada en el predicado principal: Obligación, necesidad, habilidad y deseo.
	Modalidad orientada a hablantes. Directivos, comandos, demandas, peticiones, mandatos, advertencias, exhortaciones y recomendaciones: Imperativo, prohibitivo, optativo, cohortativo, advertencia y permisivo.
	Modalidad epistémica. Afirmaciones e indicaciones en la que el hablante está comprometido con la verdad de la proposición: Probabilidad, posibilidad y certeza.
	Modos subordinados: son otras de las formas de gramaticalización de la modalidad mediante cláusulas complementarias, concesivas o cláusulas de propósito.

Cuadro 8.1: Clasificación basada en modelos de gramaticalización de la modalidad en lingüística comparada

No todas estas clasificaciones de la modalidad corresponderían a la modalidad sentencial. En las lenguas los tres tipos que se han clasificado en un principio se entremezclan (sentencial, subsentencial y discursiva). Aquí se ha pretendido ofrecer una visión amplia de las diferentes clasificaciones, sin embargo, para los desarrollos siguientes se utilizará la clasificación general de las tres modalidades sentenciales de Portner (2009). A continuación se explicarán las características propias de algunas de estas modalidades como punto de partida y su relación con las características de las otras clasificaciones. Este estudio se centrará en la modalidad epistémica.

8.1.1. Modalidad espistémica y evidenciales

Esta categoría aparece diferenciada en todos los estudios de la modalidad. Es una herramienta muy útil a la hora de explorar la naturaleza del conocimiento. En esta modalidad se encuentran muchos puzzles que sugieren que la modalidad espistémica es difícil de encuadrar dentro de una teoría semántica; por ejemplo el problema de las condiciones de verdad o el caso de los condicionales. Muchas de las estructuras se entrelazan con las modalidades discursivas, como puede ser el caso de las presuposiciones. Esta modalidad no corresponde con las condiciones de verdad y se entrelaza con la subjetividad del hablante. Ello ha derivado en el desarrollo de teorías semánticas que captan la perspectiva dinámica del significado[257].

La modalidad epistémica expresa situaciones o afirmaciones en las que el hablante está comprometido con la verdad de la proposición. Nos muestra la probabilidad, posibilidad o certeza del hablante. Según los estudios de tipología gramatical puede derivar de la modalidad de agentes. La modalidad de agentes es una modalidad que expresa las condiciones internas y externas de un agente con respecto a la acción expresada en el predicado principal[258]. La gran diferencia entre una modalidad orientada a agentes y la epistémica es un cambio de alcance. La modalidad de agentes es parte del contenido proposicional de la cláusula y sirve para relacionar al agente con el predicado principal. La epistémica es externa al contenido proposicional en su alcance, pero ambas coinciden en que determinan la posibilidad de la verdad, certeza de un hablante con la proposición. Sin embargo cuando hablamos de modalidad de agentes, lo hacemos con un sentido más amplio, ello incluye a la obligación, la necesidad, la habilidad y el deseo. En esta categoría no se incluye la epistémica, solo apuntamos que una parece derivar de la otra en lo que respecta a los cambios de la gramaticalización observados en la tipología lingüística comparada.

Otro punto a tratar dentro de la modalidad epistémica es su relación con lo que se ha llamado modalidad evidencial[259]. Hay autores que consideran la evidencial dentro de la epistémica[260], o a la inversa.

La evidencialidad es la categoría gramatical cuyo significado primario es la fuente de la información, es decir al afirmar la proposición se indica la fuente del conocimiento de la misma. Se sabe algo porque se ha visto, oído, inferido o alguien te lo ha comunicado. Muchas veces en lingüística se considera la modalidad epistémica como la probabilidad o posibilidad añadida por la evaluación de la proposición por parte del hablante, no como una certeza. Debido a esta definición, las evidenciales no formarían parte de la modalidad epistémica, pues no aportan la posibilidad ni la evaluación del hablante, sino la fuente de la información[261]. No hay duda sobre la verdad o la falsedad de la proposición, si es afirmada con un evidencial directo es porque se ha visto. A pesar de ello muchos evidenciales parece que tienen extensiones de modalidad epistémica (definida como posibilidad y evaluación del hablante), pues por ejemplo cuando el evidencial es indirecto parece que la creencia de la verdad de la proposición no se considera de certeza, sino que es algo que ha sido contado, que

[257]Para una aproximación a las teorías semánticas dinámicas véase Groenendijk y Stokhof (1991).

[258]Para el estudio tipológico y su evolución gramatical véase en Bybee *et al.* (1994) pp 198-199.

[259]O simplemente evidenciales, porque no siempre se consideran modales.

[260]O al menos en determinados casos y lenguas. Véase por ejemplo Matthewson *et al.* (2007).

[261]Estudios de la evidencialidad como categoría gramatical separada de la epistémica y no modal de Haan (1999, 2001a,b); Aikhenvald (2004); de Haan (2005, 2011a,b,c).

otra persona lo ha visto, etc. Así, que un evidencial tenga o no una extensión epistémica depende de la estructura del sistema evidencial en una lengua determinada. Sólo una cuarta parte de las lenguas del mundo tienen evidenciales gramaticalizados y las lenguas indoeuropeas no suelen tenerlos[262]. Debido a ello normalmente se han traducido por modales como, en el caso del inglés, los términos *may* o *can*, pues no hay ninguna categoría gramatical en nuestras lenguas que coincida exactamente con la evidencial. Los ejemplos a continuación son evidenciales en tariana [263]:

Ejemplo 2. *Juse irida di-manika-***ka**

- José Fútbol 3ªp. m. s. jugar. Pasado reciente. Visual.

- «José jugó al fútbol (Nosotros lo vimos)». ■

Ejemplo 3. *Juse irida di-manika-***mahka**

- José fútbol 3ªp.m.s.jugar.Pasado reciente. No visual.

- «José jugó al fútbol (lo hemos oído)». ■

Además de estas dos formas de evidencial, el tariana por ejemplo también tiene un evidencial deducido, otro supuesto y otro que especifica que la información viene de otra persona.

Los argumentos para afirmar que la evidencialidad no es una modalidad derivan, primero del concepto de modalidad epistémica que hemos explicado anteriormente (probabilidad y posibilidad junto con evaluación de la proposición por parte del hablante, creencia) y de su estructura. No es común que la evidencialidad caiga en el alcance (scope) de la negación, normalmente lo que se niega es la acción y no la fuente de la información[264], sin embargo hay excepciones, como es el caso del akha[265]. En esta lengua cuando se niega una

---

[262]Con excepciones, tales como las lenguas de los Balcanes, véase Friedman (2003).

[263]Lengua arawak hablada en Vaupés en el noroeste del Amazonas. Los ejemplos pueden encontrase en inglés en Aikhenvald (2006) p. 320, véase también Aikhenvald (2003).

[264]Véase Aikhenvald (2004) p. 96.

[265]Lengua tibeto-birmana del pueblo nómada akha procedente del Tibet y extendido a Myamar, sur de la China, Laos, Vietnam y el norte de Tailandia. Véase Aikhenvald (2004).

partícula evidencial se indica que el hablante no sabe lo que está pasando. Otro caso es el del mỹky[266], esta lengua tiene un paradigma evidencial/ negativo[267].

Otra característica de relevancia como argumento para la diferenciación con la modalidad epistémica es el hecho del carácter deíctico intrínseco de los evidenciales. Un evidencial lo que hace es relacionar al hablante con los hechos, con la acción[268]. Los evidenciales tendrían así una estructura similar a los demostrativos que relacionan a los hablantes y a los objetos.

Desde el punto de vista de la filosofía, se puede diferenciar entre modalidad aletéica y modalidad epistémica. La primera modalidad es la modalidad que concierne a la verdad de las sentencias, mientras que la modalidad epistémica expresa la información que está al alcance del hablante. Para modelizar la modalidad epistémica se ha usado la lógica modal, el operador de necesidad es un operador intensional que modela las actitudes proposicionales de un agente. Si se considera la modalidad epistémica como creencia, tenemos un operador más débil, pues lo que uno cree no tiene porqué ser verdadero. Esta es precisamente la definición de modalidad epistémica dada por los que no consideran el evidencial como parte de la modalidad epistémica[269]. Sin embargo tenemos otro tipo de operador que pertenece también a la modalidad epistémica. Este operador es un operador de conocimiento, y el conocimiento es creencia cierta, creencia con evidencias, ya sean oídas o vistas, pero de primera mano.

Por otro lado las modalidades se han formalizado mediante lógicas modales basadas en una semántica de mundos posibles. Estas lógicas son lógicas intensionales, es decir el significado depende del contexto. Los valores de las proposiciones no son absolutos, sino relativos a los contextos en los cuales su verdad es evaluada, dependen de la intención del agente. Una lógica del conocimiento, basada en una modalidad epistémica tiene un contexto intensional de relación entre el agente y la proposición similar a la estructura deíctica que parecen tener los evidenciales. La probabilidad de la modalidad epistémica filosófica (creencia) que se ha explicado, cambia a certeza del hablante en lógica epistémica (lógica usada para la formalización de los contextos epistémicos) debido a que partimos de un conocimiento consistente y verídico. El operador

[266]Lengua aislada hablada en la parte alta del río Juruena en el estado de Mato Grosso, Brasil. También conocida como Iranxe, aunque tienen algunas diferencias entre ellas, véanse Monserrat y Dixon (2003) y Monserrat (2010).

[267]Para el análisis de un paradigma visual/no visual véase en la página 125. Muchas lenguas tienen un tipo de evidenciales visual/no visual. Considero que el no visual forma parte del evidencial directo e indica que hay otras evidencias tal vez oídas o de otro tipo. Sin embargo en el caso del mỹky, en una primera aproximación, parece que no es este tipo. Hay tres tipos de negación en la categoría de evidencialidad modal: *-ára* negación de la realidad actual de una situación, *-áto* niega una realidad futura y *-té* negación absoluta. Hay otro tipo de negación *-pu* que niega adjetivos y predicados. Véase Monserrat (2010) pp. 57-60 y 108-109.

[268]Véase de Haan (2005).

[269]Véase también más adelante diferencia entre creencia y conocimiento en la página 119.

modal epistémico de conocimiento se determina por el axioma T[270]. Según mi punto de vista los evidenciales en las lenguas pueden interpretarse mediante una lógica epistémica (lógica que formaliza la información y la comunicación, el conocimiento de los agentes) como se verá en los siguientes apartados. Sin embargo para ello se debe estudiar cada lengua en particular para poder especificar la estructura adecuada a cada tipo de evidencial. La lógica epistémica coincide con lo que se ha llamado evidencial en que ambos expresan la evidencia de un hablante en cuanto a sus proposiciones. Esta certeza del hablante es precisamente lo que modeliza la lógica epistémica dinámica, la información y el conocimiento que posee cada hablante y la comunicación de ese conocimiento. Sin embargo en una lógica epistémica no es necesario dar las fuentes de ese conocimiento, estructura que es posible de modelizar mediante las combinaciones de varios operadores intensionales, la actualización de los anuncios públicos y la estructura multi-agentes. En lógica epistémica dinámica hay un conocimiento fuerte que correspondería con la afirmación de las proposiciones por un evidencial directo, el hablante afirma la proposición. Además la estructura dinámica permite acercarnos a la estructura de una proferencia, el movimiento es un movimiento secuencial, tras el anuncio de algo, esto es conocido. Pero antes de continuar con la formalización de los evidenciales con lógica epistémica dinámica, se diferenciarán las distintas modalidades de las lenguas y se expondrán las semánticas formales que se han dado para la aproximación de la evidencialidad, para explicar después con detalle la formalización con lógica epistémica dinámica y sus diferencias con los otros análisis.

8.1.2. Modalidad deóntica y Modalidad dinámica

La modalidad deóntica se refiere a las sentencias que expresan las razones para preferir una situación frente a otra, dan prioridad a una posibilidad frente a otra. Si se atiende a la diferenciación a través de la tipología lingüística esta modalidad podría ser parte de la orientada a agentes.

La modalidad dinámica se refiere a la modalidad volitiva, de habilidad o de oportunidad[271].

8.2. Modalidad sub-sentencial

Se define modalidad sub-sentencial como una modalidad expresada por constituyentes más pequeños que la cláusula, por ejemplo por el predicado, nombres o el adjetivo. Muchas veces esta modalidad aparece entrelazada con la modalidad sentencial y depende de la estructura de la lengua para situar los elementos dentro de una modalidad o la otra. Podemos diferenciar a grosso

[270] Véase más adelante y van Ditmarsch *et al.* (2008).

[271] Para una explicación más detallada véase Portner (2009).

modo varios constituyentes que normalmente corresponden a una modalidad sub-sentencial[272]:

1. Adjetivos y nombres modales: posible, necesario, cierto, posibilidad, etc.

2. Verbos y adjetivos de actitudes proposicionales tales como creer, esperar, conocer, recordar, estar seguro, agradar...

3. Modo verbal, indicativo y subjuntivo.

4. Infinitivos. Los infinitivos parecen tener cierto tipo de modalidad y muchas veces se comportan de modo similar al modo verbal.

5. Modales dependientes, por ejemplo auxiliares modales dentro de las condicionales.

6. Palabras o partículas con polaridad, algunos casos positiva y otros negativa. Este apartado se va a explicar con más detalle en el apartado siguiente.

8.2.1. Estudios de la negación a nivel subsentencial

Los estudios de la negación a nivel subsentencial están representados por varias corrientes. Hemos diferenciado dos principales, las teorías basadas en la escalaridad de la negación[273] y los estudios de los elementos polares[274]. A estos análisis hay que sumarle el estudio de la negación en relación con otras negaciones. El análisis de la negación a nivel subsentencial aborda el estudio del comportamiento de varias negaciones al mismo tiempo que usualmente pueden tener este tipo de elementos escalares o polares. Los estudios relacionados con diferentes negaciones pueden ser desde un punto de vista sintáctico[275], o semántico[276].

---

[272]Véase Portner (2009) pp. 6-7.

[273]Para las Teorías escalares de la negación véase en la página siguiente.

[274]Para la Hipótesis de la no veracidad en la página 97.

[275]Me refiero aquí a la teoría de la negación desde un punto de vista sintáctico realizada por Zeijlstra (2004) usando la teoría minimalista de Chomsky. No se va a exponer la teoría de la negación, pues el análisis de este trabajo es más bien semántico, pero se hará referencia a ella en relación a su teoría de la concordancia modal basada en la concordancia negativa, véase Zeijlstra (2007) y en la página 157.

[276]Un análisis desde el punto de vista semántico de las relaciones entre varias negaciones es el ofrecido en van der Wouden (1997). Para una explicación un poco más detallada véase en la página 100.

Pero todos ellos coinciden en un análisis de la negación a nivel subsentencial, es decir una negación interna[277]. Este tipo de negaciones son las negaciones que usualmente entran en relación con otros elementos subsentenciales de la lengua. En ugarítico la relación de la negación es a nivel subsentencial y se produce con la modalidad subsentencial. Sin embargo, no actúa sólo a nivel subsentencial como se irá explicando con detenimiento.

Se expondrán cada una de estas teorías de la negación a nivel subsentencial con un poco más de detalle:

8.2.1.1. Teorías escalares de la negación Con este nombre se hace referencia a las teorías propuestas por autores como L. Horn y van der Awera. La negación de determinadas palabras plantea una graduación escalar de los términos[278]. Esta relación se situaría en la relación de subcontrarios en el cuadrado de oposición aristotélico.

Ejemplo 4. Freezening - cold - (not cold) - cool - (not cool) - (lukewarm) - (not warm) - warm - (not hot) - hot - boiling[279]. ■

Este tipo de polaridad negativa no sólo la tenemos a nivel subsentencial, llega en algunos casos a pasar al nivel sentencial e incluso al discursivo. De hecho la elección de una u otra escala va a depender de la máxima de cantidad de Grice. Es decir el hablante debe de ser tan informativo como sea posible, de ahí que se utilice una escala para determinar exactamente la cantidad de la información que se desea transmitir. En Horn esta máxima cobra un papel esencial y se denomina la máxima Q. Esta negación tiene un carácter pragmático más que semántico.

Las partículas *lā/ ʾal* pueden parecer en un principio partículas escalares, pues pueden ofrecen una escala en relación con otros elementos. Puede que determinen la escala de un modal, pero esta cuestión queda abierta ante la falta de un estudio pormenorizado de la modalidad ugarítica. Si fuera este caso, sería más bien una escalaridad derivada de la relación entre dos operadores intensionales, no exactamente la misma escalaridad propuesta en estas teorías. La solución que se ofrece en este trabajo es más general, pero no impide un estudio posterior de la escalaridad, simplemente no se especifica[280].

[277]De hecho la corriente de la teoría escalar usa los estudios aristotélicos de la negación.

[278]En muchos casos los términos que se tratan son adverbios y adjetivos, para un estudio de la escalaridad y la polaridad en los adverbios véase «Scalarity and polarity», Jack Hoeksema y Holze Rullmann en Hoeksema *et al.* (2001).

[279]Para una explicación completa de la predicación escalar y los subcontrarios véase Horn (1989 - 2001), capítulo 4. Este tipo de teoría puede ser interesante a la hora de estudiar las dos negaciones ugaríticas que no vamos a tratar aquí. Una posibilidad es que ambas pueden ponerse en relación con la cuantificación en la lengua y podrían representar lo que se ha llamado una estructura de dicto (*bl*) y de re (*im*).

[280]Para una explicación detallada de todo ello véase apartados siguientes.

8.2.1.2. Hipótesis de la no-veracidad La polaridad negativa se refiere a palabras o frases que no pueden ocurrir libremente, sino que deben estar bajo la influencia de otro elemento. Entre ellos hay dos clases diferentes, según su polaridad, elementos negativos (Negative polarity items, NPIs) o elementos positivos (Positive polarity items, PPIs). Una corriente que estudia este tipo de elementos está representada por lo que algunos autores han llamado el «grupo de Groningen». Tiene su base en la afirmación de que los elementos polares no son verdaderos o falsos a nivel subsentencial, sino que se caracterizan como elementos autorizados (*licenced*) y no autorizados (*no-licenced*) según su sensibilidad a los contextos. El análisis es primordialmente semántico. Uno de los ejemplos más utilizados es el caso de la palabra *any*, cuyo uso está permitido tanto en negativo como en interrogativo o imperativo.

Ejemplo 5. Usos permitidos de *any:*

- *I didn´ buy any discs.*

  «No compré ningún disco.»

- *Did you get any chairs?*

  «¿Conseguiste alguna silla?»

- *Pick any orange!*

  «¡Escoge alguna naranja!»

- *He could arrive any moment.*

  «El puede llegar en cualquier momento.» ■

Un elemento polar no tiene que ver con la negación o la afirmación, sino con la «no veracidad», tienen una sensibilidad polar con una dependencia semántica[281].

Los elementos polares que son autorizados por contextos no verídicos se espera que ocurran en tal contexto. Estos elementos polares no son gramaticalmente correctos en un contexto verídico, sin embargo son gramaticalmente correctos en un contexto no verídico. Los contextos no verídicos suelen ser aportados por los adverbios de modalidad, los verbos modales, cuando no se conserva la verdad de la proposición a la que acompaña. Estos son la negación, no aseveración de actos de habla tales como las cuestiones, imperativos, exclamativos, prótasis de condicionales o verbos intensionales. El caso del ejemplo es que *any* no debe estar en contextos verídicos para que sea gramatical. Este

[281] Para su definición véase «Varieties of polarity items and the (non) veridicality hypothesis», Anastasia Giannakidou en Hoeksema *et al.* (2001).

tipo de operadores anti-verídicos son negativos en cuanto aportan la falsedad de la proposición a la que acompañan.

También hay elementos que son llamados «bipolares»[282]. Estos elementos pueden funcionar en ambos contextos, como elementos de polaridad negativa débil o elementos de polaridad positiva débil[283]. Un ejemplo de este tipo de elementos sería el caso de *ooit* en holandés que podríamos traducirlo por «alguna vez» en español o «ever» en inglés. A continuación ofrecemos algunos ejemplos:

Ejemplo 6. *Weinig kinderen gaan* ooit *bij oma op bezoek.*

- Few children go ever with granny on visit.

- «Few children ever visit granny.»

- Pocos niños visitan alguna vez a la abuelita. ■

Ejemplo 7. *Geen van de kinderen gaat* ooit *bij oma op bezoek.*

- None of the children goes ever with granny on visit.

- «None of the children ever visits granny.»

- Ningun niño visita alguna vez a la abuelita. ■

Se podrían considerar las partículas *lā/ ʾal* como elementos polares, pues cambian su polaridad en relación con otros elementos, en relación a contextos verídicos o no verídicos. Sin embargo, no son exactamente polares, aunque su comportamiento parece similar al de los elementos bi-polares actuando en varios niveles. La gran diferencia es que las partículas *lā/ ʾal* no son vacías semánticamente, sino que tienen su propia semántica y eso es precisamente lo que se intenta clarificar en este trabajo. Además en la hipótesis que se propone aquí la partícula no sólo actúa a nivel subsentencial y forma parte de un paradigma más amplio teniendo como base una semántica negativa.

---

[282]He seguido la terminología de van der Wouden, más información y los ejemplos citados, véase van der Wouden (1997) p. 131 y ss.

[283]Hay otros autores que consideran que estos elementos son dos elementos léxicos diferentes que actúan uno como positivo y el otro como negativo, Hoeksema o Seuren, véase referencia en van der Wouden (1997) p. 132.

8.2.1.3. Distintas combinaciones entre negaciones Desde un punto de vista semántico, en todas las lenguas se producen diferentes relaciones entre las negaciones. En algunas de ellas las negaciones se refuerzan, mientras que en otras se cambia a positivo. Uno de los estudios más conocidos analiza las relaciones entre dos negaciones que siguen siendo negativas[284], lo que se produce es un refuerzo de la negación. Este tipo de negación es frecuente en las lenguas latinas y es conocido como el ciclo de Jespersen (*Jespersen cycle*). Este fenómeno se produce cuando la negación pre-verbal tiende a debilitarse gradualmente hasta que es reforzada por un indefinido post-verbal o una expresión de cantidad mínima la cual eventualmente acaba conteniendo la fuerza negativa. De esta forma la negación pre-verbal acaba desapareciendo y se mantiene el elemento post-verbal como elemento negativo[285].

Ejemplo 8. Ciclo de Jespersen con la negación en francés:

- Negación preclásica en Latín: *ne dico* «Yo no digo»
- Primer refuerzo de la negación, se añade el indefinido: *œnum* «una cosa»
- Forma la partícula pre-verbal: *noenum<ne-œnum* y se produce el clásico *non dico.*
- En francés antiguo: *jeo ne di «Yo no digo»*
- Refuerzo de la negación por añadir el indefinido post-verbal: *rien* (de rem «cosa»), *personne* o *pas* (de passum «un paso»)
- De esta forma se refuerza la negación: je ne dis pas.
- Con un indefinido que acaba por asociación convirtiéndose en negativo, en el habla coloquial acaba por desaparecer el *ne* permaneciendo como marca negativa el *pas: je dis pas.* ■

Hay otros análisis que realizan subdivisiones, diferencian varias combinaciones de las distintas negaciones en las lenguas. todas estas combinaciones producen un fenómeno conocido como[286]concordancia negativa (*Negative*

[284]Es un punto bastante discutido puesto que va en contra de la composicionalidad de la negación en las lenguas naturales.

[285]Véase para una explicación más detallada en Horn (1989 - 2001) p. 452 y ss. y para el análisis original véase Jespersen (1917).

[286]Seguimos en este punto en rasgos generales el estudio de van der Wouden. Para una explicación más detallada de las distintas combinaciones de la negación, véase en van der Wouden (1997) Parte III. La mayoría de los ejemplos son tomados de este mismo libro. Otro tipo de concordancias que no vamos a utilizar son lítotes, Negación (Denial) o negación enfática. La negación enfática es igual que la concordancia negativa. La diferencia es que la concordancia negativa no es opcional, mientras que la negación enfática si lo es.

concord). Es un fenómeno que ocurre cuando dos negaciones juntas se convierten en una sola. En estudios recientes se han diferenciado varios tipos de concordancia negativa[287].

- Concordancia difusa (*Negative spread*): ocurre cuando la negación resulta difuminada cuando va acompañada de expresiones indefinidas. Se basa en una sensibilidad semántica a los elementos léxicos. Puede explicarse teniendo en cuenta la cuantificación, así un cuantificador universal negativo se convierte en un cuantificador existencial[288]. El siguiente ejemplo del francés muestra la estructura.

  Ejemplo 9. *Person a rien dit.*

  «Nadie ha dicho nada» ■

- Negación doblada (*negation doubling*): ocurre cuando hay varios elementos negativos y continua siendo una negativa. Este tipo se basa en una sensibilidad semántica a un sólo elemento léxico. En el caso de nuestro ejemplo el *ne* o *n'* de la negación en francés[289].

  Ejemplo 10. *Je n'ai vu personne.*

  «No he visto a nadie» ■

- Negación paratáctica (*paratactic negation*): Es un tipo de concordancia negativa[290] que no se restringe a una cláusula. En una cláusula subordinada se usa una negación que produce una concordancia con el efecto de un verbo (verbo en cierto modo negativo) en la cláusula. Suele ocurrir con cláusulas dependientes de predicados adversativos tales como temer, prohibir y en algunos casos, dudar.

  Ejemplo 11. *Je crains qu'il ne vienne.*

  «Temo que venga[291]» ■

---

[287]Otro análisis usado para el estudio de la concordancia negativa es el análisis de Zeijlstra (2004). Véase apartado 10.3.3 para una explicación más detallada y su relación con la concordancia modal.

[288]Ello se puede explicar teniendo en cuenta el cuadrado de oposición aristotélico con cuantificadores. Véase explicación van der Wouden (1997) en p. 188.

[289]Según van der Wouden y Zwarts (First version 1992) la diferencia entre la negación doblada y la estructura de polaridad negativa es que la primera tiene una dependencia bidireccional entre el cuantificador negativo y la reduplicación, mientras que el elemento polar sólo depende de las propiedades semánticas del contexto y las propiedades semánticas del contexto no dependen del elemento polar. Este tipo de negación es la estudiada en el ciclo de Jespersen.

[290]La terminología de negación paratáctica viene de van der Wouden que a su vez la toma de Jespersen (1917), véase en van der Wouden (1997) p. 196. La hipótesis que plantea este autor es que este tipo de negación es una negación autorizada por un operador en una cláusula superior.

[291]Para decir en francés «temo que no venga» sería *Je crains qu'il ne vienne pas.*

En ugarítico no hay ocurrencias de varias negaciones a la vez, pero si hay relaciones con los elementos a nivel subsentencial, concretamente con la modalidad sentencial y subsentencial, que se asemejan a la estructura que hay en una concordancia negativa. Para el análisis de la concordancia negativo-modal, véase apartados siguientes.

8.3. Modalidad discursiva

Esta modalidad se puede asociar con los Actos de Habla. Los actos ilocucionarios son el centro de estudio. La fuerza ilocucionaria de una sentencia se definiría como su uso conversacional asociado convencionalmente a las propiedades formales de dicha sentencia[292]. La modalidad viene del orden de las palabras o la entonación, pero también puede provenir de marcas formales que incluyen determinados morfemas de modo. Sin embargo, por lo general, se considera como ilocucionarias a las sentencias independientes. Las más frecuentes son declarativas, interrogativas, prohibitivas, cohortativas, optativas e imperativas. El prohibitivo puede ser un imperativo negado, así como el cohortativo, imperativo y optativo pueden compartir la misma base. Hay que diferenciar el interrogativo, imperativo y optativo de la modalidad no discursiva de la duda, necesidad y volición.

Se pueden diferenciar varias formas de modalidad discursiva, pero como las anteriores, depende de la estructura de la lengua para situarlas en un plano o en el otro[293]:

1. Evidencialidad. Hay autores que no sitúan la evidencialidad dentro de la modalidad epistémica, considerando que es una modalidad discursiva. De ahí que se haya estipulado una semántica para los evidenciales mediante un operador ilocucionario que no contribuye al contenido de la proposición expresada[294].

2. Tipos de oraciones según la actitud del hablante. Se hace referencia a oraciones asertivas, interrogativas o imperativas. El caso de la aserción, se puede considerar como una categoría modal al mismo nivel que las otras o como la categoría principal. En las lenguas indoeuropeas es difícil de isolar materialmente, mientras que en otro tipo de lenguas aparece explícitamente mediante un paradigma asertivo basado en determinadas partículas que acompañan la sentencia[295].

---

[292] Una aproximación a la modalidad ilocucionaria puede verse en Hengeveld (2004) pp. 1190-1192, para los primeros estudios de la fuerza ilocucionaria en la teoría de los actos de habla Austin (1962); Searle (1969) y una introducción general a la pragmática Huang (2007).

[293] Véase Portner (2009) pp. 7-8.

[294] Para un análisis de la evidencialidad con el operador ilocucionario véase Faller (2002) y apartados siguientes.

[295] Más información sobre la aserción véase Ducrot y Schaeffer (1995) pp. 698-699.

3. Sentencias modales preformativas y modalidad en el discurso, por ejemplo la modalidad en la subordinación.

4. Un tipo de proferencia llamado negación metalingüística[296]. Ya se han mencionado los diferentes tipos de oraciones asertivas, interrogativas o imperativas. Hay autores que distinguen otro tipo de oración que denominan negación metalingüística. Este tipo de negación es una negación modal que determina la clase completa de la frase, otras veces llamada negación externa. Al menos algunos casos de esta negación externa pueden ser identificados con un fenómeno más general, es el uso del hablante de la negación para señalar su compromiso al aseverar, o al aceptar la aserción de otro, de una proposición dada de cierta forma. Este tipo de negación metalingüística no se centra en la verdad o falsedad de una proposición, sino en la asertivilidad de una proferencia[297]. De esta forma se producen lo que se ha llamado presuposiciones semánticas[298]:

Ejemplo 12. *Pedro no tiene tres hijos, Pedro tiene cuatro*[299]. ■

El hecho es que se produce una negación de la proferencia, más que una negación de la verdad a nivel semántico. Esta negación se ha considerado una negación pragmática por determinados autores. El hablante no está dispuesto a afirmar, se podría considerar un tipo de oración al mismo nivel que una oración asertiva, no como la negación de la verdad semántica. Es utilizada para objetar una proferencia anterior, más que para juzgar una proposición como falsa. En las lenguas puede aparecer como afijos en los verbos, como partículas negativas, elementos polares, diferente orden de palabras o como caso marcado. Este tipo de contextos negativos normalmente entran en estrecha relación con los contextos interrogativos. Sin embargo frecuentemente no parecen tener como base

[296]Un análisis más en profundidad sobre este tipo de negación metalingüística o negación externa se puede encontrar Horn (1989 - 2001) en pp. 362-444. Este autor utiliza su teoría escalar y las máximas pragmáticas para analizarla. Otra aproximación, un poco más breve que explica la negación como modalidad a nivel metalingüístico se puede encontrar en Ducrot y Schaeffer (1995) en pp. 698-703.

[297]Se entiende proferencia como cualquier acto verbal consistente en la emisión (bien por medio de nuestro aparato fonador, bien por algún medio mecánico) o en la inscripción de un signo o conjunto de signos.

[298]El caso más conocido de presuposición semántica es la relacionada con la famosa frase de *El rey de Francia no es calvo*. No es el caso que el rey de Francia es calvo, el hablante no se compromete aseverar que el rey de Francia sea calvo, no hay tal rey de Francia. Véase el análisis de esta frase con una teoría de la negación metalingüística y la diferenciación de una negación interna y una negación externa en Horn (1989 - 2001) en pp. 362-370.

[299]Este ejemplo de negación se basa en el principio Q de la cantidad de la máxima de Grice de ser informativo en la cantidad exacta.

> los elementos de polaridad negativa, pues los elementos polares actúan a nivel sub-sentencial, mientras que la negación metalingüística actúa a nivel de la proferencia[300].

La hipótesis que se plantea en este trabajo es precisamente que la negación ugarítica de *lā/ ʾal* funciona como paradigma negativo al mismo nivel que uno afirmativo y por lo tanto también a nivel discursivo. El paradigma negativo en ugarítico actúa en los tres niveles de la modalidad: sentencial, subsentencial y discursivo. Para un análisis detallado de este paradigma en ugarítico véase apartados siguientes.

9. Teorías semánticas de la modalidad

Ya se han explicado los diferentes niveles de modalidad que se pueden encontrar en las lenguas naturales y se han considerado los análisis tanto de polaridad negativa como de negación metalingüística como parte de esa modalidad. Los estudios que se han realizado sobre la modalidad usando como base la lógica corresponden a la semántica formal. A continuación se expondrán diferentes estudios formales para los evidenciales[301]. Téngase en cuenta que no todos los autores están de acuerdo con que los evidenciales tengan un enfoque principalmente semántico. De ahí el hecho de que muchos no acepten las teorías de la semántica formal para su estudio y deriven en teorías más de carácter pragmático. Un caso similar es el caso de lo que hemos llamado la negación metalingüística, en este punto hay opiniones similares.

9.1. Semántica formal para los evidenciales

Se ha intentado poner como ejemplo los evidenciales considerados dentro de la categoría de evidenciales directos . Estos son los que tienen como fuente de información una experiencia directa, muchas veces sensorial del hecho que predican. Así estos evidenciales se aproximan a lo que se ha llamado el paradigma aseverativo de una lengua[302]. Aunque hay que diferenciar este pa-

---

[300]Según Horn (1989 - 2001) pp. 397-402.

[301]Los primeros estudios de semántica formal para la modalidad en las lenguas naturales véase: para una visión general de la teoría de Kratzer véase Portner (2009) pp. 60-85 y en Nauze (2008) pp. 131-143. La teoría se puede encontrar en varios artículos Kratzer (1977, 1981, 1991). Una introducción a la semántica dinámica puede encontrarse en Portner (2009) pp. 85-99. El primer estudio con semántica dinámica Groenendijk y Stokhof (1991).

[302]Aunque el paradigma aseverativo y el evidencial directo tienen características diferentes, aquí se plantea que la mayor diferencia reside en sus relaciones con las diferentes modalidades de la lengua. Parece ser que un paradigma aseverativo tiene una estructura que se relaciona tanto a nivel interno como externo, es decir a nivel discursivo, sentencial y subsentencial. Mientras que el evidencial parece tener en la mayoría de los casos, no siempre, un *wide scope* con el resto

radigma aseverativo de la aseveración propia de las sentencias declarativas[303] que se refuerzan con la introducción de un evidencial directo. Este recurso de reforzamiento de las oraciones declarativas, ya sea mediante evidencial directo o paradigma aseverativo, no se encuentra en todas las lenguas, pero hay determinados casos en los que determinadas palabras funcionan como tal, este es el caso por ejemplo de la palabra *do* en inglés, *I do go*.

A continuación se expondrán tres teorías de semántica formal para los evidenciales. La primera de ellas se desarrolla dentro del campo de la semántica y la teoría de Kratzer de lógica modal para la modalidad[304]. La segunda entronca directamente con la pragmática y la teoría de los actos de habla de Austin y Searle, tomando el evidencial como una partícula ilocucionaria. La tercera usa semántica dinámica[305] e interpreta el evidencial como una estructura de probabilidad usando lógica epistémica probabilística.

9.1.0.4. Semántica formal para los evidenciales como modales epistémicos Esta formalización parte de que un evidencial es un modal epistémico, por lo que la teoría de Kratzer para la modalidad en las lenguas naturales es aplicable a su vez a los evidenciales. Las marcas evidenciales introducen una cuantificación sobre mundos posibles y se restringen a los *background* conversacionales[306].

Esta corriente de formalización considera que los evidenciales codifican la fuente de información y ofrecen la certeza, mientras que los modales, tal y como se han estudiado anteriormente, lo que dan es la fuerza, la fuerza cuantificacional. Así determina que un modal epistémico debe elegir entre distinguir la fuente de información o distinguir la fuerza, pero no puede hacer ambas distinciones. Para la exposición de la semántica formal vamos a utilizar el evidencial en St'át' imcets *-an'*[307]. Este evidencial es considerado un evidencial directo, es decir que la fuente de información es directa, ya sea mediante experiencia sensorial o inferencia basada en resultados o evidencias observables.

---

de elementos de la lengua. Ambos tienen una estructura semántica que se puede captar a través de un operador de conocimiento. Véase más adelante en la página 128.

[303] Se distingue entre las sentencias declarativas de la lengua, el evidencial directo y el paradigma aseverativo. El evidencial directo tendrá un uso externo, mientras que el aseverativo tendrá un uso interno y externo.

[304] Véanse Kratzer (1977, 1981, 1991).

[305] Una introducción a la semántica dinámica puede encontrarse en Portner (2009) pp. 85-99. Otra obra de referencia para la semántica dinámica aplicada a la lógica de predicados de primer orden es Groenendijk y Stokhof (1991).

[306] En nuestra exposición vamos a utilizar los estudios de los evidenciales en St'át' imcets, véanse Matthewson *et al.* (2007); Matthewson (2010). El St'át' imcets es la lengua hablada por los Lillooet, grupo nativo norteamericano que vive en la Columbia Británica, Canadá.

[307] Véase explicación de este y otros evidenciales en Matthewson *et al.* (2007).

Ejemplo 13. (Matthewson *et al.* (2007) pp. 10-11) Contexto: eres un profesor, entras en la clase y te encuentras una caricatura que te representa dibujada en la pizarra. Sabes que a Silvia le gusta pintar caricaturas.

- *nílh-as-an' s-Sylvia ku xílh-tal'i*

- «Aparentemente, ha sido Silvia quien la hizo».

- Sólo puedes decirlo si puedes ver a Silvia escondida detrás de la puerta.

■

Los evidenciales aportan la certeza, de ahí que el siguiente ejemplo aportado por Matthewson *et al.* (2007) en p. 21 se considere contradictorio por su informante:

Ejemplo 14. *#wá7-as-an' kwis, t'u7 aoz t'u7 k-wa-s kwis*

- «Aparentemente está lloviendo, pero no está lloviendo» ■

Parece ser que este evidencial prefiere una interpretación mediante cuantificación universal y que es incorrecto en la cuantificación existencial[308]. Así la formalización sería la siguiente:

Definición 15. $MODAL(p)$ es verdadero con respecto a una base modal B y en un mundo posible w ssi:

- $\exists W\,[W \subseteq B(w) \wedge W \neq \emptyset \wedge \forall w'\,[w' \in W \rightarrow p(w')]]$ ■

El modal es interpretado con respecto a una base modal B y un mundo posible w (el mundo de evaluación). $B(w)$ es el conjunto de mundos accesibles desde el mundo evaluado w dada una base modal B. La función modal f elige un conjunto de mundos que son accesibles desde el mundo actual. Así tenemos dos parámetros contextuales, la base modal B y la función de elección f. La función f es un parámetro variable que se determina por el contexto. Tenemos que en la semántica de Matthewson *et al.* (2007) todos los modales se cuantifican universalmente, lo que se restringe es el sub-conjunto de mundos a los que son accesibles $B(w)$ y se restringe mediante la función f. Así el análisis de *-an'* requiere que la base modal contenga todos aquellos mundos en los que la evidencia sea percibida en w. Los modales, o al menos los modales epistémicos normalmente eligen entre especificar el grado de certeza o la fuente de información, pero no los dos al mismo tiempo.

[308] Aunque en algunos casos también puede admitir una existencial, véase Matthewson *et al.* (2007) p. 59. Ello lleva a pensar que no es un evidencial puramente directo.

9.1.0.5. Evidencial con operador ilocucionario Un evidencial es el código lingüístico de la base de un hablante para realizar un acto de habla, es una aseveración del tipo de fuente de información. Se considera a los evidenciales como estructuras que funcionan a un nivel discursivo. Debido a ello se formalizan mediante un operador que determina un acto ilocucionario[309]. Este tipo de análisis coincide con los análisis que hemos indicado anteriormente, análisis que no consideran el evidencial como un modal epistémico[310]. La definición de modalidad epistémica para estos autores se reduce a la necesidad y la posibilidad de las creencias de un agente. Afirman que el evidencial no es un modal epistémico porque este indica el conocimiento, la certeza del agente y no su posibilidad o su necesidad. Hay una diferencia entre la certeza del hablante que da su fuente de información y el juicio del hablante sobre la verdad de una proposición. El modal epistémico, forma parte del enunciado *p*, mientras que el evidencial actúa a un nivel discursivo.

A continuación explicaremos brevemente como funciona la formalización a través de un operador ilocucionario para *−mi* en quechua[311]. Este evidencial se ha llamado evidencial directo, aunque se trata de una aserción y hay autores que afirman que no es sólo directo en el sentido de un evidencial directo con información sensorial directa[312].

Ejemplo 16. *Para-sha-nmi*

- *p*= «Está lloviendo». Proposición sin el evidencial.
- *Evidencial*: *-mi*= el hablante ve que *p*. ■

Así se considera que *-mi*:

- Codifica el valor evidencial de que el hablante tiene la mejor fuente posible de información para la proferencia. El mismo tipo de evidencial es implicado en las simples aseveraciones.

---

[309] Para más información véase Faller (2002) usando como lengua el cuzco-quechua. Lengua hablada en Perú meridional, Bolivia y el noroeste de Argentina.

[310] Véase Aikhenvald y Dixon (2003); Aikhenvald (2003, 2004, 2006); de Haan (1999, 2001a,b, 2005, 2011a,b,c). Téngase en cuenta que estos autores no dan una semántica formal, pero si niegan que un evidencial sea un modal epistémico a pesar de que en algunos casos puedan coincidir las dos categorías.

[311] Aquí vamos a exponer sólo la semántica de *-mi*. Para la semántica de este y de otros operadores ilocucionarios en quechua véase Faller (2002). Considera que no es un operador lógico epistémico porque no actúa *scopally* con otros operadores y *-mi* tiene siempre amplio alcance (*wide scope*). No puede entrar en el alcance de la negación sentencial. Sin embargo no creo que sea una razón suficiente, ya que los operadores lógicos pueden en su definición determinar el tipo de alcance que tienen y podría perfectamente captar el ancho alcance del evidencial *-mi*. Para las razones en contra de un operador lógico epistémico véase en Faller (2002) nota 14, p. 144.

[312] No es directo (sensorial) porque también es feliz la frase: p= *Inés está triste*, Evidencial= *Inés dijo al hablante que está triste*.

- Tiene un alto nivel de certeza asociado con las proferencias aseverativas con o sin *-mi*. Este nivel de certeza se alcanza por una condición de sinceridad de la fuerza ilocucionaria de la aseveración que el hablante cree la proposición expresada.

- Es un operador ilocucionario el cual modifica las condiciones de sinceridad de un simple acto de habla añadiendo la condición de que el hablante tiene las mejores razones posibles para realizar este acto de habla.

La formalización sería la siguiente para una sentencia en quechua con un evidencial que indica las mejores razones posibles para aseverar[313]:

Ejemplo 17. *Hatum tayta-y-pa suti-n Juan-mi ka-rqa-n.*

- p= «El nombre de mi abuelo era Juan». Proposición sin el evidencial.

- Evidencial: *-mi*. El hablante conoció a su abuelo. Es una certeza.

- $BestPossibleGround(s,p) \longrightarrow Certeza(s,p)$

- o $Bel(s, BestPossibleGrounds(s,p)) \rightarrow Certeza(s,p)$[314] ■

Donde $BestPossibleGround(s,p)$ significa[315] que el hablante s tiene evidencia, la mejor de los fundamentos posibles para asegurar la proposición p, y s tiene certeza de que p es verdad. La flecha es una implicación material[316] y *Bel* es la creencia.

Por contraposición y para una mejor explicación del paradigma de *-mi*, se analiza la aseveración sin el evidencial y la aseveración con el evidencial. Cuando se realiza una aseveración el hablante tiene que creer que lo que asevera es verdadero. Esto normalmente se expone en la teoría de actos de habla como la condición de sinceridad.

Así una aseveración sin evidencial se define con la formalización del operador ilocucionario de la siguiente forma:

Definición 18. (Faller (2002) p.161) Considerando que las condiciones de sinceridad asociadas con un acto de habla son un conjunto *SINC* de estados mentales o actitudes proposicionales de la forma $m(s,p)$. El hablante s tiene la actitud mental m a través de la proposición p. El conjunto *SINC* para la aseveración es dado en el apartado 2, mientras que *Bel* es el predicado de creencia.

---

313 Véase ejemplo en Faller (2002) p. 126.

314 Si el hablante cree que tiene las mejores razones posibles para hacer la proferencia, estará seguro de estar en lo cierto. Véase Faller (2002) nota 24, p. 152.

315 A partir de aquí *BestPossibleGround* «el mejor de los fundamentos posibles» aparecerá como BPG.

316 Otros autores han usado $EvidenciaDirecta(s,p)$, pero parece que no funciona para todos los tipos de evidenciales, véase Faller (2002).

1. Si una sentencia con el contenido proposicional *p* está en modo indicativo y no contiene ninguna marca modal o (ciertos) evidenciales, la proferencia de esta sentencia por el hablante *s* es una aseveración de p: $ASSERT_s(p)$

2. $SINC = \{Bel(s,p)\}$ ■

Así se sigue que si el hablante *s* sinceramente asevera *p*, *s* cree que *p* (BEL(s,p)), tiene las mejores razones posibles para creerlo:

- $ASSERT_s(p) \wedge Sincere(S) \Rrightarrow BPG(Bel(s,p))$[317]

La diferencia de la aseveración normal y la aseveración con evidenciales se realiza al atribuirle a la aseveración normal una categoría de fuerza neutral representada como 0, mientras que a la aseveración con el evidencial *-mi* se le asigna una fuerza +1. La contribución de *-mi* añade la condición de sinceridad de que el hablante tiene la mejor de las evidencias posibles al conjunto de las condiciones de seguridad de las simples aserciones. Es un modificador ilocucionario.

9.1.0.6. La evidencialidad desde una perspectiva de semántica dinámica En este apartado se expondrá brevemente el análisis de los evidenciales de McCready y Ogata (2007). Este análisis usa una semántica dinámica probabilística y considera que la evidencialidad inferencial es parte de la modalidad epistémica. Sin embargo la evidencialidad de segunda mano no tiene ese componente modal. Utiliza como lengua el japonés, lengua que posee varios tipos de evidenciales y no siempre tienen *wide scope*, sino que interactúan con la negación y la modalidad de la lengua. Así, el análisis se centra en tres puntos principales[318]:

1. Se muestra cómo no todos los evidenciales tienen características semánticas de largo alcance y de no interacción con las afirmaciones, tal y como hasta ahora se había asociado con algunos evidenciales en algunas lenguas. Pueden ser incrustados en condicionales y en un tipo de negación externa, así como en una subordinación modal.

2. Se muestra cómo la clase de los evidenciales inferenciales en Japonés se comporta como un tipo de operador modal, uno que explícitamente especifica el tipo de evidencias en el que se basa el juicio del hablante.

[317]Faller considera Bpg como un predicado de orden superior para actitudes proposicionales. El símbolo $\Rrightarrow$ es usado como implicatura siguiendo a Levinson (2000), se refiere a lo que es sugerido en una proferencia. Véase Faller (2002), p. 161.

[318]El análisis detallado de la sintaxis y la semántica de una lógica dinámica probabilística puede verse en McCready y Ogata (2007).

Se plantea que este tipo de evidenciales funcionan de una forma similar a las anáforas en el discurso. En las anáforas se introduce un antecedente que cambia el estado la información y puede ser referido por un pronombre. En el caso del evidencial, una pieza de información puede ser introducida, cambiando el estado de información de forma que permite el uso de una expresión que «en busca de» la presencia de evidencias de alguna clase. Así considera que estos evidenciales en japonés no pueden ser usados cuando la evidencia es demasiado fuerte, es decir conocimiento seguro.

3. Se muestra cómo los evidenciales en Japonés pueden ser modelados de una forma intuitiva y natural usando una combinación entre dinámica y probabilidad. La clave del análisis es, que la evidencialidad no sólo envuelve una aserción, sino que también incluye un elemento relativo a la probabilidad del juicio del hablante y la expectación.

A continuación se expondrá brevemente su teoría, y se expondrán las diferencias con la propuesta que se ofrece en este trabajo.

Define un lenguaje $L_{E,\triangle,F}$ y su semántica dinámica probabilística. Los operadores que utiliza son:

- $E^i_a\varphi$ indica que de acuerdo con el agente a, hay una evidencia la cual está indexada por i y descrita por φ. Donde $Sort(i) \in$ {táctil, auditivo, sentido interno, visual}, $E^i_a\varphi$ es una sentencia ocasional en el sentido de Quine, una descripción directa de una situación directamente observada o percibida por el agente a.

- $\triangle^i_a\varphi$ es una sentencia marcada con un evidencial inferido, significa que φ está avalada por una evidencia indexada por i con incertidumbre acorde al agente a.

- $H^i_a\varphi$ indica que φ es modificada por un evidencial de segunda mano según el agente a basado en una fuente i. Este tipo de evidencial no es un modal epistémico.

- $\varphi_1 \Rightarrow \varphi_2$ es una implicación que representa un condicional cuyo significado es definido como un condicional probabilístico de la forma descrita en Halpern (2003).

Definición 19. Evidencial inferido: la sentencia siguiente requiere que la certeza del agente a sobre φ sea menos que completa:

- $\triangle_a\varphi$ es una sentencia φ modificada por el evidencial *rashii, mitai,* y *yoo* y usada por a.

- Se dice que $\triangle_a\varphi$ es verdadero con respecto a una medida de probabilidad μ sí y solo sí 0.5<$\mu(\parallel \varphi \parallel) < 1$, donde en términos generales $\parallel \varphi \parallel - \{w \in W \mid w \models \varphi\}$ y W es un conjunto de mundos posibles. φ no puede ser verdadero en todos los mundos accesibles. ■

Ejemplo 20. (McCready y Ogata (2007) p.183) Evidencial inferido:

- *Neko-no koe-ga suru. Neko-no koe-ga sureba neko-ga iru. Dakara, neko-ga iru* **yooda**.
- caat-Gen voice-Subj is-perceived cat-Gen voice-subj is perceived. Cond cat-Subj exist therefore cat-Subj exist Evid.
- «I perceive the voice of a cat (there). If I perceive the voice of a cat (there), there is a cat (there). Therefore, there seems to be a cat (there).»
- «Percibo el sonido de un gato (allí). Si percibo el sonido de un gato (allí), hay un gato (allí). Por lo tanto, parece que hay un gato (allí)»
- $E_a^i(\varphi)$ indica que φ es una evidencia adquirida a través de i por el agente a.
- $E_a^i\varphi, \varphi \Rightarrow \psi \models \triangle_a^i\psi$ ■

El evidencial de segunda mano no se considera un evidencial epistémico porque no tiene un verdadero componente modal. Se tratan estos evidenciales como simples pruebas de existencia de un evento pasado que adquirió la evidencia de segunda mano de φ y se introduce el nuevo operador H_a:

Ejemplo 21. (McCready y Ogata (2007) pp. 186 y 189) Evidencial indirecto:

- H_a indica que a tiene la experiencia de un evento de adquirir de segunda mano el conocimiento $E_a^h\varphi$, en algún momento pasado.
- Taroo-ga$_1$ niwa-ni$_2$ neko-ga$_3$ iru to itta$_3$
    - Taro-Nom garden-in cat-NOM exist COMP said
    - «Taro said there is a cat in the garden»
    - «Taro dice que hay un gato en el jardín»
    - $\exists x_1.x_1 - Taroo \wedge E_{x_1}^{i_3}\exists x_2.(garden \quad x_2) \wedge \exists x_3.(cat\ x_3) \wedge exist\ x_3 x_2))$
- dakara niwa-ni$_2$ neko-ga$_3$ iru soo-da$_3$
    - therefore garden-in cat-NOM exist SOO_DA

- «Therefore (I heard) there is a cat in the garden»
- «Por lo tanto (he oido) que hay un gato en el jardín»
- $H_{x_1}^{i_3}(\exists x_2.(garden)x_2) \wedge \exists x_3.(cat\ x_3) \wedge (exist\ x_3 x_2))$ ■

Desde el punto de vista de este trabajo, los evidenciales no aportan esa estructura de probabilidad porque lo que aportan es el conocimiento cierto, lo que determinan son las evidencias de ese conocimiento, pero no juzgan o evalúan esas evidencias, simplemente las explicitan. A pesar de que la estructura probabilística pueda coincidir con la estructura de los evidenciales en japonés, creo que para la mayoría de los evidenciales no se produce tal juicio del hablante con respecto a las evidencias, debido a ello creo que puede resultar más adecuado un tratamiento de los evidenciales mediante el operador *K* y diferenciándolo del operador *B*[319]. La diferenciación entre los evidenciales directo, indirecto e inferencial, no creo que sea una diferencia del grado de probabilidad. En el caso del indirecto, como se verá más adelante, puede ser formalizado desde una perspectiva multi-agentes y sigue siendo un modal epistémico, sólo que entran en juego dos operadores intensionales y varios agentes. El caso del inferencial, necesita de un trabajo más en profundidad que no se va a realizar aquí, pero creo que es posible mediante una lógica epistémica dinámica sin necesidad de introducir una probabilidad juzgada por el hablante. Por otro lado, este trabajo coincide con el trabajo de McCready y Ogata (2007) en que algunos evidenciales, según las lenguas, no tienen porque tener largo alcance y pueden entrar en relación con la modalidad y la negación de la sentencia. En concreto, para la negación habría que establecer en cada lengua si se trata de una relación con la negación externa, interna o con un paradigma negativo como el que se desarrolla en este estudio.

9.2. Lógica epistémica dinámica para los evidenciales

Ya se han explicado las razones por la que los evidenciales no se consideran modales. Estas razones derivan de la definición de una modalidad como algo que aporta la necesidad y la posibilidad a la proposición, pero no la certeza. En cuanto a la lógica epistémica es una lógica modal (donde el operador que aléticamente es considerado «necesidad», ahora se interpreta como «se sabe que») o bien una lógica multimodal (cuando hablamos de muchos agentes y diferentes operadores). Eso es precisamente lo que aporta, la certeza del agente, el

[319] Véase más adelante en en la página 119. Esta falta de juicio del hablante coincidiría con una perspectiva como la planteada por Aikhenvald (2003, 2004, 2006); de Haan (1999, 2001a,b, 2005, 2011a,b,c). Creo que no es una creencia, sino un conocimiento con pruebas por lo que no sería adecuado definir los evidenciales mediante el grado de probabilidad atribuida por el hablante a la proposición.

conocimiento del agente, que tendría que ser avalado por ciertas evidencias[320]. Estas evidencias que hacen posible el conocimiento del agente serían lo que determinarían cada tipo de evidencial. Considero que un paradigma evidencial representa el conocimiento del agente, lo que un agente sabe y por lo tanto susceptible de ser analizado con lógica epistémica dinámica. Como se ha visto en semántica dinámica, el significado se da por la actualización del la proposición, considerando la transmisión de la información, las acciones epistémicas como la estructura posible en una conversación al utilizar los evidenciales, los operadores epistémicos.

La lógica epistémica dinámica estudia el cambio de información, la comunicación entre agentes, teniendo como base la lógica epistémica. Bajo este nombre se encuentran numerosas extensiones de lógica epistémica que usan operadores dinámicos. Estos operadores nos permiten formalizar el razonamiento sobre el cambio de información. Las fuentes de la lógica epistémica dinámica son los desarrollos en lingüística formal[321], ciencias de la computación y lógica filosófica.

El sistema que vamos a utilizar para una primera exposición es el sistema más usado en lógica epistémica dinámica, el sistema **S5**[322].

Para una adaptación a los diferentes tipos de evidenciales lingüísticos sería necesario ir analizándolos en una lengua en particular uno por uno y viendo sus relaciones y su comportamiento. El análisis ofrecido en este estudio se limita a exponer los rasgos generales y se centra en los siguientes apartados en el análisis del paradigma evidencial positivo-negativo del ugarítico.

9.2.1. Lógica epistémica

9.2.1.1. Sintaxis El lenguaje básico está formado por un conjunto contable de proposiciones atómicas P y un conjunto finito de agentes A. Las proposiciones atómicas $p, q, ...$ definen algún estado en el «mundo actual». p es una proposición atómica arbitraria de P y a es un agente arbitrario de A.

Definición 22. Siendo P un conjunto de proposiciones atómicas, y A un conjunto de símbolos-agentes. El lenguaje L_K, lenguaje para la lógica epistémica multi-agentes, se genera por las siguientes :

---

[320]En otro caso estaríamos hablando quizás de un operador de creencia más cierta o menos cierta y entraríamos en las teorías de la revisión de creencias (belief revision).

[321]Para las investigaciones en lingüística formal que interpretan el significado como update, véase Groenendijk y Stokhof (1991).

[322]Una explicación detallada puede encontrarse en van Ditmarsch *et al.* (2008). Esta exposición seguirá este libro en rasgos generales, sin embargo se irá adaptando a las necesidades de la evidencialidad lingüística teniendo en cuenta la evidencialidad en general. Una formalización mediante tablas semánticas de la lógica epistémica y la de creencia véase Gómez-Caminero (2011).

$\varphi ::= p \mid \neg\varphi \mid (\varphi \wedge \varphi) \mid K_a\varphi \mid E_B\varphi$ ■

A partir de aquí se pueden construir fórmulas complejas. Para cualquier agente a, $K_a\varphi$ es interpretado como «el agente a sabe que φ». Este lenguaje epistémico es sólo una extensión de la lógica proposicional añadiendo los agentes. Cuando «a no sabe que $\neg\varphi$» , $(\neg K_a\neg\varphi)$, o «φ es consistente con el conocimiento de a» o «el agente a considera posible φ», lo escribimos como $\hat{K}_a\varphi$[323]. Para cualquier grupo B de agentes de A, «todo el mundo en B sabe φ», se escribe $E_B\varphi$ y se define como la conjunción de todos los individuos en B sabiendo φ[324]:

Definición 23. Operador E_B para todo $B \subseteq A$:

- $E_B\varphi = \bigwedge_{b\in B} K_b\varphi$

9.2.1.2. Semántica Para la semántica se usa un caso especial de los modelos de Kripke, se usan las nociones de no distinción y de estado.

Ejemplo 24. Dos casas diferentes, en una vive Montse y Bárbara, en la otra Patricia y Ana. Suponemos que tenemos un agente b, que designa a Bárbara y un agente a que designa a Ana. Denotamos que «Montse está en casa» con m y que «Montse no está en casa» $\neg m$. De la misma forma que «Patricia está en casa» sería p y que «Patricia no está en casa» sería $\neg p$. El agente a y el agente b están en sus respectivas casas. ■

Identificamos por el momento estado con un estado posible del mundo, hay 4 estados posibles (p,m), $(p,\neg\mathrm{m})$, $(\neg\mathrm{p},\mathrm{m})$, $(\neg\mathrm{p},\neg\mathrm{m})$. Así la situación para el agente a es que no puede distinguir entre m y $\neg$m. El agente a sólo tiene experiencia directa de p o $\neg p$, por lo que sólo puede afirmar o negar que sabe esto último.

[323] Este operador funciona como el $\Diamond$ en lógica modal. Nos da la posibilidad de φ, definida en función del $\Box$. $\Diamond\phi \Leftrightarrow \neg\Box\neg\phi$.

[324] En van Ditmarsch *et al.* (2008) nos encontramos con más operadores como $C_B\varphi$ para «todo el mundo en B sabe φ y todos saben que todos lo saben». Aquí no se van a explicar estos operadores porque no son necesarios para la evidencialidad directa e indirecta, en un principio. Este tipo de operadores podrían ser útiles para estudiar otros tipos de evidencialidad de conocimiento de grupos. Ello dependerá del paradigma en una lengua determinada.

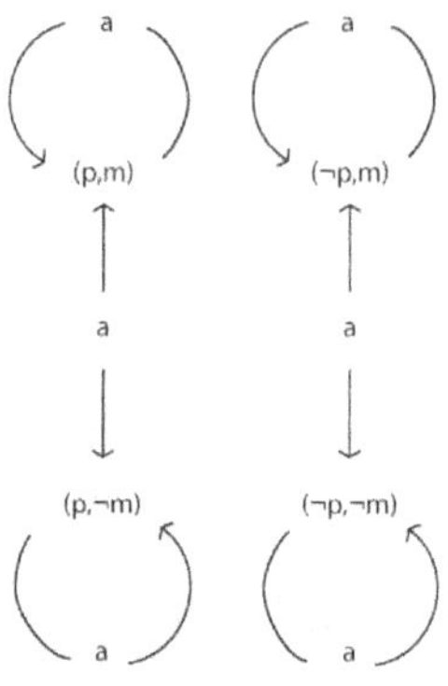

Figura 9.1: Modelo M_1

La situación que se representa en el modelo M_1 es que el agente a (Ana) no puede distinguir entre m y $\neg m$ (no puede decir si Montse está o no en casa porque no tiene experiencia directa), sólo puede distinguir entre p y ¬p (sólo puede saber si Patricia está o no en casa). Las flechas se leen como el agente a va del estado s al estado t, «dado el estado s, teniendo en cuenta la información de a, puede ser también t».

Definición 25. Dado un conjunto contable de proposiciones atómicas P y un conjunto finito de agentes A, un modelo de Kripke es una estructura $M =< S, R_A, V_P >$, donde

- S es un conjunto de estados. El conjunto de S es además llamado $D(M)$ de M.

- R$_A$ es una función que establece para cada $a \in A$ una relación de accesibilidad $R_A(a) \subseteq SxS$. A menudo se escribe R_a o (sR_at).

- $V_P : P \rightarrow 2^S$ es una función de valuación que para todo $p \in P$ sostiene el conjunto $V_P(p) \subseteq S$ de estados en el cual p es verdadera. ■

De esta forma se interpretan fórmulas en estados. En la formalización de Kratzer (formalización aceptada por un gran número de lingüístas para la modalidad lingüística), el contexto se añadía mediante una función $f(w)$ que restringía a los contextos compatibles con la información o la modalidad que se trataba. Aquí se ha elegido directamente la modalidad epistémica, por lo que los contextos se reducen a la información que tiene el agente, lo que sabe[325].

[325]Recuérdese que se habla de lo que sabe un agente, no de lo que cree. Este tipo de lógica daría cuenta de un evidencial puesto que no se realiza una graduación de la creencia, se habla de un conocimiento cierto del agente debido a experiencias comprobables. Se trata de una especie de evidencial directo.

Otro parámetro que en la formalización de Kratzer variaba según el contexto eran las relaciones de accesibilidad. En lógica epistémica las relaciones de accesibilidad son funciones entre los estados de información de los diferentes agentes. Hasta este punto podría considerarse la formalización de la lógica epistémica como una especificación epistémica de la formalización general de Kratzer[326], ya que todavía no se ha introducido la dinamicidad.

Se introduce el operador epistémico, es decir en el escenario anterior se puede decir que el agente a sabe que p («Ana sabe que Patricia está en casa»), pero no sabe si m o $\neg m$ («no sabe si Montse está en casa o no»).

Necesitamos definir el operador E_B, operador de necesidad y la relación de accesibilidad que necesitamos puede definirse en términos de las relaciones $R_a(a \in A)$.

Definición 26. Siendo S un conjunto y $R_b(b \in B)$ un conjunto de relaciones en él. Esta relación R_b es un conjunto $\{(x,y) \mid R_bxy\}$.

- Siendo $R_{E_B} = \bigcap_{b \in B} R_b$

- El cierre transitivo de la relación R es la relación más pequeña R^+ tal que:

  1. $R \subseteq R^+$;
  2. para todo x, y, y z, si $(R^+xy \& R^+yz)$ entonces R^+xz

  Si para todo x, R^+xx, obtenemos el cierre transitivo reflexivo de R, que se denota por R^*.

Nótese que R^*xy si y es alcanzable desde x usando sólo $R-pasos$. Exactamente tenemos lo siguiente:

1. Si R es reflexiva, entonces $R^+ = R^*$.

2. R^+xy ssi $x = y$ y Rxy o además para algún $n > 1$ hay una secuencia $x_1, x_2, ... x_n$ tal que $x_1 = x, x_n = y$ y para todo $i < n, Rx_ix_{i+1}$. ∎

Definición 27. Las fórmulas epistémicas son interpretadas en un par (M,s) que consiste en un modelo de Kripke $M =< S, R_A, V_P >$ y un estado $s \in S$. Cuando se escribe (M,s) se asume que $s \in D(M)$. Así en un modelo $M =< S, R_A, V_P >$ se define que la fórmula φ es verdadera en (M,s), también escrito como $M,s \models \varphi$:

- $M,s \models p$ ssi $s \in V(p)$

[326] Véase Kratzer (1977, 1981, 1991)

- $M,s \models (\varphi \wedge \psi)$ ssi $M,s \models \varphi$ y $M,s \models \psi$

- $M,s \models \neg\varphi$ ssi no $M,s \models \varphi$ o escrito de otra forma $M,s \not\models \varphi$

- $M,s \models K_a\varphi$ ssi para todo t tal que sR_at, $M,t \models \varphi$

- $M,s \models \hat{K}_a\varphi$ ssi hay un t tal que sR_at, $M,t \models \varphi$

- $M,s \models E_B\varphi$ ssi para todo t$\in S$, sR_Bt implica $M,t \models \varphi$ ■

El agente a sabe φ en un determinado estado (M,s) si y sólo si la afirmación es verdadera en todos los estados que el agente considera posibles dado s. No hay margen a la posibilidad dentro de la formulación[327].

Por otro lado está el operador de «todos en B saben φ». φ es conocimiento de todos los individuos pertenecientes a B en s, si φ es verdadera en todos los estados que son alcanzables desde s, usando cualquier accesibilidad de cualquier agente en B. B es un grupo de agentes de A, y la relación R_B se define a partir de R_a para todo $a \in B$ siendo $B \subseteq A$.

Ejemplo 28. El escenario anterior se formularía de la siguiente forma, el conocimiento de Ana sería (estando en casa Patricia y Montse):

- $M_1 < p,m > \models K_a p \wedge \neg K_a m \wedge \neg K_a \neg m$

  «Ana sabe que Patricia está en casa, pero no sabe si Montse está en casa o no lo está.»

A esto se le puede añadir el conocimiento de Bárbara que sabe que Montse está en casa, pero no sabe si Patricia está o no en casa :

- $M_2 < p,m > \models K_a p \wedge \neg K_a m \wedge \neg K_a \neg m \wedge K_b m \wedge \neg K_b p \wedge \neg K_b \neg p$ ■

Ya se ha indicado que normalmente se usa el sistema **S5** en lógica epistémica dinámica. La lógica epistémica básica es la lógica **K**, es el sistema mínimo de lógica modal y en ella se cumplen los siguientes axiomas:

$K_a(\varphi \rightarrow \psi) \rightarrow (K_a\varphi \rightarrow K_a\psi)$	Distribución de K_a sobre $\rightarrow$

Cuadro 9.1: Axiomas del sistema **K**

Este axioma se llama normalmente *axioma K*. Un operador que cumpla el axioma K se considera un operador modal normal. A esta lógica mínima se le van añadiendo axiomas para los sistemas más fuertes.

[327] Se precisa la certeza del agente, la evidencialidad.

$K_a\varphi \rightarrow \varphi$	Verdad	**T**	**T**	**K+T**	Reflexivo
$K_a\varphi \rightarrow K_aK_a\varphi$	Introspección positiva	**4**	**S4**	**T+4**	Reflexivo y transitivo
$\neg K_a\varphi \rightarrow K_a\neg K_a\varphi$	Introspección negativa	**5**	**S5**	**S4+5**	Reflexivo, transitivo y simétrico

Cuadro 9.2: Axiomas **T**, **4** y **5**. Correspondencia de sistemas.

El conocimiento que se expresa en estos axiomas es una estructura de conocimiento idealizada. Así se idealiza el conocimiento por el axioma de la verdad. Lo que es conocido tiene que ser verdadero ($K_a\varphi \rightarrow \varphi$). De esta misma forma los agentes saben lo que saben, pero además saben lo que no saben. Para agentes humanos, esto resulta poco realista, pero para los agentes artificiales es útil. En este caso lo que se va a modelar es la comunicación del conocimiento que hace un agente mediante el lenguaje natural. Las expresiones que denotan el conocimiento expresamente del hablante a la hora de realizar una proferencia. Lo que se pretende modelizar es cuando en una conversación un agente es capaz de transmitir su conocimiento, un conocimiento cierto para el que tiene evidencias. Debido a ello, por el momento se va a usar el sistema más fuerte en **S5** [328].

9.2.2. Creencia y conocimiento

Como se ha indicado anteriormente, los autores que afirman que la evidencialidad no es una modalidad epistémica se basan en que la evidencialidad es conocimiento cierto (con evidencias), mientras que consideran que la modalidad es sólo la posibilidad o necesidad de la creencia de un agente[329]. Se propone que tanto la evidencialidad como la graduación de la creencia forman parte de una modalidad epistémica lingüística[330]. Estas modalidades lingüísticas de creencia y de conocimiento pueden formalizarse mediante lógica epistémica. La diferencia es que una determina el conocimiento cierto de un agente y la otra determina la creencia[331].

[328]Existen varios problemas para la modelización del conocimiento en lógica epistémica, entre ellos que un agente tiene que ser un lógico perfecto y conocer todas las verdades lógicas o que tiene que, no sólo saber lo que sabe, sino también lo que no sabe. A pesar de que para el conocimiento humano puede plantear problemas el hecho de usar DEL, creo que es útil para la formalización de la estructura de los evidenciales.

[329]Véase Aikhenvald (2003, 2004, 2006); de Haan (1999, 2001a,b, 2005, 2011a,b,c).

[330]Este punto de vista ha sido tomado por varios autores. Análisis en los que incluyen los evidenciales en la modalidad epistémica véase Palmer (2001).

[331]Estas dos formas de expresar una modalidad epistémica en las lenguas ya fue propuesta en Matthewson *et al.* (2007), sólo que aquí se especifica su formalización y la expresión exacta de los operadores.

La definición de conocimiento, al menos desde Platón, es como creencia cierta o justificada. Cuando utilizo la expresión «Yo sé, conozco (I know)», me refiero a que tengo todas las evidencias que puedo tener. Al proferir «yo sé» no sólo me comprometo con que yo sé, sino también con que estoy en situación para hacerlo, tengo evidencias directas y suficientes para afirmar la sentencia[332]. Esta es la interpretación de «conocimiento» representado por el operador *K* de conocimiento.

Podemos definir epistemología como el estudio del conocimiento y de la creencia justificada. Ello incluye cuales son las condiciones necesarias y suficientes para el conocimiento, sus fuentes y su estructura. En un sistema evidencial lingüístico, la justificación de la creencia, el conocimiento, vendría de las evidencias directas especificadas en la misma estructura. Así la transmisión de ese conocimiento incluye también las evidencias directas de esa creencia justificada. Por otro lado, tenemos diferentes tipos de conocimiento. Está por un lado el conocimiento proposicional (saber que algo es verdad) y el procedural (saber hacer algo). El conocimiento que estudia la epistemología es el conocimiento proposicional, es el mismo tipo de conocimiento que formaliza la lógica modal epistémica y el que tenemos en una estructura evidencial lingüística. Sin embargo la lógica epistémica no se basa en la justificación de ese conocimiento. Al usar la lógica epistémica dinámica para la estructura evidencial lingüística, este análisis se centra en esa justificación que puede ser directa, indirecta, inferida... Ello lleva a plantear diferentes formalizaciones para cada uno de los evidenciales, porque no sólo se especifica lo que se puede inferir del conocimiento (como es habitual en DEL), sino la transmisión del conocimiento explicitando de dónde viene[333].

La noción de creencia por otro lado, es una actitud proposicional que expresa los juicios del hablante, no es una noción que necesite evidencias, sino, en todo caso, ser consistente con las creencias del mismo agente. Esta noción puede situarse dentro de una lógica epistémica o puede considerarse aparte, depende de la definición que adoptemos de lógica epistémica. Aquí se va a considerar la modalidad lingüística de creencia como parte de esta modalidad lingüística epistémica, precisamente sería la que normalmente se ha considerado modalidad epistémica y es más frecuente en las lenguas indoeuropeas, la creencia y los juicios del hablante.

[332]«If the expresion «I know» serves to show that I have all the evidence one could need or if it is implies «I have the right to be sure» or if it is implies that «I have adequate evidence for the hypothesis (or proposition) in question», then by uttering it I commit myself to defending not only what I say I know but also the fact that I am in position (in appropiate «evidential situation») to say it» Hintikka (1962) pp. 19-20.

[333]En este trabajo se formalizan únicamente los evidenciales directos e indirectos. A su vez se realiza un análisis de un paradigma negativo basado en un dual positivo. La determinación de la justificación que viene por ejemplo de una inferencia (evidencial inferido) puede ser una futura línea de investigación.

Se plantean por lo tanto, dos formas de modelizar la modalidad epistémica lingüística que corresponderían con los dos operadores modales epistémicos: el operador de conocimiento **K** (operador de la evidencialidad) y el de creencia **B** (operador de lo que normalmente se ha considerado la modalidad lingüística epistémica: *puede, debe...*). La diferencia normalmente establecida en lógica epistémica entre la creencia y el conocimiento es que la creencia no cumple con el *Axioma T*:

Definición 29. Axioma distintivo del conocimiento. *Axioma T*:

- $T = K_a\varphi \rightarrow \varphi$ ■

Este axioma expresa que el conocimiento es verídico, cualquier cosa que se afirme con el operador K tiene que ser verdad. No se puede afirmar: «Yo sé que es jueves, pero es viernes». El conocimiento tiene que ser verdadero, o, en otras palabras, una creencia justificada. Para decir que algo es verdad necesito evidencias que lo justifiquen. Por otro lado, si se habla de creencia, este axioma se sustituye por uno más débil que permitirá la siguiente afirmación: «Juan cree que es jueves, pero es viernes». No se puede afirmar que sea verdadera toda creencia, pero si se puede considerar, como afirman algunos investigadores, que existe una consistencia mínima entre las creencias de un agente. Esto es lo que expresa el *axioma D*.

Definición 30. Axioma distintivo de la creencia. *Axioma D*:

- $\neg B_a\bot$
- O lo que es lo mismo, añadimos el axioma D': $B_a\varphi \rightarrow \neg B_a\neg\varphi$ ■

Para cualquier φ que el agente crea, no puede creer también su opuesto $\neg\varphi$.

De estos axiomas se puede llegar al principio de Moore, pero no vamos a entrar aquí en los problemas de la creencia. En cuanto al evidencial, no se utiliza si no es verdadero, por lo que sería contradictorio si lo usamos en una sentencia de Moore[334].

Esta diferenciación mediante los axiomas **T** y **D** es la que determina que la evidencialidad puede llegar a formalizarse con el operador **K** y la creencia con el operador **B**. La creencia puede ser formalizada con un sistema de esferas ordenadas tal y como lo había ya utilizado Lewis y Kratzer. De esta forma se puede captar la graduación de la creencia del agente en este tipo de modalidad epistémica. Esta clase sería lo que normalmente se ha llamado modalidad espistémica en lenguas como el inglés, español o francés.

[334]Recuérdese el ejemplo considerado contradictorio por el informante en en la página 105. No se usa un evidencial cuando no es verdad. Para una explicación más detallada de los problemas de la creencia véase van Ditmarsch *et al.* (2008) p. 58 y ss.

9.2.3. Lógica epistémica dinámica: Anuncios públicos

Hasta ahora se ha definido una lógica epistémica que se puede usar para los evidenciales, pero realmente sólo se ha especificado el operador de la modalidad epistémica en una formalización con lógica modal tal y como lo ha hecho Kratzer. Con los anuncios públicos se introduce la dinamicidad que ya se ha usado en las lógicas dinámicas[335] y se aplica a la lógica epistémica. Este tipo de recurso va a permitir dar el paso al anuncio del conocimiento, un paso similar al que se pretendía con la formalización de los evidenciales a través de un operador ilocucionario[336]. Con un operador ilocucionario se pretendía captar la fuerza de una proferencia, fuerza ilocucionaria, a la hora de realizar un acto de habla. Aquí se va a interpretar este acto de habla como un anuncio público, una acción epistémica[337], y los distintos evidenciales se formalizan gracias a los anuncios públicos y a una lógica epistémica multi-agentes. Para la exposición se seguirá la estructura anterior, se expone la sintaxis y la semántica; seguidamente algunos ejemplos de evidenciales directos e indirectos que pueden ser captados mediante esta lógica.

9.2.3.1. Sintaxis La sintaxis para un lenguaje $L_{K[]}$, lenguaje epistémico, es la siguiente.

Definición 31. Dado un conjunto finito de agente A y un conjunto contable de átomos P. El lenguaje $L_{K[]}$ (A,P) es definido:

- $\varphi ::= p \mid \neg\varphi \mid (\varphi \wedge \varphi) \mid K_a\varphi \mid E_B\varphi \mid [\varphi]\,\varphi$

- Donde $a \in A$, $B \subseteq A$, y $p \in P$ ■

El nuevo operador es el dinámico $[\varphi]\,\varphi$, también escrito como $[\varphi]\,\psi$[338]. Así tras el anuncio de una fórmula se puede mantener otra. «después del anuncio de φ, se obtiene ψ», o «tras la actualización (*update*) de φ, tenemos ψ». El operador $[\varphi]$ se corresponde con un operador de necesidad, es de la forma del $\Box$ en lógica modal, así la fórmula $[\varphi]\,\psi$ indica que «después de todo anuncio de φ, se mantiene ψ». Su dual sería $< \varphi > \psi$, «después de algún anuncio verdadero de φ, se mantiene ψ»[339].

[335] Véase Groenendijk y Stokhof (1991).

[336] Recuérdese el operador ilocucionario en en la página 106.

[337] Las acciones epistémicas son la clase general de acciones a las que pertenece como caso particular el tipo de acción que aquí llamamos anuncio público.

[338] El primero corresponde a la BNF (Backus-Naur form), una determinada manera de describir lenguajes formales, la segunda es más común, pues tras el anuncio de algo, se puede seguir otra cosa.

[339] Este tipo de operador se usa para situaciones en las que después de un anuncio verdadero, no se produce una actualización exitosa. Cuando al anunciar algo este acaba siendo falso.

9.2.3.2. Semántica El efecto que se produce al hacer un anuncio público de φ es la restricción del estado epistémico a todo estado factual en el que φ se mantiene, incluyendo los accesos entre estados. Anunciar φ puede considerarse como transformar el estado epistémico mediante el correspondiente operador dinámico $[\,]$. Así se introduce el nuevo operador en la semántica.

Definición 32. Dado un modelo $M =< S, R_A, V_P >$ para agentes A y átomos P.

- $M, s \models p$ ssi $s \in V_P$

- $M, s \models \neg\varphi$ ssi $M, s \not\models \varphi$

- $M, s \models \varphi \wedge \psi$ ssi $M, s \models \varphi$ y $M, s \models \psi$

- $M, s \models K_a\varphi$ ssi para todo $t \in S : sR_at$ implica $M, s \models \varphi$

- $M, s \models E_B\varphi$ ssi para todo $t \in S : sR_Bt$ implica $M, t \models \varphi$

- $M, s \models [\varphi]\,\psi$ ssi $M, s \models \varphi$ implica $M \mid \varphi, s \models \psi$

Donde $M \mid \varphi =< S', R'_B, V'_R >$y se define:

- $\| \varphi \|_M = \{s \in D(M) \mid M, s \models \varphi\}$

- $S' = \| \varphi \|_M$

- $R'_a = R_a \cap (\| \varphi \|_M \times \| \varphi \|_M)$

- $V'_P = V_P \cap \|\varphi\|_M$

El dual de $[\varphi]$ es $< \varphi >$ y se define:

- $M, s \models < \varphi > \psi$ ssi $M, s \models \varphi$ y $M, s \models \psi$ ■

9.2.3.3. Evidencial directo (primera mano-evidencial sensorial) Se llama evidencial directo a las partículas en una lengua que determinan las evidencias directas de un enunciado. Un agente utiliza un evidencial directo cuando ve, oye o huele lo que está profiriendo. Dentro de la clasificación de Aikhenvald (2004) correspondería a los evidenciales de *Primera mano* de la clasificación A1 y a la *evidencia sensorial* de A4[340].

Evidencial de primera mano: se refiere a la información adquirida a través de los sentidos.

Ejemplo 33. (Aikhenvald (2004) p. 26) Lengua cherokee[341]:

---

[340] Véase Aikhenvald (2004) pp. 26 y 34.

[341] Lengua americana de la familia iroquesa hablada por el pueblo cherokee.

- *wesa u-tlis-*Λ**?i**

  gato correr. Primera mano

  «El gato corrió» (Yo lo vi correr) ■

La clasificación A4, da otros ejemplos de lo que se llama evidencial directo. En esta clasificación es llamado evidencial sensorial:

Ejemplo 34. (Aikhenvald (2004) p. 34) Lengua ngiyambaa[342]:

- *ηindu-***gara** *girambiyi*

  tu + nombre-evidencial sensorial enfermo + pasado

  «Estabas enfermo» (Se pudo ver) ■

Estos ejemplos representan la estructura de un evidencial directo. Dependiendo de la lengua será ampliado con otro tipo de evidencial o varios, existen sistemas con dos, tres, cuatro o más. Volviendo a la formalización de la lógica epistémica dinámica:

Ejemplo 35. Retomando el ejemplo de las dos casas que se ha utilizado antes para la lógica epistémica. Hay dos casas, en una está Montse y Bárbara y el la otra Patricia y Ana. Antes se ha modelado el conocimiento de los agentes según su información. Ahora se va a poner en práctica en una conversación. Dado el caso, Ana llama a Bárbara. A lo largo de la conversación Ana transmite la información de que Patricia está en casa a Bárbara.

Conversación:
Agentes = Ana (a) y Bárbara (b).
«Patricia está en casa» = p
«Montse está en casa» = m
$a \in A, b \in A, p \in P, m \in P$

- Ana: «Patricia está en casa». Si usamos una estructura de evidencialidad esta expresión utilizaría un evidencial directo porque Ana tiene una experiencia directa de que Patricia está en casa.

  $< K_a p > K_b K_a p$ o

  $< K_a p > E_B K_a p$, tras el anuncio público: Ana sabe (tiene evidencias, creencia verdadera) que p, y es conocimiento de todos que Ana sabe p[343]. ■

[342] Lengua Pama-Nyungan del subgrupo Wiradhuric, hablada tradicionalmente por el pueblo Wangaaybuwan y Wayilwan de Nueva Gales del Sur, Australia.

[343] Para la relación entre anuncios públicos y conocimiento véase axiomatización de *Public Announcement Logic (PAC)* en van Ditmarsch *et al.* (2008) p. 90. Axiomatización de anuncios y conocimiento: $[\varphi] K_a \psi \leftrightarrow (\varphi \rightarrow K_a [\varphi] \psi)$; $[K_a \varphi] K_b K_a \varphi \leftrightarrow (K_a \varphi \rightarrow K_b [K_a \varphi] K_a \varphi)$

Definición 36. Dado un modelo $M =< S, R_A, V_P >$ para agentes A y átomos P y con las definiciones de los términos que se han dado anteriormente, un evidencial directo sería el anuncio público del conocimiento de una proposición por un agente:
E.Directo$=_{def}< K_a\varphi > K_bK_a\varphi$ ó
$< K_a\varphi > E_BK_a\varphi$ siendo $a \in A \wedge \varphi \in P$ ■

Nótese que al enunciar la evidencia directa de que «Patricia está en casa» lo que se obtiene es que todos saben que ella sabe. Se transmite el conocimiento de lo que se conoce, pero no puede transmitir las evidencias de lo que Ana conoce[344].

Se usa un anuncio público en su versión de posibilidad, con la forma del diamante de posibilidad de lógica modal, porque lo que se pretende es caracterizar una estructura de la lengua natural. Tras el anuncio de algo, hay un estado espistémico en el que es conocimiento de todos o de otro agente ese anuncio[345]. No se ha utilizado el anuncio público en su forma de necesidad porque sería una tautología en lógica de anuncios públicos y ello no caracterizaría nada[346].

9.2.3.4. Evidencial indirecto (no primera mano-indirecto) Es un evidencial que determina la información adquirida indirectamente a través de otra persona. En la clasificación de Aikhenvald (2004) aparece en el sistema de dos evidenciales A1, A2, A3 y A4[347].

Ejemplo 37. (Aikhenvald (2004) p. 27) Clasificación A1. Lengua cherokee[348]:

- *u-wonis-**e?i***

  el-habló- No primera mano.

  «El habló» (Alguien me lo dijo) ■

[344]En un sistema evidencial lo que se explica son las fuentes de ese conocimiento, no se puede transmitir la fuente directa de un agente a otro. Sólo se puede usar un evidencial directo cuando el agente tiene evidencias directas.

[345]Para el anuncio público como certificación en el condicional suspendido de Leibniz véanse Rahman y Magnier (2012) y Magnier (2013b) Capítulo 6 pp. 142-191.

[346]Agradezco los comentarios de Hans van Ditmarsch y Shahid Rahman sobre este punto que me han ayudado a corregir mis errores.

[347]Tanto el evidencial directo como el indirecto pueden estar ampliados por más evidenciales, tales como el inferido, etc. Por el momento se analizan solamente los ejemplos de directo e indirecto en la clasificación A de Aikhenvald (2004), pero estos también aparecen en la B o la C.

[348]En determinadas lenguas como la del ejemplo puede ser también inferido. En ese caso habría que añadir más información a su definición. Pero por ahora se va a determinar sólo el de segunda mano. Para la lengua cherokee véase 341 en la página 121.

Ejemplo 38. (Aikhenvald (2004) p. 35) Clasificación A4. Lengua ngiyambaa[349]

- *bura:y-**dja**=lu ga:-y-aga*

  niño + Indirecto =3ª traer - conjunción

  «Se dice que ella va a traer al niño» ■

Como se ha indicado anteriormente, en las lenguas no siempre hay un evidencial solo con este significado, sino que muchas veces el mismo evidencial sirve para un conocimiento inferido. Para ello hay que definir el inferido y añadir la formalización a la definición de este tipo de evidenciales. Todo depende de la lengua que se esté analizando. Cada lengua ofrecerá distintas posibilidades de combinación de la transmisión del conocimiento.

Se considera el evidencial indirecto como la proferencia de dos actitudes proposicionales, es decir, el agente a tiene evidencias de que el agente b tiene evidencias de φ.

Ejemplo 39. Evidencial indirecto de segunda mano.

Tras el anuncio de Ana «Patricia está en casa», tenemos la fórmula $K_a p$, así que esta fórmula es a su ver conocida por Bárbara. Ello daría lugar a un evidencial indirecto si tras este anuncio, Bárbara quisiera repetir lo que Ana le ha dicho, a Montse, que está a su lado. La siguiente proferencia expresaría un evidencial indirecto:

- Bárbara: «Patricia está en casa» (Indirecto o segunda mano).

  $< K_b(K_a p) > E_B K_b K_a p$ ■

Definición 40. Dado un modelo $M =< S, R_A, V_P >$ para agentes A y átomos P. Utilizando la definición semántica de los operadores que se ha dado anteriormente. Un evidencial indirecto de segunda mano podría definirse de la siguiente forma[350]:

E.Indirecto $=_{def}< K_b(K_a p) > E_B K_b\,(K_a p)$ para $a \in A \wedge b \in A \wedge a \neq b \wedge \varphi \in p$ [351] ■

[349] Véase nota 342 en la página 122.

[350] Para que la regla de inferencia de la necesitación permita como fórmula $K_a\varphi \wedge \neg K_b\varphi$, es decir que esto no sea una contradicción se define una regla de cierre sobre la regla de la necesitación X. Se mantiene $\Gamma \vdash_X \varphi$ si hay una prueba de φ usando las premisas en Γ, pero sin aplicar la necesitación a ellas. Esto garantiza que las premisas sean locales y privadas, las evidencias son locales y privadas, que un agente las conozca no significa que las tengan que conocer todos. Véase explicación detallada de la regla del cierre de la necesitación en van Ditmarsch *et al.* (2008), Definición 2.22 p. 29.

[351] Este tipo de estructura plantea el problema de la jerarquía intensional, hay autores que la limitan a dos. Es decir sólo se pueden incrustar dos actitudes proposicionales.

9.2.3.5. De la evidencia externa al evidencial directo El tipo de anuncios que se utilizan en este análisis son anuncios que se consideran exitosos. Una vez que se anuncia que el agente a sabe algo, se puede decir que esta fórmula es verdadera y conocida por todos los agentes. Es así como se pasa de una evidencia externa a un evidencial directo. Tras el anuncio de una fórmula esta se convierte en conocimiento de todos:

- $< \varphi > E_B\varphi$

- $< \varphi > K_a\varphi$

Ejemplo 41. Escenario: Patricia entra en casa y en el descansillo se encuentra con su vecino Pablo (agente c), Bárbara abre la puerta. Consideremos p como «Patricia está en casa».Tras el anuncio de p se sostiene E_Bp. Así después del anuncio, Pablo también puede afirmar que «Patricia está en casa», al igual que lo puede hacer Bárbara.

- $< p > E_Bp$ ■

Normalmente se considera este tipo de anuncio como una revelación. En este sistema basado en la experiencias directas que permiten realizar las proferencias de un evidencial, se consideran estos anuncios como revelación de las evidencias directas del conocimiento de una proposición a todos los agentes en el escenario.

Así este tipo de anuncios sería del tipo:

- φ es un update exitoso si $< \varphi > \varphi$ es válida[352].

9.2.3.6. Distintos tipos de evidencial directo La lógica epistémica **K**, con un operador K_a para todo $a \in A$ se compone de todas las tautologías proposicionales, el *axioma K* que hemos explicado anteriormente y sus reglas derivadas de *Modus Ponens* y *Necesitación*.

$K_a(\varphi \rightarrow \psi) \rightarrow (K_a\varphi \rightarrow K_a\psi)$	Distribución de K_a sobre $\rightarrow$
De φ y $\varphi \rightarrow \psi$, se infiere ψ	Modus ponens
De φ se infiere $K_a\varphi$	Necesitación de $K_a\varphi$

Cuadro 9.3: Sistema básico **K**: axioma **K** + reglas derivadas.

352 En una lógica epistémica dinámica puede haber anuncios que tras realizarlos se conviertan en falsos, tales como «tu no sabes que...». Sin embargo por lo pronto para esta formalización únicamente se necesitan las fórmulas exitosas.

La regla de necesitación no indica que φ implica $K_a\varphi$, sino que cualquier teorema φ que derivemos en el sistema, tenemos otro gratuitamente $K_a\varphi$.

Necesitamos que las evidencias que den lugar al conocimiento de φ, las pruebas de φ sean privadas y locales, de otra forma una vez que sea φ tendríamos que todos los agente conocen φ. Para ello definimos la noción de derivabilidad a partir de las premisas y el cierre sobre la necesitación[353].

Definición 42. Noción de derivabilidad a partir de las premisas:

- Sea $\Box$ un operador modal arbitrario. Así una regla R_u es llamada *regla de necesitación* para $\Box$ si es de la forma «De φ se infiere $\Box\varphi$».

- Sea X una axiomatización arbitraria con los axiomas $A_{x_1}, A_{x_2}, ..., A_{x_n}$ y las reglas $R_{u_1}, R_{u_2}, ..., R_{u_k}$, donde cada regla $R_{u_j} (j \leq k)$ sea de la forma «De $\varphi_1, ..., \varphi_{j_{ar}}$ se infiere φ_j»

- Se define el cierre sobre las reglas de necesitación de X como el conjunto más pequeño $Cl_{Nec}(X) \supseteq \{A_{x_1}, A_{x_2}, ..., A_{x_n}\}$ tal que para cualquier $\psi \in Cl_{Nec}(X)$, y una regla de necesitación para $\Box$, además $\Box\psi \in Cl_{Nec}(X)$.

- Sea $\Gamma \cup \{\varphi\}$ un conjunto de fórmulas. Una derivación de φ desde Γ es una secuencia finita $\varphi_1, ..., \varphi_m$ de fórmulas tal que:

  1. $\varphi_m = \varphi$
  2. todo φ_i en la secuencia es:
     a) una instancia de una de las formas en $Cl_{Nec}(X)$
     b) o un miembro de Γ
     c) o otro resultado de la aplicación de una de las reglas $R_{u_j} (j \leq k)$ la cual no es una regla de necesitación de j_{ar} fórmulas en la secuencia que aparece antes de φ_i. ■

Si hay una derivación de φ desde Γ en X se escribe $\Gamma \vdash_X \varphi$ si el sistema X está fuera del contexto se escribe $\Gamma \vdash \varphi$. Así tenemos que φ es derivable en X de las premisas en Γ. Se sostiene $\Gamma \vdash_X \varphi$, si hay una prueba de φ usando las premisas de Γ, pero sin aplicar la necesitación a ellas. De esta forma se

[353]La definición de la noción de derivabilidad a partir de las premisas se encuentra en van Ditmarsch *et al.* (2008) p. 29, esta derivabilidad da lugar a completud fuerte para el sistema básico K. Si todas las fórmulas deducibles son válidas de acuerdo a la semántica, el sistema es compacto (*sound*) con respecto a la semántica ($\vdash \varphi$ implica $\models \varphi$). Un sistema es completo con respecto a cierta semántica si toda fórmula que es válida de acuerdo a la semántica, es deducible en el sistema ($\models \varphi$ implica $\vdash \varphi$). Para las pruebas véase van Ditmarsch *et al.* (2008) cap. 7 en pp. 177 y ss.

garantiza que las premisas sean privadas y no necesariamente conocidas por todos. Las evidencias de φ pueden ser privadas a los agentes.

Ahora bien, para establecer una diferenciación entre las diferentes evidencias que dan lugar al conocimiento de φ, además hace falta diferenciar las evidencias a través de las diferentes premisas que vienen de los diferentes sentidos directos. Centrándonos en Γ como un conjunto de fórmulas de las que se deriva φ sin aplicar la necesitación, se puede decir:

Definición 43. Distintas premisas para un conocimiento directo:
$\Gamma = \{E_1, E_2, ..., E_n\}$

E_i es una evidencia directa (de la vista) ssi hay un E_j (que representa una evidencia oída) tal que $E_i \neq E_j$, $i \neq j$, $E_i \in \Gamma$ y $E_j \in \Gamma$.

Cada miembro de Γ es una fuente de información diferente, por ejemplo E_i corresponde a las premisas provenientes del sentido de la vista. Cada sistema evidencial tendrá diferentes premisas que den lugar al conocimiento directo, diferentes miembros del conjunto Γ. ■

Este tipo de diferenciación en las fuentes, en las pruebas que dan lugar al conocimiento de φ, permite diferenciar entre un evidencial visual y no visual. El no visual no significa que no tenga pruebas, sino que son diferentes a las que se obtienen a través de la vista. El no visual tiene pruebas, dependiendo de la lengua pueden ser oídas, o de otro tipo.

Mediante este sistema de anuncios públicos y la lógica epistémica dinámica, se pueden formalizar los distintos evidenciales como operadores de conocimiento. Los distintos evidenciales pueden ser definidos a partir del operador de conocimiento **K** y un sistema de anuncios públicos multi-agentes. Con ello se propone que un paradigma evidencial es susceptible de formalización mediante una lógica epistémica dinámica multi-agentes y que forman parte de una modalidad epistémica. La diferencia con la modalidad epistémica de las lenguas más conocidas como el español, el inglés, alemán o francés es una diferencia de operador epistémico. El *may*, o *can* sería mejor formalizarlo con un sistema de creencia, es decir, con un operador **B** (belief)[354], mientras que un evidencial corresponde perfectamente a un operador **K** (Knowledge).

Sin embargo, aquí sólo se expone la formalización de un evidencial directo y de uno indirecto (segunda mano). Habría que detenerse a analizar cada una de las lenguas y sus evidenciales para poder dar cuenta del resto de evidenciales existentes en las distintas lenguas. Este estudio, se centra en el ugarítico. Para ello sólo se necesita un evidencial directo, una aseveración general como parte de un paradigma aseverativo que no determina el tipo de información, sólo indica que tiene evidencias. Por ello, sólo necesitamos el $K_a\varphi$.

[354]Véase van Ditmarsch *et al.* (2008) pp.43-63 para una explicación del operador **B** de revisión de creencia (Belief) y su teoría base AGM.

10. Análisis modal de las partículas *lā/ 'al*

10.1. Paradigma aseverativo-negativo: rasgos generales de un evidencial

La hipótesis de partida es que las negaciones *lā/ ʾal* en ugarítico forman parte de un paradigma negativo. Este paradigma funciona como un evidencial de negación de las evidencias dual a un paradigma aseverativo, sin especificación de la fuente de información, pero usando evidencias directas. El paradigma aseverativo no está documentado en ugarítico, pero si existe en varias lenguas semíticas genéticamente relacionadas con el ugarítico, tales como el acadio[355]. Un sistema evidencial se especifica a su vez por una diferenciación mediante oposición de los diferentes evidenciales[356], podemos hablar de una graduación del conocimiento del agente. Considero el paradigma aseverativo como un evidencial, una aseveración de que el agente *a* tiene evidencias directas, aunque no especifique si son vistas u oídas. Para asegurar que lo que sabe debe de tener evidencias directas, en el caso del paradigma negativo, lo que comunica es que no sabe, que no tiene evidencias directas[357].

---

[355]Sin embargo hay diferencia entre los análisis realizados hasta ahora y mi interpretación en cuanto a la estructura de un paradigma aseverativo en las lenguas semíticas. Mi hipótesis es precisamente que se trata de un paradigma evidencial directo y que se podría especificar su semántica con DEL. Habría que estudiar con detalle las diferentes ocurrencias y su relación con la modalidad en los textos. Interpretaciones del paradigma en acadio véase Huehnergard (1983), como «nexus focus» Cohen (2005), y como gramaticalización posterior de una especie de evidencial, pero con una semántica derivada en la estructura *lu ittum* Wasserman (2012). Mi hipótesis es que las mismas partículas *lV/Vl* son el paradigma evidencial, no una gramaticalización posterior que se deriva al añadir *ittum*.

[356]Siempre que hay una evidencialidad, parece ser que no es necesario que haya una evidencialidad directa. La graduación del conocimiento depende de la estructura de la lengua, véase entre otros Aikhenvald (2004) y *Evidential Universals* de McCready, Eric en Peterson y Sauerland (2010).

[357]El evidencial de negación que nos encontramos en ugarítico parece tener en un principio características similares a lo que se ha llamado evidencial asumido (*assumed*). En lenguas en las que los evidenciales son obligatorios, cuando no se tiene conocimiento de los hechos, ningún tipo de conocimiento (véase de Haan (1997) pp. 162 y ss.), se usa este tipo de evidenciales para indicar que no se tiene evidencias sobre lo que se transmite. Un ejemplo de este tipo de evidencial sería el evidencial asumido en tuyuca (lengua de la familia de las tucanoas del este hablada en el Amazonas, en la región entre Brasil y Colombia, véase ejemplo en de Haan (1997) p. 166):

- *Bogotapi nii-ko.* in: Bogotá be-Assum: 3Fem:Pres.« ella está en Bogotá » pero no tengo evidencias de ello. (Traducción mía)

Sin embargo para afirmar que este tipo de evidencial es igual al paradigma negativo en ugarítico habría que realizar un estudio comparativo con mayor profundidad y comprobar si la estructura semántica de ambos evidenciales es similar o no.

Hay otros autores que indican que este tipo de evidencial asumido sí tiene cierto conocimiento basado en la costumbre. Véase por ejemplo Aikhenvald (2004) p. 60 o Palmer (2001). En este

A continuación se analizarán los distintos puntos de este paradigma y se dará una semántica formal basada en lógica epistémica dinámica para todos las ocurrencias que se han encontrado en el corpus de las cartas ugaríticas. Se enfocará el análisis en los siguientes puntos que suelen ser la base de las argumentaciones a favor o en contra de los evidenciales como modales epistémicos. Estos puntos son a su vez foco de atención en la aproximación a las partículas *lV/Vl* por parte de los estudios semíticos y son parte de lo que se considera un paradigma aseverativo.

10.1.1. Un paradigma aseverativo-negativo a nivel discursivo

El significado básico de un paradigma aseverativo se centra en la estructuración de una afirmación más fuerte que la simple afirmación que se da mediante una oración declarativa. Este paradigma frecuentemente es expresado mediante partículas aseverativas que refuerzan la declaración y ofrecen la certeza del hablante ante lo que profiere. Normalmente aparece solo, es decir cuando hay un paradigma aseverativo en una lengua no tiene otra clase de evidencialidad. Mientras que si hay varios evidenciales, casi siempre hay como mínimo uno que se considera la evidencialidad directa, con evidencias directas; y otro indirecto, de segunda mano o inferido. Mi hipótesis es que un paradigma evidencial con más de un evidencial es una estructura especializada que es capaz de diferenciar las distintas fuentes de información. Así considero la aseveración como una evidencialidad general con evidencias directas que puede ser formalizada como un evidencial directo[358].

La mayoría de evidenciales no pueden caer bajo el alcance de una negación, aunque hay excepciones[359]. Este hecho es una de las razones que han utilizado varios autores para afirmar que la evidencialidad no es una modalidad, sino una estructura de los actos de habla. Como ya se ha indicado en la formalización de la evidencialidad con lógica epistémica dinámica, la fuerza ilocucionaria viene precisamente de la actualización de esa sentencia, de la proferencia. Es por lo tanto posible considerar la modalidad evidencial como una modalidad epistémica de conocimiento con fuerza ilocucionaria de actualización, update en un escenario. Que esta tenga un ancho o corto alcance con

caso podría parecerse más a la semántica de un operador de conocimiento común más que a un operador de negación de las evidencias: $C_B\varphi$ «Todos saben φ y todos saben que todos saben» Véase definición del operador de conocimiento común en van Ditmarsch *et al.* (2008). Por otro lado, también parece estar en relación con cierto tipo de inferencia, así la determinación de su estructura exacta necesita de un análisis pormenorizado.

[358]Tal vez las relaciones subsentenciales de un paradigma aseverativo son más fuertes y numerosas que las de un evidencial. ¿Esto puede deberse a que puede considerarse como una modalidad de agentes? Recuérdese la hipótesis de que la modalidad epistémica deriva de una modalidad de agentes 91.

[359]Véase de nuevo en la página 92.

otro tipo de modalidades y con la negación dependerá de la lengua en cuestión, pues muchas de ellas funcionan a corto alcance[360].

El paradigma aseverativo se comporta de la misma forma. Normalmente no puede caer bajo la influencia de una negación, pues lo que se pretende es expresar la certeza de lo que se profiere, no negarla. Varios autores han afirmado que lo que hay en la *l* semítica es una estructura similar al paradigma aseverativo[361], pero esta interpretación sólo se reduce a los casos en que la *l* es una afirmación. Como se ha visto en las ocurrencias de *lā/ ʾal* en ugarítico, hay un cambio frecuente de estas dos partículas de afirmación a negación. El punto de partida de este trabajo es la estructura de la negación ugarítica, pero esta estructura es inseparable de su dual afirmativa. La conexión entre esta negación y el paradigma aseverativo me lleva a proponer la hipótesis de un paradigma negativo. Si se trata la negación como una determinada modalidad dentro de un paradigma negativo al mismo nivel que se había hablado de un paradigma aseverativo, resulta una estructura modal, un paradigma negativo que permite explicar los cambios que se producen de la negación a la afirmación en estas dos partículas *lā/ ʾal.*

Sin embargo en este punto hay que diferenciar entre un paradigma aseverativo y la afirmación en las partículas *lā/ ʾal.* El paradigma aseverativo como tal no existe o al menos no se puede afirmar por completo su existencia en ugarítico como sí se puede analizar en otras lenguas semíticas como el acadio. La afirmación de las partículas *lā/ ʾal,* es decir su función positiva en ugarítico, no es un paradigma aseverativo, sino que forma parte de un paradigma negativo[362]. Lo que hay en ugarítico, o al menos se puede decir por ahora, es un paradigma negativo, no uno aseverativo.

En cuanto al nivel discursivo, se centra en el tipo de oraciones, afirmación, negación e incluso interrogación. La evidencialidad como tal produce en muchos casos a nivel discursivo una interrogación. Con este paradigma en ugarítico, aparecen casos de preguntas retóricas. Todo ello se produce por el nivel pragmático que en este análisis se capta con los anuncios públicos y la actualización en una conversación, el *update* en un escenario determinado.

---

[360]Recuérdese por ejemplo el estudio de los evidenciales en japonés de McCready y Ogata (2007) y la introducción general que hemos expuesto en en la página 108.

[361]Se considera esta *l* como parte de un paradigma aseverativo en lenguas como el acadio o el árabe, véanse por ejemplo los estudios de Cohen (2005); Testen (1998).

[362]Una posibilidad podría ser que existiera en ugarítico partículas *lu* similares a las acadias para el paradigma aseverativo que sería el dual del negativo que se analiza en este trabajo. De esta forma algunas de las ocurrencias analizadas aquí formarían parte de un paradigma aseverativo y no del negativo. La dificultad de la lengua debido a la no vocalización no permite diferenciar entre unas partículas *lā/ ʾal* y *lu/ul.* Sin embargo lógicamente sería posible que existiera este paradigma dual aseverativo/ negativo como parece que existe en otras lenguas semíticas. Sin embargo, esta hipótesis no deja de ser una mera propuesta basada en argumentos de estructura lógica y no en las evidencias lingüísticas.

10.1.2. El nivel sub-sentencial y sentencial

En ugarítico, el paradigma negativo, no sólo funciona a nivel discursivo, sino que actúa a nivel sub-sentencial. De hecho en un principio se puede considerar como parte de una modalidad subsentencial o un caso de bi-polaridad negativa[363]. Sin embargo, no se puede considerar que sean unas partículas bipolares propiamente, pues aunque sean unos elementos que cambian de positivo a negativo en contextos verídicos o no verídicos, tienen una semántica propia. Las partículas *lā/ ʾal* no son partículas con una semántica vacía, sino que aportan significado a la sentencia.

Los casos en los que estas partículas negativas cambian a positivas se producen porque se realiza una concordancia con la modalidad de la sentencia, por lo que actúa a nivel de una modalidad subsentencial[364]. Precisamente un paradigma aseverativo/negativo tiene muchas relaciones a nivel subsentencial. Estas partículas en concreto producen relaciones y resultados muy similares a los que se obtienen en otras lenguas con una polaridad negativa y con diferentes negaciones subsentenciales. La diferencia es que en ugarítico se producen entre las particulas *lā/ ʾal* negativas y la modalidad subsentencial de la lengua.

En el nivel sentencial, se propone que la modalidad es parte de una modalidad epistémica, pues determina la afirmación/negación del conocimiento de la proposición por el agente y el conocimiento es tal porque existen o no evidencias para ello. Como ya se ha indicado esta es, junto con la graduación de la creencia, una de las dos formas para determinar la modalidad epistémica en una lengua natural.

10.1.3. Paradigma con función deíctica. Actitudes proposicionales y semántica modal

La afirmación de que un evidencial tiene una estructura deíctica[365] y por ello no es una modalidad ha sido utilizada por los partidarios de una evidencialidad como acto de habla. Sin embargo la modalidad tienen una estructura deíctica[366], eso es precisamente lo que se pretende captar con una lógica modal, que es intensional. Hay una función, una relación de accesibilidad entre mundos/estados, contextos actuales e hipotéticos de proferencia, esta función la realiza un agente. Hay una relación entre el agente y su contexto. Una formalización con un modelo $M =< S, R_A, V_P >$, produce una relación entre un agente y su proposición en un contexto que puede considerarse como una relación deíctica. Hay un conjunto de estados, unas relaciones de accesibilidad que

363 Véase de nuevo la polaridad negativa en 95.

364 El argumento de la función del evidencial en un nivel proposicional para determinar que es modal ya ha sido utilizado en Faller (2002) y Matthewson (2010).

365 Véase por ejemplo de Haan (2011c).

366 Véase Portner (2009) p. 40 y ss.

son dadas por los agentes y la evaluación de las proposiciones. Esta es una estructura indéxica que hace referencia a la situación en la cual las proposiciones son usadas, los estados, el contexto de la proferencia al ser dinámica.

En muchos sistemas evidenciales esta característica ha provocado lo que se llama «nexus focus». Se pretende enfocar o resaltar lo que se dice. En un paradigma aseverativo se produce lo mismo. Se asevera o se reafirma más de lo que un enunciado declarativo pueda afirmar. En lenguas semíticas esta estructura de «nexus focus» ha sido propuesta como base para el análisis de las partículas *l* en acadio[367]. Las particulas son analizadas como parte del paradigma de enfoque de la lengua. Desde mi punto de vista es una de las formas de explicar y analizar un paradigma aseverativo deíctico, produce un enfoque en lo que se profiere. Sin embargo creo que se puede especificar más determinando la estructura de ese enfoque.

La dificultad de esta estructura deíctica en la lengua es lo que se ha llamado en filosofía del lenguaje[368] actitudes proposicionales (Frege) o contextos referencialmente opacos (Quine)[369]. Tienen su base en la interpretación semántica del significado basado en las nociones de sentido y referencia de Frege o, tal y como se usan en las teorías semánticas contemporáneas, intensión y extensión de Carnap[370]. La extensión o referencia de una expresión es la referencia que tiene al usarse en condiciones y contextos normales. La intensión o el sentido de un término es la propiedad que tal término expresa en un sentido extensional, es decir la clase de todas las cosas que cumplen esta propiedad.

Ejemplo 44. Ejemplo típico tomado de Frege:

- *El lucero del alba es el lucero vespertino.*

- **Referencia**: Es el objeto al que se refiere la expresión nominal. Venus.

- **Sentido**: Es ese particular modo en que el lenguaje presenta el objeto, modo que ha de corresponderse con una determinada propiedad que el objeto posee. Es la estrella que brilla al amanecer. ■

[367]Véase Cohen (2005).

[368]Para más información sobre las teorías semánticas y pragmáticas en filosofía del lenguaje véanse Acero *et al.* (1982); Hierro-Pescador (1986); Frápolli y Romero (1998).

[369]En los contextos opacos entran tanto los contextos intensionales modales de Carnap como las actitudes proposicionales. Véase más adelante.

[370]Frege se ocupa de estas nociones en relación con los nombres propios, mientras que estas nociones tal y como se emplean en semántica contemporánea vienen de Carnap. Véase Vega Reñon y Olmos Gómez (2011), *Sentido/Referencia* pp. 543-547 e *Intensión/Extensión* pp. 313-316 de Luis Fernández Moreno.

Las expresiones oracionales[371] tienen como referencia su valor de verdad y como sentido la idea que expresan. Este tipo de definiciones acaba considerando el significado como intensión. Así dos expresiones son sinónimas si tienen la misma intensión, algo que no es del todo satisfactorio, sobre todo en determinados casos como en las actitudes proposicionales (Frege), ya que estos dependen del contexto, no sólo de la intensión. Para Frege, por ejemplo, en una actitud proposicional su referencia no es su referencia usual, sino su sentido usual y su sentido tampoco es el usual. Para Carnap hay dos tipos de contextos lingüísticos extensionales e intensionales. Así una oración aparece en un contexto extensional si la expresión es intercambiable en ese contexto por otra expresión equivalente a ella. Estas expresiones pueden sustituirse *salva veritate*[372]. Mientras que las expresiones en contextos intensionales no, necesitan la misma intensión, estas expresiones son por ejemplo las expresiones que tienen algún tipo de modalidad. Sin embargo hay contextos que no son ni intensionales ni extensionales, son los llamados contextos de actitud proposicional[373].

Un contexto de actitud proposicional[374] sería un contexto que se genera por verbos que expresan actitudes psicológicas del hablante hacia contenidos proposicionales tales como *creer*, *saber*, *desear*, *dudar*, ... o verbos que introducen proposiciones tales como *preguntar*, *decir*,...

Ejemplo 45. Expresión de actitud proposicional:

- *El agente* a *sabe que (está lloviendo en Sevilla).*

- *El agente* a *sabe que (está lloviendo en la capital hispalense).*

A pesar de que ambas sentencias (*está lloviendo en Sevilla* y *está lloviendo en la capital hispalense*) sean verdaderas, no tienen porque ser verdad al introducir la actitud proposicional puesto que el agente *a* no tiene que saber ambas. Puede no saber que Sevilla y la capital hispalense tienen la misma referencia[375]. ■

[371]Téngase en cuenta que este análisis se limita a las oraciones o sentencias. Aunque Frege, Carnap o Kripke analizan no sólo las sentencias, la aproximación formal de este trabajo es desde una lógica modal proposicional, no de primer o segundo orden, así que la explicación se limitará a las oraciones o sentencias.

[372]Principio de Leibniz de la sustituibilidad de los idénticos.

[373]También han sido llamados contextos hiperintensionales.

[374]Véase Vega Reñon y Olmos Gómez (2011), *Proposicionales, actitudes* pp. 494-497 de Alfonso García Suárez, Acero *et al.* (1997) y Acero *et al.* (1998).

[375]Los mayores problemas de este tipo de actitudes es cuando se pasa a una lógica de primer orden. Otro problema sería el de la generalización del cuantificador existencial que se produciría al entrar en relación el operador del verbo de actitud proposicional y el del cuantificador existencial. La regla de generalización es que de *Pa* se puede pasar a «Hay un x tal que tiene la propiedad P». Dependiendo del alcance de los operadores se podría derivar de premisas

La propuesta más conocida dentro de la filosofía del lenguaje y de la lógica para aclarar este tipo de conceptos es la semántica de mundos posibles de Kripke. De esta forma para Kripke, las intensiones son funciones en el dominio del conjunto de mundos posibles[376]. En el caso de las oraciones, la intensión es una función que le asigna un valor de verdad en cada mundo posible. Dos expresiones serían en este caso sinónimas si son equivalentes lógicamente, si tienen las mismas relaciones de accesibilidad. El paso a la creencia resulta ser similar dividiendo los mundos en los que son compatibles con las creencias del sujeto y en los que no son compatibles con sus creencias.

Pero aquí reside el mismo problema de la definición del significado que había con los conceptos de intensión y extensión en las actitudes proposicionales. No es posible considerar estas oraciones sinónimas con el principio de sustituibilidad *salva veritate* (Leibniz). Si usamos verbos de actitudes proposicionales como *saber* o *creer* no se puede sustituir lo que se sabe o se cree por otra oración aunque sea equivalente en intensión[377].

Hay que tener en cuenta la relación deíctica que aporta el agente en el contexto desde un punto de vista sintáctico, pero también semántico y pragmático.

---

verdaderas a conclusiones falsas:

Ejemplo 46. Generalización del cuantificador existencial:

- Mateo cree que Sancho gobernó la ínsula Barataria.
- Mateo cree que alguien gobernó la ínsula Barataria.

De aquí se derivan dos lecturas:

- Hay alguien de quien Mateo cree que gobernó la ínsula Barataria. Con ancho alcance del cuantificador.
- Mateo cree que hay alguien que gobernó la ínsula Barataria. Con ancho alcance del operador modal.

Hay que tener en cuenta las lecturas para no derivar una existencia de una expresión que estaba dentro de una actitud proposicional.

[376]Este es el tipo de semántica que se usa en las lógicas modales intensionales y la usada en lógica epistémica.

[377]Carnap usa en este caso el isomorfismo intensional, pero no resulta del todo correcto, porque deben de tener también la misma estructura lógica. Otro ataque a esta teoría de Carnap viene de la mano de Quine, quién interpreta el significado en términos conductuales definiendo la sinonimia estimulativa. Para Quine son contextos opacos porque no interviene la referencia, no hay posibilidad de sustitución. Son así basadas en relaciones sintácticas entre el hablantes y oraciones y no en una estructura semántica, pero ello lleva a que las lenguas no sean aprendibles. Otra solución desde un análisis semántico es la de Davidson (**?**) que usa la noción de significado estimulativo de Quine con la teoría de Tarski de la satisfactibilidad (Tarski (1944)), intenta explicarlo en términos extensionales y de coordinación o yustaposición de oraciones. Para una visión panorámica de los problemas del significado en filosofía del lenguaje véanse Acero *et al.* (1982); Hierro-Pescador (1986); Acero *et al.* (1997); Frápolli y Romero (1998) y para una selección de textos traducidos al español Valdés (2005).

A través de la lógica epistémica modal intensional se intenta captar esta estructura al introducir un sistema multi-agentes. Sin embargo, a pesar de usar esa estructura intensional y acercarse a una estructura deíctica con la introducción de los agentes, falta todavía una fase importante en el estudio de las actitudes proposicionales, la pragmática. Los estudios de pragmática comienzan con la teoría de los juegos del lenguaje de Wittgenstein y han producido desarrollos tales como las teorías de los actos de habla de Austin o Searle o la implicaturas conversacionales de Grice, actos de habla indirectos. En DEL, se intenta captar la fuerza ilocucionaria de los actos de habla, es decir, la proferencia, entendida como update en un escenario. Es una semántica dinámica que permite aproximarse a la estructura pragmática de la transmisión del conocimiento. No se habla de mundos, sino de estados en los que un agente sabe o cree y lo transmite. A pesar de todo todavía quedan problemas pendientes, sobre todo desde el punto de vista filosófico, algunos de ellos ya se han citado como es el caso de la omnisciencia o la introspección.

Desde el punto de vista de la metodología seguida en este trabajo no se podría decir que el significado resida en ninguno de los aspectos o niveles que se han definido, sino que reside en todos ellos. Es por ello que el análisis del ugarítico, por ejemplo, se lleva a cabo en los diferentes niveles de la lengua y no es posible obtener un significado global hasta que no se analicen todos los niveles. El análisis de este trabajo se ha centrado en la negación ugarítica como actitud proposicional desde un punto de vista de la lógica y la filosofía del lenguaje, a camino entre la sintaxis, la semántica y la pragmática, pero no se puede dar el significado definitivo.

10.2. Modalidad subsentencial y sentencial en ugarítico

Antes de comenzar con el análisis de los ejemplos se debe especificar qué es una modalidad subsentencial en ugarítico. La determinación de un modo en ugarítico es problemático debido a que no poseemos las vocales escritas de la lengua[378]. La modalidad no sólo se expresa mediante el modo, hay casos en los que se utilizan paráfrasis verbales para expresarla[379]. Sin embargo en un principio se va a explicar brevemente la modalidad a través del modo verbal. Debido a las conexiones con este modo verbal se producen los cambios en la semántica de las partículas *lā/ ʾal*.

En ugarítico hay dos formas del verbo que se pueden determinar por la escritura. Estas expresan el aspecto, en ugarítico como en muchas lenguas semíticas no hay diferenciación de tiempo, sino de aspecto acabado o inacabado. Las formas son la conjugación prefijada y la sufijada. Estas dos conjugaciones

[378]Como toda lengua semítica sólo escribe las consonantes y las vocales son las que te determinan la modalidad.

[379]Véase Tropper (2000) §77, p. 719 y ss.

tienen variantes. La que más variantes tiene es la prefijada que puede ser corta o larga y con determinadas funciones cada una de ellas. Las conjugaciones sufijada y prefijada respectivamente se representan con la forma del verbo: *qtl* y *yqtl*[380]:

- *QTL*: es el aspecto terminado del verbo, la conjugación sufijada. Normalmente se usa para los pasados, pues indican una acción terminada. Sin embargo en las distintas lenguas semíticas varía y puede dar lugar a otro tipo de tiempos. En ugarítico también se puede usar para presentes u optativos[381].

- *YQTL*: es el aspecto no terminado, la conjugación prefijada. Esta puede ser larga, con una vocal al final, o corta, sin vocal. Normalmente se usa para presentes y futuros. Aunque hay excepciones, indica una acción no terminada.

En cuanto a los modos hay varios, pero a estos hay que añadirle otro tipo de modalidad que no se considera normalmente dentro del modo verbal. Esta es la modalidad que se ha denominado anteriormente modalidad sentencial, epistémica, deóntica, etc. En el caso del ugarítico se expresaría también a través del modo. Como modo/modalidad se entiende una estrecha categoría gramatical de verbos, son aquéllos que aportan una opinión subjetiva de los hablantes por los que se expresan hechos informativos. Las formulaciones modales no se ajustan solamente a ciertas categorías verbales, sino que también se producen mediante lexicalización y por paráfrasis. Muchas veces se ha considerado que el modo/modalidad en ugarítico es equivalente a la conjugación, sin embargo este punto no es del todo correcto. La diferenciación entre una forma verbal modal y una no modal en los textos resulta bastante difícil y muchas veces acaba dependiendo del contexto:

1. Modo indicativo[382]: corresponde a las oraciones declarativas y se puede encontrar con las siguientes conjugaciones:

    - Oraciones indicativas con la conjugación prefijada corta con función indicativa. Sin embargo con esta conjugación también nos encontramos con volitivos y enérgicos.
    - Declarativas con una conjugación prefijada larga, aunque también expresiones que indican poder, deber o permitir.

[380]Para un estudio detallado de los aspectos en ugarítico, véanse Bordreuil y Pardee (2004); Cunchillos (1992); Cunchillos y Zamora (1995); Sivan (1997); Segert (1984); Tropper (2000). Para un estudio de los aspectos verbales y su función en hebreo bíblico, véase Hatav (1997).

[381]Véase Segert (1984) p. 98.

[382]Véase Tropper (2000) §77.2, p. 719.

- Con la conjugación sufijada normalmente se encuentran los indicativos, pero hay casos de volitivos.
- Normalmente las oraciones nominales que tienen como predicado sustantivos verbales. Es el caso de los infinitivos por ejemplo, suelen ser indicativas. Sin embargo hay autores que afirman que existen oraciones nominales con matiz volitivo[383].

2. Modo volitivo o inyunctivo[384]: es el segundo modo verbal en ugarítico y corresponde a los deseos y comandos. Una modalidad volitiva puede determinar también la habilidad o la oportunidad[385]. Al igual que el modo indicativo, se expresa por diferentes conjugaciones, aunque en la mayoría de los casos se construye con la conjugación prefijada *YQTL*:

- Imperativo: expresa comandos en primera persona. Forma corta de la conjugación prefijada -ī, -ā, -ū[386]. La forma de imperativo no se puede negar, su negación es con la partícula *ʼal*. Para la 2ª persona se usa la forma corta prefijada de volitivo o yusivo.
- Yusivo-Volitivo[387]: expresa los comandos y deseos con la conjugación prefijada de forma corta con función volitiva. Se expresan para primera persona y para la tercera persona. La segunda persona tiene esencialmente la misma función que el imperativo, pero con tono de cortesía, por eso se utiliza para personas de alto rango[388]. También hay ocurrencias de matiz volitivo con las conjugaciones sufijadas [389].
- Cohortativo-Volitivo[390]: también se usa una variante de la conjugación prefijada con valor de volitivo que se considera una conjugación extendida para primera persona.
- Modo subordinativo[391]: es un modo dependiente sintácticamente de las frases subordinadas, pero no difiere sustancialmente de la frase principal. Se puede comparar con el subjuntivo basado en la subordinación del acadio. En las frases compuestas con indicativo se espera que se use la forma verbal indicativa.

383 Véase Tropper (2000) §77.36, p. 727.
384 Véase Tropper (2000) §77.3 p. 720 y ss.
385 Véase Portner (2009), §4.4.1 Volitional modality p. 196 y ss.
386 Véase Segert (1984) p.56 y Tropper (2000) §73.1, p. 425, §77.3, p. 720.
387 Véase Sivan (1997) p. 98; Segert (1984) p. 56 y Tropper (2000) §77.3 p. 720 y ss.
388 Véase Tropper (2000) §77.32 p. 721.
389 Véase Tropper (2000) §77.34 y §77.35 en pp. 726-727 .
390 Véase Tropper (2000) §77.33 p. 725.
391 Véase Tropper (2000) §77.38, p. 728.

- Sustantivo verbal con matiz volitivo[392]: hay autores que afirman que es posible que en ugarítico las frases con infinitivo u otra forma de sustantivo verbal como predicado, sean utilizadas con matiz volitivo. Sin embargo algunos de los ejemplos tienen una interpretación controvertida.
- Frases nominales con matiz volitivo[393]: las frases nominales son construcciones neutrales en el modo y en el tiempo. Por lo general tienen un matiz indicativo, es decir funcionan como frases declarativas, pero hay autores que afirman que las frases nominales en ugarítico pueden tener un matiz volitivo. Estos matices no están específicamente etiquetados y la modalidad sólo se deduce del contexto.

3. Modo enérgico: *YQTL-AN (NA)*[394]. En ugarítico hay una forma verbal llamada enérgico (*-n*). Es usada frecuentemente en textos poéticos. Su forma morfológica es claramente distinguible a través del morfema enérgico en posición absoluta o en combinación con el pronombre sufijado (normalmente con el de 3º persona singular). En los casos en los que aparece con el pronombre sufijado, no siempre realiza la función de enérgico. Así, es posible que estas formas, al menos algunas veces, sean utilizadas como variantes de modalidad neutral. La forma enérgica añade en un principio un matiz modal específico, un énfasis especial que subyace a la forma verbal. Por lo tanto el enérgico ugarítico es un auténtico modo, con diferencias formales corresponde al ventivo acadio. La forma enérgica se especifica en las conjugaciones verbales, es decir, aparece en ugarítico combinada con las diversas conjugaciones verbales, tanto con indicativo, como con volitivo actuando como extensión de éste. El enérgico ugarítico, aunque con diferencias importantes en su forma, corresponde al modo enérgico del árabe. En árabe sólo se usa en combinación con la conjugación prefijada corta, mientras que el enérgico ugarítico (como el acadio) tiene muchas posibilidades, también se usa con la conjugación prefijada larga. La otra es que el enérgico ugarítico tiene una función mucho más amplia que el enérgico árabe, principalmente se usa en en las afirmaciones (sobre todo en los juramentos).

4. Modales sentenciales *deber*, *poder* y *saber*[395]: Para estos matices modales no hay en ugarítico ninguna especificación en el modelo verbal o

[392]Véase Tropper (2000) §77.36 p. 727 y para ejemplos sin interpretación controvertida §73.532 p. 492.

[393]Véase Tropper (2000) §77.37 pp. 727-728 y §92.52 p. 859.

[394]Véase Segert (1984) p 56 ; Sivan (1997) p. 98 y Tropper (2000) §77.4 p. 730 y ss.

[395]Véase Tropper (2000) §77.5 p. 734 y ss.

en los modos para su determinación. Parece ser que siempre se expresan en la conjugación prefijada larga, generalmente en indicativo con aspecto imperfectivo. Los matices modales suelen ser derivados del contexto por lo que no siempre son seguros.

10.3. Lógica Epistémica Dinámica para *´al / lā*

A continuación se volverá a todas las ocurrencias de las partículas *lā/ ʾal* en las cartas ugaríticas. Ya se han analizado morfológicamente y se han visto las diferentes traducciones que nos ofrecen en distintas lenguas. Ahora se van a analizar cada una de ellas desde una semántica basada en lógica epistémica dinámica para un paradigma negativo. Se utilizará el operador *K* como estructura de la aseveración. Los anuncios públicos seguirán siendo la actualización de la información en una conversación. En este caso, el de un paradigma negativo, sólo se va a necesitar el agente *a*, sin embargo se mantendrá la notación a pesar de que no sea necesario un sistema multi-agentes. Estos análisis servirán de ejemplo para especificar el paradigma con más detalle y analizar los distintos cambios que se producen a nivel subsentencial.

10.3.1. Partícula *lā* negativa

La partícula *lā* tiene una función negativa cuando el verbo va en modo indicativo. Sin embargo, determinar el modo del verbo no resulta fácil, como hemos visto anteriormente, pues muchas veces no tiene ninguna característica morfológica reconocible. Ello lleva a los semitistas a determinar el modo verbal por el contexto. Este trabajo se guiará por los análisis realizados por los expertos en morfología. Es un análisis de semántica formal, por lo que se aceptarán las elecciones mayoritarias realizadas por los semitistas en cuanto a la elección del modo verbal en las sentencias elegidas.

Hay ocurrencias de la partícula *lā* en indicativo consideradas casi seguras. Es decir, la mayoría de los semitistas pueden coincidir en que se está ante una sentencia con verbo en indicativo y la interpretación de la partícula sería una interpretación negativa. A continuación se expondrán las interpretaciones más o menos seguras de *l* + indicativo con la traducción aproximada sin tener en cuenta la interpretación de éstas como un paradigma negativo:

l + verbo en indicativo	Interpretación negativa en la mayoría de los casos	Traducción aproximada: valor negativo
00-2.17:1-3	***• l yblt . ḫbṯm • ap ksphm• l yblt***	«No he traído a los libertos, tampoco su plata, y no he traído...»

l + verbo en indicativo	Interpretación negativa en la mayoría de los casos	Traducción aproximada: valor negativo
00-2. 30:19	***l . ʿl** . w . lakm*	«no ataca, entonces enviaré»
00-2. 63: 7	*lm[.]l **. likt***	«¿Por qué no has enviado...»
R1-2. 63:10	*[ʿ]ly . **l . likt***	«no ha enviado»
00-2.31:65	*[. . . n]pšy . w ydn . bʿ[. . .]n • [. . .]m . k yn . hm . **l atn** . bty . lh •*	«no le entregaré mi casa»
R1-2.33:26	*rgmt . ʿly . ṯh . lm • **l . ytn** . hm . mlk . ʿly • w . hn . ibm . šṣq . ly*	«¿Por qué el rey no me los otorga?»
00-2.33:28	*w . hn . ibm . šṣq . ly • p . **l . ašt** . atty • nʿry . ṯh . l pn . ib*	«yo no pondré a mi mujer y a mis hijos»
R1-2.36:10-11	*qrt ? w nṯb . ʿmnkm . qrb[n . . .] • [-]r . ip[d] ? . w . at . ʿmy . **l . mǵt** ? [. . .] • [w .] mla[k]tk . ʿmy . **l . likt** • [h]t .km ? šknt . ly . ht . hln . ḫrṣ*	«a mi no viniste... y no me enviaste»
R1-2.36:28	*qdš . w . b . ḥwt [. . .] • w . **l . tḫlq** . ḥwt [. . .] •* __________	«y X no perecerá»
11-2.39:9	*w . b[ʿlh] . uk . nǵr • w . ḏ[rʿ . l .]adny . **l . yḫsr** • at[. hn . y]dʿ . l . ydʿt*	«que no le falte grano a mi señor»
11-2.39:10	*w . ḏ[rʿ . l .]adny . l . yḫsr • at[. hn . y]dʿ . **l . ydʿt** • ht [.]at[.]l ? špš . bʿlk*	«Tú no lo has reconocido»
00-2.39:14	*ht [. . .] . špš . bʿlk • ydʿm . **l . ydʿt** • ʿmy . špš . bʿlk*	«Tú no lo has reconocido en absoluto»
R1-2.39:16	*ʿmy . špš . bʿlk • šnt . šntm . lm . **l . tlk** • w . lḥt . akl . ky*	«¿Por qué no vienes?»
R1-2.50:10	*[. . .]-y . w . lm • **[l likt]*** šil . šlm[y] • *[. . .] ank*	«No me enviaste»
10-2.50:16	*[. . .]-y . ʿmk • [. . .]– ? w . **l . štnt** • [. . .]d . nʿm ? lbšk*	«Tú no fuiste entregado»

l + verbo en indicativo	Interpretación negativa en la mayoría de los casos	Traducción aproximada: valor negativo
10-2.50:19-20	*[...]–m . d .* **l . nʿm** *• [...]l . **likt** . ʿmy • [...]ʿbd . ank*	«El cual no fue agradable», «No me enviaste»
11-5.11:7	*aṯt* **lṯṯ** *lḥmy • wlṯṯ yny ksp ṯl • ṯt ʿmlt l adn*	«la mujer no... no acoge»
R1-5.11:13-14	*w arš l aḫtk • d* **bl ttn** *tyt • hm* **lṯṯ** *l pkdy*	«que no dará ella ninguna *asa foetida*», «si ella no amuebla»
RS 94.2406 lineas:24-25	*w. ugrt. [i]la[k][...] • w išmʿ. [k].**l.ʿ[rb]** [...] • bk ankm ilak*	«Ella no llevó la garantía»
RS 94.2406 Lineas:28-29	*[w] g[p]m.ʿdbm • **wl ʿrbt** bk **l ʿrbt•** ʿmy.mlk[.i]lak • w rʾš[k].ḫlq*	«si ella no te garantiza, si no está de acuerdo conmigo»
RS 96.2039 Línea:19	*w k in [h] lk • w.**l.likt** • ʿm mlk*	«Yo no he enviado un mensaje»
RS 94.2284 Línea:8	*w lb ʾaḫtk. mrṣ • ky. ḫbt w* **l uš'al** *• ʾu ky. b ḫ. yr k ʾind šʾiln*	«Yo no fui consultado»
RS 94.2284 Línea:29	*ṯn ḫpnm . ḥdm • hyd . d ẓnt . ly* **l ytn** *• w ks . pʾa . ʾamḫt . ʾakydnt*	«(por?) las provisiones de vino que no se me han dado»
RS 94.2284 Línea:34	*w mlʾaktk . lm tšḫr • ʿmy .* **l ydʿ** *. lby k mrṣ*	«No sabes que mi corazón está enfermo?»
RS 94.5015 Línea:10	*bʿ ly . ʾaṯṯb . w . ml • ʾap . hnkt .* **[l . k]nt** *• mlḫmt . b . ḥwt. ʿ bdk*	«No hubo guerra»
RS 94.5015 Línea:15	*bʿ ly . ṯnʾid . ṯlṯʾi[d][...] • p* **l . lʾikt** *. l . ḫr[...] • [ngr] . ʾar . w . [-][...]*	«Tu no has enviado (un mensaje)...»
RS 94.2545+ RS94.2944+ RS94.2950 Línea:9	*[–]ny . [-][-][-][-]lb nḫtk • [–]ṣ . k[y .] ḫbt . w* **l uš'al** *• [ ][yb]y ḥdy . ly*	«No he sido consultado jamás»

Si se tiene en cuenta la hipótesis anterior, este tipo de negación se interpretaría como una estructura de un paradigma negativo al mismo nivel que normalmente se interpreta uno aseverativo. La estructura se podría expresar mediante la formalización $\neg K_a\varphi$, más concretamente la proferencia de esta estructura $< \neg K_a\varphi > E_B \neg K_a\varphi$[396]. φ representaría la proposición que sigue al evidencial, en este caso al evidencial negativo. No hay una negación normal como anteriormente se había interpretado, lo que aparece es una negación de las evidencias con una estructura modal, es decir, una estructura de negación intensional epistémica. La negación no es una negación del verbo principal de la sentencia, sino la negación de la modalidad epistémica. Introduce la perspectiva del agente dentro de la estructura de la sentencia, expresa una relación deíctica y funciona como «nexus focus» en negativo. Esta interpretación semántica ofrece matices que antes no se tenían en la simple negación de la sentencia. La negación del conocimiento del agente es un matiz que permite explicar las diferentes combinaciones que se producen a nivel subsentencial con el modo verbal en ugarítico. El sistema modal negativo que se propone aquí funciona a nivel subsentencial, sentencial y discursivo. Funciona a nivel discursivo, realizando en algunos casos una traducción a nuestras lenguas más cercana a una sentencia interrogativa. A nivel subsentencial, se producen relaciones con el modo verbal. Al ser una negación modal, afirma que «no sabe», pero no niega la posibilidad de que sea φ, o lo que es lo mismo, «el agente no tiene evidencias de φ». Precisamente esto es lo que produce su cambio a una partícula positiva cuando va acompañada de un modo verbal[397].

La estructura semántica de un anuncio público como $< \neg K_a\varphi > E_B \neg K_a\varphi$, puede definirse tal y como se habían definido anteriormente los anuncios públicos en lógica epistémica dinámica, una negación y la definición del operador modal[398].

La definición de $K_a\varphi$ tiene el mismo alcance que aporta un operador modal de necesidad. En lugar de mundos se habla de estados, es la diferencia que había con la estructura de la modalidad de Kratzer y la lógica dinámica epistémica que se ha aplicado a los evidenciales. Es decir, se centra en un operador epistémico que es realizado por un agente, de ahí que las relaciones de accesibilidad sean definidas por los agentes que dan valores a las proposiciones en un estado concreto. El anuncio público es la proferencia que transmite esa información, produce un cambio de modelo. La negación de este operador de necesidad epistémico es como la posibilidad de la negación : $\Diamond\neg\varphi \Leftrightarrow \neg\Box\varphi$. Un agente que afirma que no tiene evidencias de φ no está negando por completo la posibilidad de φ. El agente considera posible tanto φ como $\neg\varphi$, lo único que afirma es que no puede asegurar φ porque no tiene evidencias de ello. Así $< \neg K_a\varphi > E_B \neg K_a\varphi$ equivale a hacer un anuncio público de su ignorancia, el agente no puede diferenciar entre el estado s y el estado t:

[396]Véase de nuevo el apartado anterior, la explicación de la lógica epistémica dinámica que puede captar la estructura pragmática de una proferencia.

[397]Para este tipo de cambios subsentenciales véase apartado siguiente de l + modal.

[398]Véase de nuevo la definición de la semántica de la Lógica Epistémica Dinámica con anuncios públicos en en la página 121.

- $M, s \models \hat{K}_a \neg \varphi$ ssi hay un t tal que $sR_a t$, $M, t \models \neg \varphi$

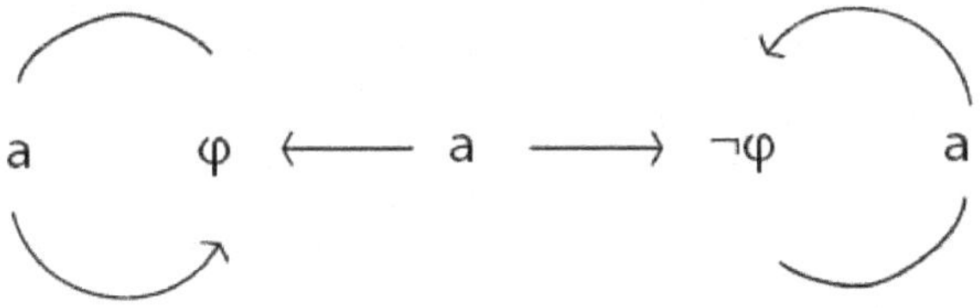

Figura 10.1: Representación de $\neg K_a \varphi$: *l*+indicativo

La siguiente tabla expresa la traducción aproximada de estas sentencias teniendo en cuenta este análisis semántico y la formalización de su estructura con una lógica dinámica epistémica. Téngase en cuenta que esta estructura en nuestras lenguas sólo se puede traducir mediante paráfrasis, pues no existe una estructura similar de evidencialidad.

l + verbo en indicativo	Interpretación negativa en la mayoría de los casos	Traducción aproximada y formalización
00-2.17:1-3	• ***l yblt*** . *ḫbṯm* • *ap ksphm*• ***l yblt***	« *No tengo evidencias de* (haber traído a los libertos, su plata), y *No tengo evidencias de* (que llegaran)». $< \neg K_a(\varphi \wedge \psi) \wedge \neg K_a \gamma > E_B \neg K_a(\varphi \wedge \psi) \wedge \neg K_a \gamma$
00-2. 30:19	***l . ỉ*** . *w . lakm*	«*Si no tengo evidencias de que* (nos ataque), ...».$< \neg K_a \varphi > E_B \neg K_a \varphi$
00-2. 63: 7	*lm*[.]*l̊* . ***likt***	«*No tengo evidencias de que* (hayas enviado...)»$< \neg K_a \varphi > E_B \neg K_a \varphi$
R1-2. 63:10	*[ʿ]ly* . ***l . likt***	«*No tengo evidencias de que* (hayas enviado)» $< \neg K_a \varphi > E_B \neg K_a \varphi$

l + verbo en indicativo	Interpretación negativa en la mayoría de los casos	Traducción aproximada y formalización
00-2.31:65	*[. . . n]pšy . w ydn . bʿ[. . .]n • [. . .]m . k yn . hm .* ***l atn*** *. bty . lh •*	«*No tengo evidencias de que* (le vaya a entregar mi casa)» $<\neg K_a\varphi> E_B\neg K_a\varphi$
R1-2.33:26	*rgmt . ʿly . ṯh . lm •* ***l . ytn*** *. hm . mlk . ʿly • w . hn . ibm . šṣq . ly*	«¿Por qué, *no tengo evidencias de que* (el rey me los de)?» $<\neg K_a\varphi> E_B\neg K_a\varphi$
00-2.33:28	*w . hn . ibm . šṣq . ly • p .* ***l . ašt*** *. aṯty • nʿry . ṯh . l pn . ib*	«*Yo no tengo evidencias de que* (vaya a poner a mi mujer y a mis hijos)» $<\neg K_a\varphi> E_B\neg K_a\varphi$
R1-2.36:10-11	*qrt ? w nṯb . ʿmnkm . qrb[n . . .] • [-]r . ip[d] ° . w . at . ʿmy .* ***l . mǵt*** *? [. . .] • [w .] mla[k]tk . ʿmy .* ***l . likt*** *• [h]t .km ? šknt . ly . ht . hln . ḫrṣ*	«*No tengo evidencias de* (que vinieras) *y no tengo evidencias de que* (me enviaras)» $<\neg K_a\varphi \wedge \neg K_a\psi> E_B \neg K_a\varphi \wedge \neg K_a\psi$
R1-2.36:28	*qdš . w . b . ḥwt [. . .] • w .* ***l . ṯhlq*** *. ḥwt [. . .] •* __________	«*y no tengo evidencias de que* (X vaya a perecer)» $<\neg K_a\varphi> E_B\neg K_a\varphi$
11-2.39:9	*w . b[ʿlh] . uk . nǵr • w . ḏ[rʿ . l .]adny .* ***l . yḫsr*** *• at[. hn . y]dʿ . l . ydʿt*	«*No tengo evidencias de que* (le vaya a faltar grano a mi señor) » $<\neg K_a\varphi> E_B\neg K_a\varphi$
11-2.39:10	*w . ḏ[rʿ . l .]adny . l . yḫsr • at[. hn . y]dʿ .* ***l . ydʿt*** *• ht [.]at[.]l ? špš . bʿlk*	«*no tengo evidencias de que* (lo hayas reconocido)» $<\neg K_a\varphi> E_B\neg K_a\varphi$
00-2.39:14	*ht [. . .] . špš . bʿlk • ydʿm .* ***l . ydʿt*** *• ʿmy . špš . bʿlk*	«*No tengo evidencias de que* (lo hayas reconocido en absoluto)» $<\neg K_a\varphi> E_B\neg K_a\varphi$

l + verbo en indicativo	Interpretación negativa en la mayoría de los casos	Traducción aproximada y formalización
R1-2.39:16	*ʿmy . špš . bʿlk • šnt . šntm . lm .* ***l . tlk*** *• w . lḥt . akl . ky*	«¿Por qué *no tengo evidencias de que* (vienes)?» $< \neg K_a \varphi > E_B \neg K_a \varphi$
R1-2.50:10	*[. . .]-ẙ . w . lm •* ***[l likt]*** s̊il . šlm[y] • *[. . .] ånk*	«*No tengo evidencias de que* (me enviaras)» $< \neg K_a \varphi > E_B \neg K_a \varphi$
10-2.50:16	*[. . .]-ẙ . ʿmk • [. . .]–̊ ? w .* ***l . štnt*** *• [. . .]d . nʿm̊ ? lbšk*	«*No tengo evidencias de que* (fueras entregado)» $< \neg K_a \varphi > E_B \neg K_a \varphi$
10-2.50:19-20	*[. . .]–̊m . d .* ***l . nʿm*** *• [. . .]l .* ***likt*** *. ʿmy • [. . .]ʿbd . ank*	«*No tengo evidencias de que* (fuera agradable)», «*No tengo evidencias de que* (me enviaras)» $< \neg K_a \varphi > E_B \neg K_a \varphi$
11-5.11:7	*åṯt* ***lṯṯ*** *lḥmy • wlṯṯ yny ksp ṯl • ṯt ʿmlt l ådn̊*	«*No tengo evidencias de que* (la mujer)... *no tengo evidencias de que* (acogiera)» $< \neg K_a \varphi > E_B \neg K_a \varphi$
R1-5.11:13-14	*w arš l aẖtk • d* ***bl ttn*** *tyt • h̊m̊* ***lṯṯ*** *l p̊kdy*	«*No tengo evidencias de que* (diera ella ninguna *asa foetida*)» $< \neg K_a \varphi > E_B \neg K_a \varphi$, «si *no tengo evidencias de que* (ella amueble)» $< \neg K_a \varphi > E_B \neg K_a \varphi$
RS 94.2406 lineas:24-25	*w. ugrt. [i]la[k][...] • w išmʿ. [k].****l.ʿ[rb]*** *[. . .] • bk ankm ilak*	«*No tengo evidencias de que* (ella llevara la garantía)» $< \neg K_a \varphi > E_B \neg K_a \varphi$

l + verbo en indicativo	Interpretación negativa en la mayoría de los casos	Traducción aproximada y formalización
RS 94.2406 **Lineas:28-29**	*[w] g[p]m.ˤdbm • wl ˤrbt bk **l** ˤrbt• ˤmy.mlk[.i]lak • w rˀš[k].ḫlq*	«si *no tengo evidencias de que* (ella te garantice), si *no tengo evidencias de que* (está de acuerdo conmigo)» $< \neg K_a \varphi \wedge \neg K_a \psi > E_B$ $\neg K_a \varphi \wedge \neg K_a \psi$
RS 96.2039 **Línea:19**	*w k in [h] lk • w.**l.likt** • ˤm mlk*	«*No tengo evidencias de* (haber enviado un mensaje)» $< \neg K_a \varphi >$ $E_B \neg K_a \varphi$
RS 94.2284 **Línea:8**	*w lb ˀaḫtk. mrṣ • ky. ḫbt w **l** **ušˀal** • ˀu ky. b ḥ. yr k ˀind šˀiln*	«*No tengo evidencias de* (haber sido consultado)» $< \neg K_a \varphi > E_B \neg K_a \varphi$
RS 94.2284 **Línea:29**	*ṯn hpnm . ḥdm • hyd . d znt . ly **l** **ytn** • w ks . pˀa . ˀamḫt . ˀakydnt*	«(por?) las provisiones de vino que *No tengo evidencias de* (que se me hayan dado)» $< \neg K_a \varphi > E_B \neg K_a \varphi$
RS 94.2284 **Línea:34**	*w mlˀaktk . lm tšḫr • ˤmy . **l ydˤt** . lby k mrṣ*	«*No tengo evidencias de* (que sepas que mi corazón está enfermo)?» $< \neg K_a \varphi >$ $E_B \neg K_a \varphi$
RS 94.5015 **Línea:10**	*bˤ ly . ˀaṯtb . w . ml • ˀap . hnkt . [**l** . **k]nt** • mlḥmt . b . ḥwt. ˤbdk*	«*No tengo evidencias de* (que hubo guerra)» $< \neg K_a \varphi > E_B \neg K_a \varphi$
RS 94.5015 **Línea:15**	*bˤ ly . ṯnˀid . ṯlṯˀi[d][...] • p **l** . **lˀikt** . l . ḫr[...] • [nǵr] . ˀar . w . [-][...]*	«*No tengo evidencias de* (que hayas enviado (un mensaje)...)» $< \neg K_a \varphi > E_B \neg K_a \varphi$
RS 94.2545+ **RS94.2944+** **RS94.2950** **Línea:9**	*[-]ny . [-][-][-][-]lb nḫtk • [-]ṣ . k[y .] ḫbt . w **l ušˀal** • [ ][yb]y ḥdy . ly*	«*No tengo evidencias de* (haber sido consultado jamás)» $< \neg K_a \varphi > E_B \neg K_a \varphi$

Como ya se ha indicado varias veces, la correcta interpretación de la lengua ugarítica viene determinada muchas veces por su vocalización que no se escribe. Además hay problemas debido a que el soporte de la escritura, la tablilla, muchas veces está demasiado dañado para ser leído correctamente. Todo ello conlleva muchos problemas de interpretación y una multitud de interpretaciones que se consideran dudosas. Entre las más dudosas, pero al parecer con más probabilidades de ser una *l* + indicativo, se encuentran las siguientes. La mayoría de ellas corresponden a contextos muy fragmentarios, por lo que las elecciones entre una partícula negativa o positiva carecen de verdaderos fundamentos. Aquí se han interpretado como *l* + indicativo siguiendo la opinión de la mayoría de los expertos en morfología ugarítica, pero considero que no hay razones suficientes para determinarlas con seguridad.

l + indicativo	Interpretación dudosa	Traducción aproximada: Valor negativo
R1-2.3:14	*w . hw . uẙ . ʿn[. . .] •* ***l ytn*** *. w rgm [. . .] • w yrdnn .ån̊[. . .]*	«él no dió, él dijo»
10-2.70:22	*ṯmt . ʿmnk •* ***klttn*** *. akl . lhm • w . ktšal*	«No se les dió grano» / o *l* + volitivo: «Tú de seguro das el grano» («debes darle grano»).
00-2.75:13	__________ *• w .* ***l . tʿw[r . . .*** *] • w . ḥd . a[. . .]*	«Y no te ciega»
R1-2.80:7	*w lb . bnk •* ***l yšqp*** *. uṣ/l ʿnk • w ank . ṯṯ . ymm*	«El no aflija/afligirá»
00-2.86:17	*mdy . ʿmk[...] • lm .* ***l . hbṯ̣-*** *[...] • ht . alpy . [...]*	«El no se abatió»

Las mismas sentencias, con la interpretación de la negación como negación de las evidencias, darían el siguiente resultado:

l + indicativo	Interpretación dudosa	Traducción aproximada: Valor negativo
R1-2.3:14	*w . hw . uẙ . ʿn[. . .] •* ***l ytn*** *. w rgm [. . .] • w yrdnn .ån̊[. . .]*	«*No tengo evidencias de que* (él diera), él dijo» $< \neg K_a \varphi >$ $E_B \neg K_a \varphi$

l + indicativo	Interpretación dudosa	Traducción aproximada: Valor negativo
10-2.70:22	*ṯmt . ʿmnk* • ***klttn*** *. akl . lhm* • *w . ktšal*	«*No tengo evidencias de que* (se les diera grano)» $< \neg K_a\varphi > E_B\neg K_a\varphi$ / o *l* + volitivo: «Tú de seguro das el grano» (para una interpretación der *l* + volitivo véase apartado siguiente).
00-2.75:13	_________ • *w .* ***l . tʿw[r*** *...]* • *w . ḥd . a[...]*	«*Y no tengo evidencias de que* (te ciegue)» $< \neg K_a\varphi > E_B\neg K_a\varphi$
R1-2.80:7	*w lb . bnk* • ***l yšqp*** *. uṣ/l ʿnk* • *w ank . ṯt . ymm*	«*No tengo evidencias de que* (el aflija/afligirá)» $< \neg K_a\varphi > E_B\neg K_a\varphi$
00-2.86:17	*mdy . ʿmk[...]* • *lm .* ***l . hbṭ****-[...]* • *ht . alpy . [...]*	«*No tengo evidencias de que* (se abatiera)» $< \neg K_a\varphi > E_B\neg K_a\varphi$

10.3.2. Partícula *ʾal* positiva

Antes de comenzar el análisis de las partículas *lā/ ʾal* en relación con la modalidad hay que determinar las partículas mismas. Como ya se ha indicado, la partícula *ʾal* positiva es muy difícil de diferenciar de la partícula negativa. Esta partícula suele aparecer en sentencias que se han traducido por preguntas retóricas y la mayoría de los ejemplos provienen de la poesía. De hecho no existen ejemplos seguros en las cartas ugaríticas.

He tomado la opción de una partícula positiva y negativa, tal y como tradicionalmente se afirma en los estudios ugaríticos. Al igual que se interpreta *l*-negativa y *l*-positiva como una misma partícula, *al*-positiva y *al*-negativa son también una sola partícula. Como se explicará más adelante el cambio de positivo a negativo viene por su relación con la modalidad subsentencial y sentencial.

La partícula *lā* correspondía al anuncio público de $< \neg K_a\varphi > E_B\neg K_a\varphi$ y actuaría de esta forma únicamente en contextos indicativos. El caso de la partícula *ʾal* corresponde al anuncio público de $< \neg\hat{K}_a\varphi > E_B \neg\hat{K}_a\varphi$. Es decir, la negación de la posibilidad epistémica que correspondería a un anuncio público de la necesidad de la negación: $\neg\Diamond\varphi \Leftrightarrow \Box\neg\varphi$. Esta hipótesis, siguiendo el análisis formal con una lógica epistémica dinámica tal y como se ha hecho con *lā*, atribuye a *ʾal* la siguiente semántica:

Definición 47. Partícula *ʾal*:$\neg\hat{K}_a\varphi$

- $M,s \models K_a\neg\varphi$ ssi para todo s hay un t tal que sR_at, $M,t \models \neg\varphi$ ■

El modelo semántico de la partícula sería el siguiente:

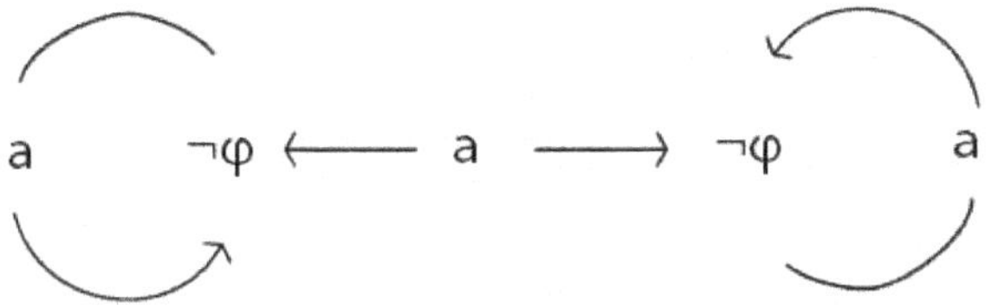

Figura 10.2: Representación de $\neg\hat{K}_a\varphi$: *´al* + indicativo.

Sin embargo su lexicalización con indicativo no es como operador de necesidad, sino de negación de la posibilidad lo que abre la posibilidad de una traducción por pregunta retórica. La traducción de *ʾal* sería «No es posible que tenga evidencias de...»[399].

Como no hay ejemplos de las cartas, se tomará algún ejemplo de otros géneros literarios. Sin embargo ninguno de los ejemplos de un *ʾal* positivo tiene una interpretación segura. Hay diferentes interpretaciones de las sentencias y la mayoría se pueden interpretar como positivas o negativas, como preguntas retóricas[400]. También es dudoso el modo verbal en el que están construidas[401]. De todas formas, para explicar con mayor claridad la semántica de *ʾal* se analizarán dos ejemplos de un *ʾal* positiva, aunque hay recordar que no son seguros[402]:

[399]Este tipo de partículas altera su semántica con una modalidad sentencial y subsentencial como se verá más adelante. Además de ello, creo posible que se produzca un cambio similar con la modalidad discursiva, ya que el paradigma aseverativo-negativo funciona a todos los niveles. De ahí que se produzcan relaciones diferentes con particulas interrogativas. Muchas lenguas usan las mismas partículas para la negación y la interrogación como parte de una estructura de no afirmación, véase Palmer (2001) p. 52. Esto es sólo una indicación que debería ser analizada en profundidad con los ejemplos. No hay ocurrencias de las particulas en cuestiones (de *ʾal*) en las cartas, al igual que no hay *ʾal*-positivas. Deben de ser analizadas no solo con respecto a la modalidad sentencial y subsentencial sino también con respecto a la discursiva y al género literario.

[400]Tanto en Tropper (2000) p. 804 y ss., y en del Olmo Lete y Sanmartín (1996) p. 23, se habla de un probable sintagma elíptico o idioma suprasegmental: pregunta retórica.

[401]Recuérdese la dificultad de determinar el modo en ugarítico en en la página 135.

[402]Los ejemplos son tomados de Tropper (2000) p. 805 y del Olmo Lete y Sanmartín (1996) p. 23. Los análisis provienen de AMU.

1. *al* + indicativo: **00-1. 4:VII:45** *dll . al . ilak . l bn*[403]

- ***dll*:** Nº 2 – Nivel: 1 – *dll* = *dll* + - [Cadena = sustantivo + desinencia] REGLAS UTILIZADAS POR AMU: Sustantivo(*dll*)–≥desinencia(-);sustantivo(*dll*); SUSTANTIVO m. s. RADICAL: *dll* sustantivo «embajador, correo, mensajero.» (≥ *dallāl* «corredor» arb.; «homenaje, adhesión.» (≥ *dll* «humillar, sojuzgar» ug.

- ***al*:** Nº 1 – Nivel: 1 – *al* = *al* [Cadena = adverbio: de afirmación] REGLAS UTILIZADAS POR AMU: Entrada del léxico(*al*)–≥adverbio: de afirmación(*al*) ADVERBIO: DE AFIRMACION RADICAL: *al* adverbio: de afirmación II «cierto, sin duda, ciertamente» (≥ *ʾalā* «» arb.; *ʾal* «» hb.

- ***ilak:***

  - Nº 8 – Nivel: 2 – *ilak* = *i-* + *n-* + *lik* + - [Cadena = prefijo y afijo verbal + prefijo verbal + preformante + verbo: regular + afijo verbal] REGLAS UTILIZADAS POR AMU: Asimilación de la *n-* del Nifal en el *yqtl* –≥Forma verbal(*ilak*)–≥Prefijo verbal(*i-*);Afijo verbal(-);Resto de cadena(*lak*)–≥Resto de cadena(*lak*) –≥ preformante(-); Forma regular.verbo: regular(*lik*). FORMA VERBAL: -≥ *yqtl* 1ª c. s. CONJUGACIÓN: N RAÍZ: *lik* verbo: regular «encargar, comisionar, enviar.» (≥ *laʾaka* «enviar» arb.; *laʾaka* «enviar» etiop.

  - Nº 7 – Nivel: 2 – *ilak* = *i-* + - + *lik* + - [Cadena = prefijo y afijo verbal + prefijo verbal + preformante + verbo: regular + afijo verbal] REGLAS UTILIZADAS POR AMU: Forma verbal(*ilak*)–≥Prefijo verbal(*i-*);Afijo verbal(-);Resto de cadena(*lak*)–≥Resto de cadena(*lak*) –≥ preformante(-); Forma regular.verbo: regular(*lik*). FORMA VERBAL: -≥ *yqtl* 1ª c. s. CONJUGACIÓN: G, Gp, D, Dp RAÍZ: *lik* verbo: regular «encargar, comisionar, enviar.» (≥ *laʾaka* «enviar» arb.; *laʾaka* «enviar» etiop.

- ***l*:** Nº 6 – Nivel: 1 – *l* = *l* [Cadena = preposición] REGLAS UTILIZADAS POR AMU: Entrada del léxico(*l*)–≥preposición(*l*) PREPOSICION RADICAL: *l* preposición I «a, para.» (≥ *l-* «a, para» sem.com. *l-* «a, para»; *li-* «» ug.; «de, desde.» (≥ *l* «de, desde» hb.; «hasta.» (≥ «hacia, en dirección de.» (≥ «entre.»

- ***bn*:** Nº 6 – Nivel: 1 – *bn* = *bn* + - [Cadena = sustantivo + desinencia] REGLAS UTILIZADAS POR AMU: Sustantivo(*bn*)–≥desinencia(-);sustantivo(*bn*); SUSTANTIVO m. s. RADICAL: *bn* sustantivo I «hijo, perteneciente a, socio, miembro, afiliado.» (≥ *ʾibn* «hijo» arb.; *bn* «hijo» fen.; *bēn* «hijo» hb.; *bar* «hijo» sir.; *bn* «hijo» s.arab.; *bny* «construir, crear» ug.

Traducción aproximada tradicional:

---

[403] Otras numeraciones: A 2777 = CTA 4 = KTU 1.4 = M 8221 = RS 3.347+3.341+3.323+2.8 = UT 51. Museo: Alepo. Lugar de hallazgo: Casa del Gran Sacerdote. Punto topográfico: 210. Profundidad: 0 m. Dimensiones (ancho x alto x grosor en mm.): 255 x 215 x 40. Véase UDB.

a) (del Olmo Lete y Sanmartín (1996) p. 23): «de cierto, un correo voy a enviar (al hijo ...)».

b) (Tropper (2000) p. 806): «Ich sollte gewiss einen Boten zum Sohn (...), schicken...»
«Sin duda debería (yo) enviar un mensajero al hijo (...)»

Traducción aproximada con una semántica basada en lógica epistémica dinámica con interpretación de *ʾal* como $< \neg\hat{K}_a\varphi > E_B \neg\hat{K}_a\varphi$:

- La traducción aproximada funciona en una pregunta retórica[404]: «¿No es posible (que tenga evidencias de) que yo envíe un correo al hijo...?»

2. *al* + indicativo: **00-1. 3:V:22** ***al*** **.** ***aḫdhm*** . *b y[...]y# h#[...]—* [405]

- ***al*:** Nº 1 – Nivel: 1 – *al* = *al* [Cadena = adverbio: de afirmación] REGLAS UTILIZADAS POR AMU: Entrada del léxico(*al*)–≥adverbio: de afirmación(*al*) ADVERBIO: DE AFIRMACION RADICAL: *al* adverbio: de afirmación II «cierto, sin duda, ciertamente» (≥ *ʾalā* «» arb.; *ʾal* «» hb.

- ***aḫdhm:***
  - Nivel: 2 – *aḫdhm* = *a-* + *n-* + *aḫd* + - + *-hm* [Cadena = prefijo y afijo verbal + prefijo verbal + preformante + verbo: regular + afijo verbal + pronombre sufijo verbal] REGLAS UTILIZADAS POR AMU: *aḫdhm*–≥pronombre sufijo verbal(*-hm*); RC(*aḫd*)–≥ Asimilación de la *n-* del Nifal en el *yqtl* –≥ Cambio de la primera radical alif en *yqtl(aḫd)*–≥ afijo verbal(*a-*); Afijo verbal(-); Resto de cadena(*aḫd*)–≥ Resto de cadena (*aḫd*) –≥ preformante(-); Forma regular.verbo: regular (*aḫd*). FORMA VERBAL: -≥ *yqtl* 1ª c. s. CONJUGACIÓN: N RAÍZ: *aḫd* verbo: regular «coger, aferrar, capturar, tomar, apoderarse.» (≥ *aḫāzu* «coger, tomar» ac.; *ʾaḫaḏa* «coger, tomar» arb. ; *ʾeḥad* «coger, tomar» arm. ; *ʾaḫaza* «coger, tomar» etiop.; *ʾāḥaz* «coger, tomar» hb.; *ʾḫḏ* «coger, tomar» s.arab.; «encender, inflamar.» (≥ *aḫāzu* «encender, inflamar» ac. ; SUFIJO: pronombre sufijo verbal *-hm* 3ª m. pl., c. d.
  - Nivel: 2 – *aḫdhm* = *a-* + - + *aḫd* + - + *-hm* [Cadena = prefijo y afijo verbal + prefijo verbal + preformante + verbo: regular + afijo verbal + pronombre sufijo verbal] REGLAS UTILIZADAS POR AMU: *aḫdhm*–≥pronombre sufijo verbal(*-hm*);RC(*aḫd*)–≥Cambio de la

[404] Las preguntas retóricas en este caso pueden funcionar como un cambio en la polaridad. Sin embargo este fenómeno en ugarítico debe ser analizado con más detalle y excede los límites de este trabajo. Baste esta indicación para futuros análisis.

[405] Otras numeraciones: A 2749+2737 = CTA 3= KTU 1.3 = M 3352+8217 = RS 3.363+2.14 = UT *I-VI*. Museo: Alepo. Lugar de hallazgo: Casa del Gran Sacerdote. Punto topográfico: 210. Profundidad: 0 m. Dimensiones (ancho x alto x grosor en mm.): 52 x 39 x 22. Véase UDB.

primera radical alif en *yqtl(aḫd)*–≥afijo verbal(*a*-);Afijo verbal(-);Resto de cadena(*aḫd*)–≥Resto de cadena(*aḫd*) –≥ preformante(-); Forma regular.verbo: regular(*aḫd*). FORMA VERBAL: -≥ *yqtl* 1ª c. s. CONJUGACIÓN: G, Gp, D, Dp RAÍZ: *aḫd* verbo: regular «coger, aferrar, capturar, tomar, apoderarse.» (≥ *aḫāzu* «coger, tomar» ac.; *ʾaḫaḏa* «coger, tomar» arb.; *ʾeḥad* «coger, tomar» arm.; *ʾaḫaza* «coger, tomar» etiop.; *ʾāḥaz* «coger, tomar» hb.; *ʾḫḏ* «coger, tomar» s.arab.; «encender, inflamar.» (≥ *aḫāzu* «encender, inflamar» ac.; SUFIJO: pronombre sufijo verbal *-hm* 3ª m. pl., c. d.

- Nivel: 2 – *aḫdhm* = - + *n-* + *aḫd* + - + *-hm* [Cadena = prefijo y afijo verbal + prefijo verbal + preformante + verbo: regular + afijo verbal + pronombre sufijo verbal] REGLAS UTILIZADAS POR AMU: *aḫdhm*–≥pronombre sufijo verbal(*-hm*);RC(*aḫd*)–≥Asimilación de la *n-* del Nifal en el *yqtl* –≥Forma verbal (*aḫd*)–≥ Prefijo verbal(-);Afijo verbal(-);Resto de cadena(*aḫd*)–≥Resto de cadena(*aḫd*) –≥ preformante(-); Forma regular.verbo: regular (*aḫd*). FORMA VERBAL: -≥ imperativo 2ª m. s., 2ª f. s., 2ª c. d., 2ª m. pl., 2ª f. pl. CONJUGACIÓN: N -≥ *qtl* 3ª m. s., 3ª m. d., 3ª m. pl., 3ª f. pl. CONJUGACIÓN: N RAÍZ: *aḫd* verbo: regular «coger, aferrar, capturar, tomar, apoderarse.» (≥ *aḫāzu* «coger, tomar» ac.; *ʾaḫaḏa* «coger, tomar» arb.; *ʾeḥad* «coger, tomar» arm.; *ʾaḫaza* «coger, tomar» etiop.; *ʾāḥaz* «coger, tomar» hb.; *ʾḫḏ* «coger, tomar» s.arab.; «encender, inflamar.» (≥ *aḫāzu* «encender, inflamar» ac.; SUFIJO: pronombre sufijo verbal *-hm* 3ª m. pl., c. d.
- Nivel: 2 – *aḫdhm* = - + - + *aḫd* + - + *-hm* [Cadena = prefijo y afijo verbal + prefijo verbal + preformante + verbo: regular + afijo verbal + pronombre sufijo verbal] REGLAS UTILIZADAS POR AMU: *aḫdhm*–≥pronombre sufijo verbal(*-hm*);RC(*aḫd*)–≥Forma verbal (*aḫd*)–≥ Prefijo verbal(-);Afijo verbal(-);Resto de cadena(*aḫd*)–≥Resto de cadena(*aḫd*) –≥ preformante(-); Forma regular.verbo: regular(*aḫd*). FORMA VERBAL: -≥ imperativo 2ª m. s., 2ª f. s., 2ª c. d., 2ª m. pl., 2ª f. pl. CONJUGACIÓN: G, Gp, D, Dp -≥ *qtl* 3ª m. s., 3ª m. d., 3ª m. pl., 3ª f. pl. CONJUGACIÓN: G, Gp, D, Dp RAÍZ: *aḫd* verbo: regular «coger, aferrar, capturar, tomar, apoderarse.» (≥ *aḫāzu* «coger, tomar» ac.; *ʾaḫaḏa* «coger, tomar» arb.; *ʾeḥad* «coger, tomar» arm.; *ʾaḫaza* «coger, tomar» etiop.; *ʾāḥaz* «coger, tomar» hb.; *ʾḫḏ* «coger, tomar» s.arab.; «encender, inflamar.» (≥ *aḫāzu* «encender, inflamar» ac.; SUFIJO: pronombre sufijo verbal *-hm* 3ª m. pl., c. d.

Traducción aproximada tradicional:

a) (del Olmo Lete y Sanmartín (1996) p. 23): «de cierto, yo voy a agarrarlos».

b) (Tropper (2000) p. 806): (...) *al aḫdhm (...)...* «(...), ich werde sie gewiss (...) packen...»

«(...), la agarraré sin duda (...)...»

Traducción aproximada con una semántica basada en lógica epistémica dinámica con interpretación de *ʾal* como $< \neg\hat{K}_a\varphi > E_B \neg\hat{K}_a\varphi$:

- La traducción aproximada funciona en una pregunta retórica: «¿No es posible (que tenga evidencias de) que yo los agarre...?»

La semántica exacta de la partícula *ʾal* en indicativo resulta bastante complicada a la hora de hacer una traducción precisa. La propuesta de una partícula con semántica $< \neg\hat{K}_a\varphi > E_B \neg\hat{K}_a\varphi$ sigue siendo una hipótesis. Sin embargo esta hipótesis cuadra con la semántica habitual de la partícula en positivo y además funciona con su correlativa negativa en modal. A esto hay añadirle que funciona como dual en relación con la partícula *lā*, pero para determinar la propuesta de significado en conjunto, primero se analizarán las dos particulas en relación con la modalidad sentencial y subsentencial.

10.3.3. Partícula *lā* + modal: positiva

He considerado que la *lā* con un indicativo expresa una estructura de negación de las evidencias, una estructura modal. Pero aparecen, como ya se ha indicado en el apartado de la morfología, varias ocurrencias donde esta *lā* es positiva. Este es el mayor problema a la hora de interpretar las dos partículas como una sola. Debido a ello hay autores que consideran posible que se trate de dos partículas diferentes. De hecho en la mayoría de los estudios de la partícula *lā* positiva, no se tienen en cuenta la negación como estructura al mismo nivel que la afirmación. La negación se considera que no forma parte de la estructura de la misma partícula *lā*[406].

La siguiente tabla muestra ocurrencias dudosas que normalmente han sido traducidas por positivas. Si realmente son partículas positivas, parece ser que el verbo se encuentra en un modo diferente al indicativo. Todas estas ocurrencias carecen de razones suficientes para determinar la estructura verbal, pues pueden ser modales (volitivo, enérgico o modal sentencial) o indicativas. Aquí se ha optado por una interpretación modal debido a que normalmente se traduce por modal más una partícula positiva, o al menos así la interpretan la mayoría de los semitistas. Ya se ha indicado que la determinación del modo verbal depende la mayoría de las veces del contexto.

[406]Véase estudios de la partícula *l* aseverativa como paradigma aseverativo en semitística comparada en Huehnergard (1983), centrándose en el árabe en Testen (1998) y en el acadio en Cohen (2005). En los apartados anteriores de estudio morfológico de la partícula se pueden encontrar las principales opiniones de los semitistas en cuanto a la estructura de *l*.

l + modal	Interpretación positiva en la mayoría de los casos	Traducción aproximada: Valor positivo
00-2.13:16	*it̠t . ˁmn . mlkt̊ • w . rgmy . **l** • **lqt (lqḥt)** . w . pn*	«ella realmente aceptó»
00-2.21:10-11	*hn . km . rgmt • i̊ky* . **l . ilak** • *[. . .]n̊(?) . ˁmy*	«yo de seguro enviaré»
00-2.26:17	__________ • *w* **l . ˁṣm • *tspr***	«tienen que dar cuenta de los registros»
R1-2.54:2	*[. . .]- tmtt • [. . .]* **l . yṣin̊** • *[. . .] . hm*	«el seguramente saldrá» (*l* + enérgico)
00-2.61:9	*akln . b . grnt* • ***l . bˁr*** • *ap . krmm*	«Nuestro grano de seguro se quemó»
00-2.70:27	*ˁbdk . l šlm • ˁmk . p* ***l . yšbˁl*** • *ḫpn . l bˁly*	*l* + volitivo «el seguramente tendrá»
00-5.9:I:13	*ttn . w tn • w* ***l ttn*** • *w al ttn*	«Puedes tú darle de seguro, podéis vosotros darle»
00-2.83:12	__________ • *[w] bˁl . [**l** .] **ydˁ***	«Y mi señor ciertamente sabe»

10.3.3.1. Concordancia negativa-modal En la propuesta de esta semántica se considera que se trata de una misma partícula *lā* negativa-positiva que en su versión negativa es una negación de las evidencias. Esta partícula se convierte en positiva al estar en relación con una modalidad verbal en las traducciones habituales de las sentencias. El cambio se produce con un modo del verbo diferente al modo indicativo. En un principio, las partículas que producen cambios de positivo a negativo en las lenguas son llamadas elementos de polaridad negativa-positiva[407]. Estos elementos resultan ser elementos que cambian de positivo a negativo según la sentencia en la que se encuentren sea positiva o negativa. La estructura de su comportamiento puede interpretarse analizando los elementos que las rodean e indicando si el contexto es autorizado o no autorizado. Estos elementos no son ni verdaderos ni falsos, sino elementos sensibles a los contextos. Una posibilidad es considerar esta partícula ugarítica como partícula o elemento bipolar[408], es decir que indica una polaridad positiva débil y una polaridad negativa débil. Sin embargo, los ejemplo como el *ooit* holandés están relacionados con la cuantificación, relación que no tenemos en ugarítico. Nuestra bipolaridad es una bipolaridad que no

[407] Véase de nuevo el apartado Polaridad negativa en en la página 95.
[408] Véase de nuevo en la página 98 y ejemplo del holandés *ooit*.

entra en relación con cuantificación alguna, sino con una estructura modal[409]. Además, los elementos negativos necesitan de un negativo para dar el sentido negativo[410]. En el caso del ugarítico es la misma negación la que se transforma en positiva y lo que cambia es el contexto modal o no modal. Por ejemplo el caso de *any* necesita de una negación para que la frase sea negativa, el mismo elemento no da el carácter negativo como es el caso de *lā*. La interpretación que se ha dado de la negación *lā* no es una negación sensible al contexto cuando va con un verbo en indicativo y es autorizada en un contexto verídico. Debido a ello no podría considerarse un elemento polar.

Sin embargo, en contextos no verídicos se producen relaciones parecidas a las relaciones que daría un elemento de polaridad negativa. Existen diferentes tipos de relaciones entre distintas partículas negativas que han sido llamadas en lingüística concordancia negativa. Este tipo de concordancias normalmente ocurren con elementos de polaridad negativa[411]. Frecuentemente se producen relaciones con cuantificadores universales negados que son interpretados como existenciales. En esta estructura ugarítica no hay dos negaciones, no aparece una negación y un cuantificador universal negado, como ocurre con la concordancia difusa, pero resulta una estructura similar entre la modalidad y la negación de la aseveración (evidencial, que resulta ser un modal con cuantificación universal sobre mundos-estados).

Por otro lado también existe en lingüística un fenómeno llamado concordancia modal[412]. La concordancia modal se produce cuando dos modales de la misma clase se funden en uno solo. Así esta sentencia se interpreta finalmente con un solo operador modal:

Ejemplo 48. *You may possibly have read my little monograph upon the subject.*

«Tú puedes posiblemente haber leído mi pequeña monografía sobre el asunto» ■

Este tipo de concordancia tiene sus restricciones, pues dos modales juntos también pueden dar como resultado una acumulación de los modales con diferencia de alcance. Así para que se realice una concordancia modal los dos

[409]La cuantificación que que se usa frecuentemente en este discurso es una cuantificación sobre estados-mundos que corresponde a una necesidad (universal) y a una posibilidad (existencial) proveniente de la lógica modal proposicional. No se habla de la cuantificación sobre un dominio de objetos. La estructura de *ooit* parece que tiene relación con una cuantificación sobre un dominio de objetos *Algún niño* o *ningún niño.*Téngase en cuenta que se usa lógica modal proposicional y no teoría de tipos.

[410]Recuérdese el ejemplo de *any* en en la página 97.

[411]Aunque no siempre, véase en la página 100.

[412]Véase Geurts y Huitink (2006); Zeijlstra (2007); Huitink (2008); Anand y Brasoveanu (2010); Grosz (2010).

modales deben ser del mismo tipo y tienen que tener la misma fuerza cuantificacional, es decir ser de posibilidad o de necesidad. Si miramos el fenómeno de una concordancia modal desde el punto de vista de una lógica epistémica, el fenómeno es fácilmente explicable. Si tenemos en cuenta los principios de la lógica epistémica. En cuanto a la necesidad epistémica tenemos el principio de veracidad y en cuanto a la posibilidad el de introspección positiva:

Definición 49. Principio de veracidad:

- $K_a K_a \varphi \rightarrow K_a \varphi \equiv \Box\Box\varphi \rightarrow \Box\varphi$ ■

Definición 50. Introspección positiva: si el agente sabe algo, entonces el sabe que lo sabe.

- $K_a \varphi \rightarrow K_a K_a \varphi \equiv \Box\varphi \rightarrow \Box\Box\varphi \; (\equiv \Diamond\Diamond\varphi \rightarrow \Diamond\varphi)$ ■

Pero la concordancia modal no sólo ocurre con la modalidad epistémica, aunque si tienen que ser modales del mismo tipo. Estos principios de concordancia modal no funcionan con la modalidad deóntica por ejemplo, pues que algo sea obligatorio o deseable no significa que sea verdadero. No se puede reducir la concordancia modal lingüística a una iteración de operadores modales como se haría en lógica modal proposicional multimodal. Al menos no funciona de esta forma en muchas de las lenguas y con varios tipos de modalidad.

El siguiente ejemplo muestra dos modales, uno epistémico y el otro deóntico que no producen concordancia modal, sino que el epistémico tiene largo alcance con el deóntico[413]:

Ejemplo 51. (Geurts y Huitink (2006) p. 3)

- *John might have to work on Sunday.*

- «John puede tener que trabajar en Domingo» ■

El segundo requisito es que la concordancia modal tiene que tener la misma o al menos similar fuerza cuantificacional[414].

Ejemplo 52. (Geurts y Huitink (2006) p. 3)

- *They may certainly have been weapons of mass destruction in Iraq.*

[413] Véase un análisis semántico para el largo alcance del epistémico sobre el deóntico a través de una teoría de semántica update en Nauze (2006).

[414] Hay varios casos en los que los modales no llevan exactamente la misma fuerza, como veremos más adelante.

- «Puede ciertamente haber habido armas de destrucción masiva en Irak»

■

La concordancia modal es una estructura que se produce entre dos modales (adverbio y modal auxiliar) formando uno solo. Hay distintos análisis de la concordancia modal:

10.3.3.1.1. Análisis de la concordancia modal como absorción

Geurts y Huitink (2006). Estos autores proponen una teoría de la concordancia modal basada en *type-shifted,* es decir la combinación de un adverbio modal con un modal auxiliar se interpreta como un solo operador modal. Esta teoría requiere unas fuertes condiciones de identidad entre forma del modal y fuerza para que funcione, cuando no siempre ocurre tal concordancia en las lenguas naturales, como veremos más adelante. Su formalización es a través de la teoría de tipos, teniendo como primitivos los tipos *e* para individuos, *s* para mundos posibles y *t* para valores de verdad.

Ejemplo 53. (Geurts y Huitink (2006) p. 4)

- *Barney necessarily must sneeze.*

- «Barney necesariamente debe estornudar»

- $[[©necessarily - must][Barney - sneeze]]$ Que tiene las mismas condiciones de verdad que *Barney must sneeze.*

- Los dos operadores son proposicionales: $||must|| = ||necessarily|| = \lambda p \lambda i \forall j [Rij \rightarrow pj]$

- La regla de *type-shifting:* $||©|| - \lambda Q \lambda P [P = Q]$

- $||[©\alpha]\beta|| = ||\alpha||$ si $||\alpha|| = ||\beta||$ ■

10.3.3.1.2. Concordancia modal como acuerdo sintáctico

Zeijlstra (2007) Otra posibilidad es este análisis basado en la concordancia negativa y llamado análisis de acuerdo sintáctico. La concordancia modal obedece a requisitos sintácticos locales, es decir, no se produce concordancia si los dos elementos no están localizados uno junto al otro. Se produce siempre con un auxiliar y un elemento modal. Necesitamos un verbo auxiliar que comparta la misma fuerza cuantificacional y el mismo tipo de modalidad. Según Zeijlstra (2007) los modales auxiliares que funcionan en la concordancia modal tienen una estructura semántica vacía. Un modal auxiliar con otro elemento modal da como resultado la semántica específica del otro elemento modal en la relación, mientras que el auxiliar modal funciona como operador abstracto modal[415]. Basten los siguientes ejemplos para clarificar la estructura de auxiliar modal + elemento modal:

Ejemplo 54. (Zeijlstra (2007) p. 327) En este caso el modal que se eleva como fuerza semántica de la concordancia es *perhaps*.

- *You may perhaps have read the book.*

- «Tu puedes quizás haber leído el libro». ■

Ejemplo 55. (Zeijlstra (2007) p. 328) En este caso el que asciende a primer plano es *obligatory*[416].

- *The students must obligatory register themselves.*

- «Los estudiantes deben obligatoriamente registrarse» ■

El análisis que realiza este autor se basa en su análisis para la concordancia negativa. La diferencia de la concordancia modal con la concordancia negativa tiene varios puntos[417]. Parece ser que la concordancia negativa es obligatoria, mientras que la modal no y la concordancia modal suele producir un efecto de énfasis, mientras que este resultado no lo tenemos en la concordancia negativa:

Ejemplo 56. *Pedro no ha dicho nada*[418]. ■

La formalización que utiliza proviene de la teoría minimalista de Chomsky. Este tipo de estructura se produce por las llamadas n-words, palabras indefinidas que son autorizadas por un operador negativo explícito o encubierto[419]. En el caso del ejemplo anterior sería por un operador negativo explícito y la n-word *nada* concuerda con la negación *no*. Sin embargo hay casos en los que esta misma palabra no necesita otra negación. La solución es

[415]Véase análisis completo con ejemplos en Zeijlstra (2007).

[416]Este tipo de ascenso de la semántica de uno de los dos elementos depende de la sintaxis, es decir, del lugar en el que va situado el elemento modal.

[417]Véase Zeijlstra (2007) p. 319.

[418]El ejemplo no es de Zeijlstra (2007), este autor usa ejemplos en italiano, pero tienen la misma estructura que este ejemplo en español.

[419]El operador n-word funcionaría como un elemento polar. Recuérdese el análisis de los elementos polares a traves de la autorización y la no autorización en la página 95. La diferencia con la teoría de Zeijlstra (2007) es que este autor usa otra teoría como base, la teoría minimalista y la denominación de elementos interpretables y no interpretables. Además la teoría de los elementos polares es una teoría basada en un análisis semántico, mientras que la otra tiene una fundamentación sintáctica.

que entonces hay un operador negativo encubierto para darle el sentido. Este sería el caso del siguiente ejemplo:

Ejemplo 57. *Nadie ha llamado.* ■

Hay dos formas de determinar la semántica de una palabra negativa. La primera indica aquella palabra que es interpretada y la que toma el papel principal en la interpretación, sería una negación $[iNEG]$. El otro tipo de elementos son semánticamente no negativos y requieren situarse en una relación particular con otros elementos semánticamente activos, estos son los elementos negativos no interpretables $[uNEG]$. De esta misma forma, el análisis de la concordancia modal nos da dos formas diferentes de determinar la semántica del modal. El adverbio modal y el verbo modal son semánticamente modales y sostienen la categoría $[iMOD]$. Mientras que el auxiliar modal resulta semánticamente vacío con categoría $[uMOD]$. A esta estructura se le añade la fuerza cuantificacional del modal $\exists$ o $\forall$. De esta forma podemos analizar el siguiente ejemplo:

Ejemplo 58. (Zeijlstra (2007) p. 327)

- *You may perhaps read the book.*

- «Tu puedes quizás leer el libro»

- $\left[_{CP} You - may_{[u\exists - MOD]} \left[perhaps_{[i\exists - MOD]} have - read - the - book\right]\right]$

  El adverbio *perhaps* tiene que alzarse en posición dominante por lo que el orden del análisis resultaría a la inversa.

- $\left[_{CP} You - perhaps_{[i\exists - MOD]} \left[may_{[u\exists - MOD]} have - read - the - book\right]\right]$ ■

El mayor problema reside en el caso de tener solamente un auxiliar modal. Si se ha analizado como un elemento vacío semánticamente, al encontrarse solo, tiene que realizar el mismo proceso que se realizaba con la negación. Se necesita postular un elemento oculto modal que dé la interpretación semántica del auxiliar y sea del tipo $[i\forall MOD]$ o $[i\exists MOD]$.

10.3.3.1.3. Concordancia para desambiguar el modal Huitink (2008, 2011) Este es un análisis que modifica el análisis que hemos visto en Geurts y Huitink (2006). El adverbio modal modifica el auxiliar modal, así no es necesario que coincidan totalmente en fuerza y forma.

Ejemplo 59. (Huitink (2008) p. 100 y ss.)

- *Barney may perhaps be asleep.*

- «Barney puede quizás estar dormido». ■

El adverbio *perhaps* tiene un alcance epistémico mientras que *may* puede tener también alcance deóntico. La concordancia modal lo que hace precisamente es delimitar el alcance del auxiliar a través del adverbio. La concordancia nos da un resultado epistémico en el ejemplo anterior. Según la formalización de Huitink (2008) a través de teoría de tipos funcionaría de la siguiente forma:

Definición 60. (Revised type shift rule)

- $\lambda P \lambda f.\lambda Q.P(f) = Q$ (=©)

- $\| ©perhaps(f)(may(f'))(Barney-be-asleep) \|^{M,h} = (\lambda f \lambda p \lambda w. \cap f(w) \cap p \neq 0(\| f \|^{M,h}) = \lambda f \lambda p \lambda w. \cap f(w) \cap p \neq 0(\| f' \|^{M,h}))$

Siendo h todos los casos de $h(f)$ que sean epistémicos en el dominio de perhaps. ■

El adverbio modal y el auxiliar modal bajo este análisis solamente necesitan ser similares en fuerza y forma, no hace falta que sean idénticos. Los adverbios delimitan la clase del auxiliar, pero también pueden ordenar la cuantificación sobre mundos. De esta forma se expone una graduación de las esferas de modalidad[420].

Ejemplo 61. (Huitink (2011) p. 23)[421]

- *John must obligatory read this book.*

- «John debe obligatoriamente leer este libro» ■

Así siguiendo los dos contextos que determinan el background conversacional del modal, tendríamos que el auxiliar determina el primero, mientras que el adverbio determina la ordenación de las esferas. Una base modal y las esferas ordenadas son implementadas como funciones desde mundos a conjuntos de proposiciones, respectivamente f y g. La fuente de ordenación g, cuando se aplica a un mundo, determina un orden parcial $<_{g(w)}$ en un conjunto de mundos posibles. Un $g(w)$ determina una función selección $max_{g(w)}$ la cual selecciona el $<_{g(w)}$ mejor mundo de un conjunto de mundos V, siendo $V \subset W$.

Definición 62. (Huitink (2011) p. 24)

- Para todos los mundos u,w$\in W : u <_{g(w)} v$ ssi $\{p : p \in g(w) yv \in p\} \subset \{p : p \in g(w) yu \in p\}$.

[420] Véase la graduación de la modalidad según esferas ordenadas en Kratzer (1977, 1981, 1991).

[421] El ejemplo utilizado aquí es una adaptación al inglés del ejemplo de Huitink (2011) en holandés: *moet verplicht*.

- Para todo $V \subseteq W : max_{g(w)}(V) =$
  $\{w \in V : no-hay-un-v \in V : v <_{g(w)} w\}$ ■

De esta forma la base modal y las fuentes ordenadas son el primer y el segundo argumento de los modales. Así la entrada para *must* sería:

- $\| must \| = \lambda f \lambda g \lambda p \lambda w.max_{g(w)}(\cap f(w)) \subseteq \| p \|$

Y el adverbio *obligatory* puede ser usado para rellenar el argumento de la fuente de ordenación de *must*.

- $\| obligatory \| = \lambda w \lambda p.p$ es obligatorio en w

La concordancia modal se produce no ya solo con modales del mismo tipo y de la misma fuerza, sino también con modales similares.

10.3.3.1.4. Análisis pragmático de la concordancia modal Anand y Brasoveanu (2010) El punto de vista de estos autores es el análisis de la concordancia modal como la unión de dos modales, estos dos modales ni se funden en uno ni son vacíos, sino que ambos aportan su propia semántica. No es una interacción entre dos elementos léxicos modales, sino entre dos «aserciones»[422]. La concordancia modal es una especie de modificación realizada por el adverbio modal.

Definición 63. (Anand y Brasoveanu (2010) p. 3)

- $\|adverbio-modal\|(f-base-modal)(p-sentencia-radical) = 1$
  ssi $\|adverbio\|(f)(p) = 1$ y $\|modal\|(f)(p) = 1$ ■

De esta forma los adverbios modales modifican el auxiliar modal y el predicado con su propia modalidad sobre el argumento de la sentencia p. El auxiliar modal es parametrizado en la base modal común f, mientras que el adverbio añade otro tipo. Estos autores proponen que las situaciones en las que no se produce concordancia modal son aceptadas no debido a su estructura formal, sino a su contradicción entre un modal con fuerza universal $\forall$ y una implicatura de la negación de esa fuerza universal $\neg\forall$ que se produce gracias a un modal con fuerza existencial $\exists$.

Ejemplo 64. (Anand y Brasoveanu (2010) p. 6)

[422] En el artículo los autores hablan de aserción («assertion»), pero para no entrar en problemas de terminologías confusas en este trabajo y seguir la línea de las explicaciones anteriores, a partir de ahora vamos a hablar de proferencias. Creo que la palabra proferencia que se usa en este trabajo puede ajustarse al concepto que pretenden expresar los autores como «assert» en inglés.

- *We must legitimately deny your request.* No se produce concordancia modal.

- «Nosotros debemos legítimamente negar su petición». ■

Aquí se produce un modal con fuerza universal (*must*) que no entra en conflicto con el existencia (*legitimately*), sino que produce una implicatura.

Definición 65. (Anand y Brasoveanu (2010) p. 6) Así tenemos las dos proferencias:

1. ASSERTION forma modal:

   todos los mundos de la base modal son mundos negados $\cap f(w) \subseteq \{w : \textit{petición denegada en } w\}$

2. ASSERTION del adverbio:

   $\cap f(w) \cap \{w : \textit{petición denegada en } w\} \neq 0$ ■

Aquí se produce una implicatura, que el existencial conlleva una no universalidad y directamente, entra en conflicto con la 1 de la definición anterior:

Definición 66. (Anand y Brasoveanu (2010) p. 6)
IMPLICATURA del adverbio: algunos mundos de la base modal no son mundos negados $\cap f(w) \cap \{w : \neg \textit{petición denegada en } w\} \neq 0$ ■

Este tipo de implicaturas no se cancelan porque no forman parte de una sola aserción-proferencia, sino de dos. Se producen varios *update* durante el discurso, uno diferente para cada modal.

Este tipo de análisis pretende dar cuenta precisamente de los diferentes update en el discurso del modal auxiliar y del adverbio modal junto con la negación. Se considera la negación como un operador dual así por ejemplo $DUAL(\| can\|) = \|must\|$, «$DUAL(\| puede\|) = \|debe\|$». Este operador negativo-dual cuando actúa encima del modal, es decir con largo alcance sobre el adverbio, se produce una apariencia de ajuste de fuerza con el adverbio. Cuando opera debajo, se produce una fuerza invertida:

Ejemplo 67. (Anand y Brasoveanu (2010) p. 8)

- Debajo (narrow scope): *obligatorily cannot* - «obligatoriamente no puede»:

  $[obligatorily\,[DUAL - can]]$. Fuerza invertida.

- Encima (wide scope): *cannot legitimately* - «no puede legítimamente» :

  $[DUAL\,[legitimately - can]]$. Ajuste de fuerza. ■

De esta forma la primera interpretación altera el modal auxiliar a $||must||$:

- $||\ obligatorily\,[DUAL - can]\ || = \lambda w \lambda f_{s,<st>t}$: $f$es deóntico.

- DUAL($||\ can\ ||)(w)(f)(p) \wedge \cap f(w) \subseteq p$

Además de esta interpretación, hay que introducir la negación sentencial que está presente. El siguiente ejemplo expresaría la formalización completa del auxiliar modal, el adverbio y la negación:

Ejemplo 68. (Anand y Brasoveanu (2010) p. 8)

- *John obligatorily cannot be home* - «John obligatoriamente no puede estar en casa»

- $[obligatorily\,[DUAL - can]\,wf]\,[NEG\,[John - be - home]]$

- $[NEG] = \lambda p_{st} \lambda w. \neg p(w)$ ■

Se concluye que la negación de un verbo modal es diferente a la forma regular de una negación proposicional.

10.3.3.1.5. Graduación de la modalidad Grosz (2010) El ajuste modal muestra tres propiedades principales:

- Los dos elementos deben ajustarse en la fuerza lógica. Con ello se permiten los ajustes entre posibilidad y no necesidad; y los ajustes entre necesidad e imposibilidad.

- El rango de las esferas ordenadas que el modal selecciona, es restringido.

- La fuerza modal es reforzada o debilitada.

El ajuste modal que se produce en la concordancia modal es una modificación gradual sobre grados de modalidad. Posibilidad, necesidad, imposibilidad y no necesidad pueden ser graduadas, y los grados de necesidad están basados en el peso de una proposición con respecto a un contexto que sale de las esferas ordenadas. Trata necesidad y posibilidad como duales, es decir $\neg p$ es posible si p es no necesario. Si seguimos que una proposición $\neg p$ es más posible que una proposición $\neg k$ con respecto a una esfera ordenada si k tiene más peso que p. Correspondiendo a esta misma situación, $\neg k$ es más imposible que $\neg p$.

Ejemplo 69. (Grosz (2010) p. 190)

- *In view of the law, it is more necessary [$_k$that you do not kill] than [$_p$that you do not park in driveways].*

  «Según la ley, es más necesario [$_k$que no mates] a [$_p$que no aparques en un vado de garaje]».

- *In view of the law, it is more possible [$_{\neg p}$ that you park in driveways] than [$_{\neg k}$ that you kill].*

  «Según la ley, es más posible [$_{\neg p}$ que aparques en un vado de garaje] a [$_{\neg k}$ que mates]».

- *In view of the law, it is more impossible [$_{\neg k}$ that you kill] than [$_{\neg p}$ that you park in driveways].*

  «Según la ley, es más imposible [$_{\neg k}$ que mates] a [$_{\neg p}$ que aparques en un vado de garaje]».

- *In view of the law, it is «more unnecessary» (less necessary)[$_p$ that you do not park in driveways] than [$_k$ that you do not kill].*

  «Según la ley, es «más innecesario» (menos necesario) [$_p$ que no aparques en un vado de garaje] a [$_k$ que no mates]».[423] ■

Las esferas ordenadas contienen un número finito de proposiciones, incluyendo las más restrictivas y las menos restrictivas en las esferas ordenadas. Esto tiene como consecuencia una escala de necesidad y posibilidad cerrada:

Esferas ordenadas	Necesarias	Posibles
$g_3 - \{k,s,p\}$	k,s,p	k,s,p
$g_2 - \{k,s\}$	k,s	$k,s,p,\neg p$
$g_1 - \{k\}$	k	$k,s,\neg s,p,\neg p$

Cuadro 10.6: Tabla ejemplo de la escala de necesidad/posibilidad basada en Portner (2008) y adaptada por Grosz (2010).

Se define *más necesario que* ($>_{NEC}$), usando el subconjunto de relaciones entre las alternativas esferas ordenadas que representan el peso de una proposición con respecto a la ordenación global de las esferas g.

Definición 70. (Grosz (2010) p. 191) La relación $>_{NEC}$ *(es más necesario que)* se define:

[423]Este sistema de graduación de la modalidad está inspirado en una conferencia dada por Portner en la Universidad de Georgetown en 2008 llamada «Scales of Probability». No he tenido acceso a esta conferencia, por lo que las referencias vienen directamente de Grosz (2010).

- Para cualquier p_{st}, q_{st} y un conjunto dado contextualmente de esferas ordenadas X, $p >_{NEC} q$ ssi $\exists g$ [$g \in X \wedge p - es - necesario - con - respecto - a - g \wedge$
  $\forall h [[h \in X \wedge q - es - necesario - con - respecto - a - h] \rightarrow g \subset h]]$ ■

Aplicada la definición a la tabla anterior se podría decir que k es más necesario que s , porque k es necesario con respecto a alguna esfera ordenada en X (llamada g_1), la cual está incluida en todas las esferas ordenadas en X (aquí g_2 y g_3) con respecto al cual s es necesario. Tras esta definición se puede definir la escala de necesidad y su graduación en términos de equivalencia de clases.

Definición 71. (Grosz (2010) p. 191) Relación de equivalencia $\approx_{NEC}$:

- $p \approx_{NEC} q$ ssi $\forall z : (p >_{NEC} z$ ssi $q >_{NEC} z)\&(z >_{NEC} p$ ssi $z >_{NEC} q)$ ■

El grado $\underline{p}$ en el cual una proposición p es necesaria es igual al conjunto de todas las proposiciones que están en relación de equivalencia con p. Así se definen grados y relaciones entre grados:

Definición 72. (Grosz (2010) p. 192)

- $\underline{p} \in F(>_{>NEC})$ ssi $\exists p \in F(>_{NEC}) : \underline{p} - \{z : z \approx_{NEC} p\}$

  Un grado $\underline{p}$ es en la escala de necesidad si y sólo si hay una proposición p que está relacionada con otras proposiciones por relación de necesidad y $\underline{p}$ es igual al conjunto de proposiciones que son equivalentes a la relación con p.

- $\underline{p} >_{NEC} \underline{q}$ ssi $p >_{NEC} q$

  Un grado $\underline{p}$ es más alto en la escala de necesidad que un grado $\underline{q}$ si y sólo si cualquier proposición p que tenga el grado de necesidad $\underline{p}$ es más necesaria que cualquier proposición q que tenga el grado de necesidad $\underline{q}$. ■

Definición 73. (Grosz (2010) p. 192) Así se puede definir la necesidad simple de un modal:

- $\parallel must \parallel - \parallel necesario \parallel - \lambda d \lambda p \lambda w.NECESIDAD(p)(w) > d - donde - d \in F(>_{>NEC})$ ■

Se considera la necesidad y la posibilidad como duales en el lenguaje natural:

- $\Box p \equiv \neg\Diamond\neg p$; $\Box\neg p \equiv \neg\Diamond p$ Modales fuertes definidos como positivos[424].

- $\Diamond p \equiv \neg\Box\neg p$; $\neg\Box p \equiv \Diamond\neg p$ Modales débiles definidos como positivos.

Innecesario e imposible cubren toda la escala cerrada y propician un análisis de modalidad ajustada a un grado máximo o mínimo. De esta forma adverbios como *mandatory* son modificadores de grado sobre los elementos modales.

Definición 74. (Grosz (2010) p. 196)

- $\| \, mandatorily \, \| - \lambda M \lambda p \lambda w : M$ expresa modalidad deóntica $\wedge$

  M es positiva $\exists d \, [d - max(S_M) \wedge M(d)(p)(w)]$

  Donde $max(S_M)$ es el máximo de (la más alta o totalmente cerrada) escala de M

  es positiva significa que $NECESSITY(p)(w)$ excede la combinación con el grado máximo de M. ■

Ejemplo 75. (Ejemplos en Grosz (2010) p. 188 y análisis en p. 197)

1. *Visitors must mandatory sign this form.*

   «Los visitantes deben obligatoriamente firmar este formulario».

   Necesidad: $\Box$

   $\lambda p \lambda w. \exists d \, [d - max(S_M) \wedge NECESSITY(p)(w) > d] \; p$

   - $\| \, mandatorily \, \| - \lambda M \lambda p \lambda w : M$ expresa modalidad deóntica $\wedge$ M es positiva $\exists d \, [d - max(S_M) \wedge M(d)(p)(w)]$
   - $\| \, must \, \| - \lambda d \lambda p \lambda w. NECESSITY(p)(w) > d$

2. *Visitors mandatorily may not cross the yellow line.*

   «Los visitantes obligatoriamente no pueden cruzar la línea amarilla»

   Imposibilidad: $\neg\Diamond \equiv \Box\neg$

   $\lambda p \lambda w \exists d \, [d - max(S_M) \wedge NECESSITY(\neg p)(w) > d] \; p$

   - $\| \, mandatorily \, \| - \lambda M \lambda p \lambda w : M$ expresa modalidad deóntica $\wedge$ M es positiva $\exists d \, [d - max(S_M) \wedge M(d)(p)(w)]$
   - $\| \, may - not \, \| - \neg \lambda d \lambda p \lambda w. NECESSITY(\neg p)(w) < d \equiv$ $\lambda d \lambda p \lambda w. NECESSITY(\neg p)(w) \geq d$ ■

[424] Véase Grosz (2010).

10.3.3.2. Concordancia modal en ugarítico Pero, ¿qué es exactamente lo que hay en ugarítico con la estructura *l* + modal? Parece ser que la estructura da un énfasis al modo verbal en ugarítico. La primera propuesta es que se produce mediante lo que se podría llamar una concordancia negativo-modal. Normalmente se traduce añadiendo a la sentencia verbal un «seguramente», y la negación que supuestamente indica *lā* desaparece. Ya se ha indicado y analizado la estructura de *lā* como una estructura de la proferencia de $\neg K_a \varphi$, así su concordancia con una modalidad sería una enfatización de la modalidad. La concordancia negativa se produce mediante dos negaciones, la modal mediante un auxiliar modal y un adverbio. La concordancia negativa-modal que tenemos en ugarítico se produce mediante una negación modal y la modalidad verbal.

Las opciones de concordancia modal que se han analizado anteriormente, en concreto las analizadas por Geurts y Huitink (2006) y Zeijlstra (2007) proponen cierta fusión entre los dos elementos modales. Parece ser que esta es la opción que se ha usado en los estudios ugaríticos. Normalmente se afirma que la negación *lā* desaparece y lo único que ocurre es una enfatización del elemento modal que aporta la modalidad verbal. Sin embargo, tal y como se ha visto anteriormente estas dos opciones no parecen cuadrar exactamente con una estructura de concordancia negativo-modal.

1. Absorción modal,Geurts y Huitink (2006). La opción de una concordancia modal de fusión necesita de unos requisitos estructurales demasiado estrictos que no se cumplen en ugarítico. Los dos modales tienen que ser del mismo tipo y tienen que tener la misma fuerza cuantificacional. En ugarítico hay una cuantificación existencial de la negación o una negación de la universal de tipo epistémico. A este elemento modal se le añade una modalidad difícilmente diferenciable, volitiva, enérgica o sentencial. Por lo tanto una concordancia modal tan estricta no puede dar cuenta de la relación estructural entre los dos elementos modales ugaríticos:

   - $\neg K_a p \equiv \neg \Box p \equiv \hat{K}_a \neg p \equiv \Diamond \neg p +$ modalidad volitiva, enérgica o sentencial.

2. Análisis sintáctico, Zeijlstra (2007). Otra posibilidad es que la partícula *lā* actuase como un auxiliar modal de posibilidad, pues es ella misma una posibilidad epistémica. *Lā* indica una negación de las evidencias, pero no niega la sentencia, por lo que sigue siendo una posibilidad, una partícula modal de cuantificación existencial. Esta se une al modo verbal de necesidad[425], modo distinto al indicativo y que aporta una modalidad de

[425] Asumiendo que la modalidad ugarítica concuerde con una necesidad general pues un operador intensional tendría esta estructura independientemente de las distintas relaciones de accesibilidad.

cuantificación existencial. De esta forma se realizaría una concordancia modal y la partícula *lā* pierde su semántica propia para dejar ascender la semántica del modo verbal con énfasis al igual que lo hacen los modales auxiliares en la concordancia modal. Por otro lado posee una estructura similar a la concordancia negativa difusa pues la negación de la necesidad se utiliza como posibilidad de la negación y se difumina en la modalidad verbal. La estructura resultante es una estructura intermedia entre la concordancia modal y la concordancia negativa. Aportaría énfasis y los dos modales no se encuentran al mismo nivel. El modal predominante es la modalidad verbal y el epistémico actúa como auxiliar por lo que se asemejaría más a la estructura de Zeijlstra (2007).

- $(\neg K_a\varphi \equiv \neg\Box\varphi \equiv \Diamond\neg\varphi) + \Box\varphi \equiv \Box\varphi$ - Consideramos la modalidad verbal como $\Box$.
- *lā* $[u - \exists_{MOD}]$+ modal $[i - \exists_{MOD}] \equiv$ modal

Sin embargo, en este análisis hay unos requisitos igual de fuertes que en el primero, deben ser de la misma fuerza y tipo, caso que no concuerda con la estructura ugarítica. A esto hay que sumarle la necesidad de un modal implícito (elemento oculto $[i - \forall_{MOD}]$ o $[i - \exists_{MOD}]$) cuando ocurre el *lā* sola que es necesario postular para que cuadre un análisis sintáctico de este tipo. En el caso ugarítico habría que postular no sólo un modal, sino también una negación oculta. Además resulta bastante sorprendente que se introduzca un modal negado que no vaya a producir ningún tipo de cambio en la sentencia. Si no se produce ningún cambio y acaba siendo semánticamente vacío, ¿por qué se introduce?

El análisis que se ofrece aquí como hipótesis no se corresponde con ninguno de los dos primeros análisis de la concordancia modal que se han expuesto, a pesar de que estos dos cuadrarían mejor con las traducciones que se han realizado hasta ahora de la partícula *lā* con modal en los textos ugaríticos[426]. El hecho de que se introduzca esta partícula tiene que modificar de alguna forma la semántica, si no, sería inútil introducirla. Si bien es cierto que se produce un énfasis, no se realiza una fusión de dos modales iguales ni un acuerdo sintáctico porque ni los dos modales son iguales, ni uno de ellos queda vacío. De hecho, podría explicarse remotamente esta relación con las traducciones que se han hecho de *lā* + modal, sin embargo no sería la estructura correspondiente

[426]Las traducciones aportan énfasis a la modalidad verbal y la semántica de *lā* desaparece o se difumina. Se considera que la partícula *lā* no aporta deseo al verbo en volitivo, véase por ejemplo Tropper (2000) p. 810. Si la tomamos como auxiliar modal vacío o como fusión no aporta su semántica, es decir ni deseo, ni ninguna otra modalidad.

a *ʾal* + modal. Creo que las dos estructuras tienen la misma base y se producen mediante la misma concordancia o relación estructural. Para ello se va a comenzar explicando *lā* + modal tomando distintos aspectos de las últimas teorías sobre la concordancia modal que se han explicado anteriormente Huitink (2008, 2011); Anand y Brasoveanu (2010); Grosz (2010).

En ugarítico las relaciones de *lā* + modal se producen de tres subformas diferentes:

1. *lā* + modo volitivo o inyunctivo. Este modo aporta los deseos y comandos del hablante.

2. *lā* + enérgico. Modo específico de énfasis.

3. *lā* + modo sentencial. Correspondería a los modos expresados por «deber», «poder» o «saber».

Todos estos modos tienen algo en común. Determinan una modalidad diferente a la modalidad determinada por el operador K. Los diferentes operadores que corresponderían a los diferentes modos en ugarítico necesitarían de un trabajo que excede los límites de este análisis, así para un análisis general en relación con la modalidad de *lā/ ʾal* se va a mantener una formalización general de la modalidad sin la ordenación de las esferas. Para ello se definen de la siguiente forma[427]. Cada modal se determina a través del contexto, del operador modal y sus relaciones de accesibilidad. La definición de «background» conversacional y la semántica de los operadores pertenece a la teoría de Kratzer, en este caso aplicado al volitivo de deseo y usando una accesibilidad de estados y no de mundos:

Definición 76. Así dado un contexto conversacional c (en este caso «según mis deseos»), una sentencia no modal φ, una relación de accesibilidad R_a y una función de valuación V_p sería para cualquier estado s y t:

- v es accesible desde w ssi toda proposición en $f(s)$ es verdadera en t. Consideramos $f(s)$ como un subconjunto perteneciente a S determinado por el contexto.

  • Si f es volitivo, $f(s)$ representa el conjunto de deseos del hablante en s, y t es accesible desde s si todo deseo del hablante en s es verdad en t también. El conjunto de estados accesibles desde s es $\cap f(s)$[428].

[427]Véase formalización de la modalidad de Kratzer en Kratzer (1977, 1981, 1991).

[428]El contexto c es un parámetro que define el tipo de operador y también el tipo de relaciones de accesibilidad. De ahí que no tengamos S, sino $f(s)$. Este es el subconjunto elegido de S dependiendo del contexto conversacional y el contexto de fondo.

- sR_at ssi $t \in \cap f(s)$, lo que significa que un estado t es accesible desde un estado s ssi todas las proposiciones de $f(s)$ son verdaderas en t. ■

Siendo c es el contexto conversacional, $f(s)$ el conjunto de los estados accesibles determinados por el contexto y R_a la relación de accesibilidad teniendo en cuenta el deseo, deber... del agente.

Para abreviar vamos a determinar un operador intensional general $\sqcap_a \varphi$ que es interpretado como «el agente a quiere, desea, ordena, indica enfáticamente, cree o debe φ»[429]. Y se van a especificar sus relaciones de accesibilidad.

Definición 77. Dado un modelo $M =< S(f(s)), R_A, V_P >$ para agentes A y átomos P.

- $M, f(s) \models \sqcap_a \varphi$ ssi para todo $t \in S : sR_ft$ implica $M, s \models \varphi$ ■

Este tipo de operadores se rigen por un axioma más débil que el axioma de conocimiento, es decir en lugar de un axioma T se tiene el Axioma D'[430]:

Definición 78. Axioma distintivo de la creencia y de la modalidad que establecemos en el ugarítico para el modo diferente al indicativo. *Axioma D*:

- $\neg \sqcap_a \bot$
- O lo que es lo mismo, añadimos el axioma D': $\sqcap_a \varphi \rightarrow \neg \sqcap_a \neg \varphi$ ■

Por lo tanto se plantean dos operadores con distintas relaciones de accesibilidad uno con S5 y otro con KD45:

$\sqcap_a \varphi \rightarrow \neg \sqcap_a \neg \varphi$	Internamente consistente	D	D	K+D	Serial (para todo s hay un t tal que R_ast)
$\sqcap_a \varphi \rightarrow \sqcap_a \sqcap_a \varphi$	Introspección positiva	4	KD4	D+4	Serial y transitivo
$\neg \sqcap_a \varphi \rightarrow \sqcap_a \neg \sqcap_a \varphi$	Introspección negativa	5	KD5	D4+5	Serial, transitivo y euclídeo

Cuadro 10.7: Axiomas **D**, **4** y **5**. Correspondencia de sistemas.

[429]Recuérdese que hemos indicado que sería necesario un estudio más en profundidad de la modalidad ugarítica para determinar los distintos operadores que corresponden a estas modalidades.

[430]Véase de nuevo en la página 119.

Así la modalidad epistémica sentencial en ugarítico se diferencia con la evidencial en que una corresponde a el operador K, mientras que la otra correspondería a un operador $\sqcap$ con relaciones de accesibilidad serial, transitiva y euclídea. Sin embargo, aquí no se han determinado los distintos operadores de la modalidad sentencial y la modalidad subsentencial ugarítica por lo que se usa un operador general $\sqcap_a$ que cumple el axioma D' .

El sistema sería de la siguiente forma:

Definición 79. Modelo K$\sqcap$ [431], como un modelo de Kripke de la forma:

- $< S, R_a^K, R_a^{\sqcap}, V_p >$

  - donde $a \in A$ para agentes,
  - $p \in P$ para átomos,
  - S es un conjunto de estados,
  - R_a^K y $R_a^{\sqcap}$ son relaciones de accesibilidad binarias en $P(SxS)$ y
  - V es una función de P a $P(S)$.

- Así hay dos operadores con dos relaciones de accesibilidad diferentes:

  - $(s,t) \in R_a^K$, escrita de otra forma: $s \sim^a t$. Relación reflexiva, transitiva y euclídea.
  - $(s,t) \in R_a^{\sqcap}$, escrita de otra forma: $s \rightarrow^a t$. Relación transitiva, serial y euclídea.

- Así se definen los dos operadores:

  - $\| K_a \varphi \| = \{s \in S : t \in \|\varphi\|, para\ todo\ t\ tal\ que\ s \sim^a t\}$
  - $\| \sqcap_a \varphi \| = \{s \in S : t \in \|\varphi\|, para\ todo\ t\ tal\ que\ s \rightarrow^a t\}$ ■

La hipótesis es que la modalidad evidencial modifica la modalidad sentencial y subsentencial. Sin embargo no se usa teoría de tipos, sino lógica epistémica. Por lo pronto se van a especificar las relaciones atendiendo al alcance (*scope*) de los operadores. Estas dos modalidades pueden realizar concordancia en determinadas traducciones, pero a falta de un estudio más detallado de una de ellas, se explicarán sus relaciones mediante alcance de los operadores.

---

[431] Véase modelo para la creencia y el conocimiento *KB model* en Baltag *et al.* (2008) p. 31 y ss. El modelo propuesto aquí tiene la misma estructura que KB, sólo que aquí se habla de modalidad en lugar de creencia para adaptarlo a la estructura del ugarítico y no tenemos los axiomas de correspondencia entre K y B.

1. *lā* + volitivo: 00-2.70:27 *ʿbdk . l šlm • ʿmk . p **l . yšbʿl** • ḫpn . l bʿly .* «Deseo que tenga»

   Se considera la modalidad positiva como una necesidad en un contexto «según mis deseos»:

   - Volitivo: correspondería a un operador $\sqcap_a \varphi$.
   - *lā:* correspondería con un operador $\neg K_a \varphi \equiv \hat{K}_a \neg \varphi \equiv \Diamond_a \neg \varphi$

Considero que las dos modalidades están en relación, lo que determina la modalidad aportada por *lā* es la especificación de la falta de evidencias. Siguiendo la formalización con lógica epistémica dinámica y añadiendo ahora el operador de modalidad, la sentencia correspondiente a *lā* + volitivo tendría la siguiente estructura:

Definición 80. *lā* + modal:

- $< \sqcap_a(\hat{K}_a \neg \varphi) > E_B \sqcap_a (\hat{K}_a \neg \varphi)$ «Deseo (siendo posible tener evidencias de que no φ)» ■

El operador $\sqcap$ tiene ancho alcance con K. La modalidad se establece primero y lo que realiza la partícula *lā* es establecer unos límites y especificar la semántica de que no tiene evidencias por lo que es posible también que $\neg \varphi$. A pesar de que el agente a desee φ, no tienen evidencias de φ, por lo que es posible que $\neg \varphi$ a pesar de sus deseos. Lo que añade a la semántica del operador de modalidad, el operador epistémico, es una debilitación de la modalidad intensional del operador $\sqcap$, especifica que no se ha realizado todavía[432]. De esta forma el operador epistémico estaría de alguna forma dependiendo de la modalidad $\sqcap$. Una traducción aproximada a la semántica formal que se ha establecido sería: «El agente a desea φ, siendo posible tener evidencias de $\neg \varphi$». El hecho de que no se produzca un cambio drástico entre el *modal* y el *lā* + *modal* se debe a que lo que estamos introduciendo es un operador modal de posibilidad con una proposición negada. No cambia realmente el sentido de la modalidad, sino que solamente especifica que no tiene evidencias de que se haya realizado.

Así se puede ahora volver a analizar las ocurrencias de *lā* + modal con la estructura derivada del análisis que se ha explicado[433]:

[432] Sería posible de establecer tal vez una graduación de la modalidad $\sqcap$ con esferas ordenadas, un análisis similar al de Huitink (2008); Grosz (2010); Huitink (2011) y que la partícula *lā* determinara la esfera. Sin embargo para realizar eso es necesario un estudio en profundidad de la modalidad sentencial y subsentencial en ugarítico que pueda determinar con claridad las distintas esferas de cada uno de los operadores que la representarían.

[433] La traducción por «seguramente» no determina con claridad la modalidad sentencial y subsentencial ugarítica. Las traducciones que he encontrado de las diferentes sentencias no establecen la modalidad con claridad, esta es otra de las razones por las que es necesario un estudio pormenorizado que las diferencie y las determine. A pesar de ello, como mi análisis tampoco las determina, vamos a mantenerlas como aproximación a una modalidad general.

l + modal	Interpretación positiva en la mayoría de los casos	Traducción aproximada con concordancia modal: Valor positivo
00-2.13:16	*iṯt . ˁmn . mlkt̊ • w . rgmy .* ***l*** • ***lqt (lqḥt)*** *. w . pn*	«ella *seguramente* aceptó *(siendo posible tener evidencias de que no aceptó)*» $< \sqcap_a(\hat{K}_a\neg\varphi) > E_B$ $\sqcap_a(\hat{K}_a\neg\varphi)$
00-2.21:10-11	*hn . km . rgmt •* *i̊ky .* **l . ilak** • *[…]n̊(?) . ˁmy*	«yo *seguramente* enviaré *(siendo posible tener evidencias de que no envíe)*» $< \sqcap_a(\hat{K}_a\neg\varphi) > E_B$ $\sqcap_a(\hat{K}_a\neg\varphi)$
00-2.26:17	__________ • *w* **l . ˁṣm** • ***tspr***	«*seguramente* darán cuenta de los registros (*siendo posible tener evidencias de que no)*» $< \sqcap_a(\hat{K}_a\neg\varphi) > E_B$ $\sqcap_a(\hat{K}_a\neg\varphi)$
R1-2.54:2	*[…]- tmtt* • *[…]* **l . yṣin̊** • *[…] . hm*	«él *seguramente* saldrá (*siendo posible tener evidencias de que no)*» (l + enérgico) $[\sqcap_a(\hat{K}_a\neg\varphi)]\ E_B$ $\sqcap_a(\hat{K}_a\neg\varphi)$
00-2.61:9	*akln . b . grnt* • ***l . bˁr*** • *ap . krmm*	«Nuestro grano *seguramente* se quemó (*siendo posible tener evidencias de que no)*» $< \sqcap_a(\hat{K}_a\neg\varphi) > E_B$ $\sqcap_a(\hat{K}_a\neg\varphi)$

l + modal	Interpretación positiva en la mayoría de los casos	Traducción aproximada con concordancia modal: Valor positivo
00-2.70:27	*ʿbdk . l šlm • ʿmk . p* ***l . yšbʿl*** *•* *ḫpn . l bʿly*	*l* + volitivo «el *seguramente* tendrá (*siendo posible tener evidencias de que no*)» Siendo volitivo creo que una traducción más precisa podría ser «Deseo que él tenga (*siendo posible tener evidencias de que no*)» $< \sqcap_a(\hat{K}_a \neg\varphi) > E_B$ $\sqcap_a(\hat{K}_a \neg\varphi)$
00-5.9:I:13	*ttn . w tn • w* ***l ttn*** *• w al ttn*	«Puedes tú darle *seguramente* (*siendo posible tener evidencias de que no*), podéis vosotros darle» $< \sqcap_a(\hat{K}_a \neg\varphi) > E_B$ $\sqcap_a(\hat{K}_a \neg\varphi)$
00-2.83:12	__________ • *[w] bʿl .* ***[l .]*** ***ydʿ***	«Y mi señor *seguramente* sabe (*siendo posible tener evidencias de que no*)» $< \sqcap_a(\hat{K}_a \neg\varphi) > E_B$ $\sqcap_a(\hat{K}_a \neg\varphi)$

10.3.4. Partícula *lā* + sustantivo verbal o frase nominal

Ya se ha indicado que la partícula *lā* también puede aparecer junto a frases nominales o sustantivos verbales. Por lo general este tipo de sentencias no posee ningún tipo de modalidad, son neutrales respecto a su modo. Así generalmente la *lV* realiza la misma función con una frase nominal o un sustantivo verbal que la que realiza con un indicativo. Hay autores[434], sin embargo, que consideran que estas frases nominales y los sustantivos verbales pueden tener modalidad volitiva, este es el caso de un infinitivo que funciona como im-

[434] Véase en Tropper (2000) §77.37 pp. 727-728 y §92.52 p. 859 y §77.36 p. 727 y para ejemplos sin interpretación controvertida §73.532 p. 492.

perativo y las frases nominales volitivas. Estos matices modales sólo pueden justificarse por medio del contexto[435]. Desde mi punto de vista no hay ninguna razón suficiente para determinar que sea un modal. Si tienen un valor modal, podrían ser interpretados como positivos y pasarían a formar parte de la *lā* + modal[436], pero mientras no se pueda elegir con suficientes fundamentos, mantendré abiertas ambas posibilidades:

l + sustantivo verbal o frase nominal	Dudosa	Dos posibles traducciones aproximadas según nuestro análisis
10-2. 72:20-21	*im ht* . **l . b mṣqt** . *yṯb̊t̊*	1. «si ahora bien, *seguramente* (*aunque no tengo evidencias*) la ciudad sigue estando angustiada...» *l* + sustantivo modal $< \sqcap_a(\hat{K}_a\neg\varphi) > E_B$ $\sqcap_a(\hat{K}_a\neg\varphi)$
		2. «si ahora bien, *no tengo evidencias de que* (la ciudad sigue estando angustiada)...» *l* + sustantivo neutro $< \neg K_a\varphi > E_B\neg K_a\varphi$
00-2.31:48	*[. . .]k b‘lt bhtm̊[.]å̊nk* • *[. . .* *]y* . **l ihbt** . *yb̊[. . .] . rgmy* • ———————	1. Contexto muy fragmentario: «yo *seguramente* (*aunque no tengo evidencias*) ...aquel...» *l* + sustantivo modal $< \sqcap_a(\hat{K}_a\neg\varphi) > E_B$ $\sqcap_a(\hat{K}_a\neg\varphi)$

[435] Véase Pardee (2003-2004) p. 358. El indicativo y las formas no marcadas no tienen matiz volitivo, pero el contexto requiere que las traduzcamos como tal.

[436] Véase apartado *lā* + modal en 10.3.3.

l + sustantivo verbal o frase nominal	Dudosa	Dos posibles traducciones aproximadas según nuestro análisis
		2. Contexto muy fragmentario: «yo *no tengo evidencias de que* (...aquel...)» *l* + sustantivo neutro $< \neg K_a\varphi > E_B\neg K_a\varphi$
00-2.47:4	*w* **l . a[ny]t . tšknn •** *ḫmšm* **. l m[i]t . any • tškn**$\overset{o}{n}$ *[. . .]*$\overset{o}{y}$*h .* $\overset{o}{k}$*t [. . .]*	1. *l* + sustantivo + *yqtl* (enérgico) «Se facilita *seguramente* (*aunque no tengo evidencias*) los buques, *seguramente* (*aunque no tengo evidencias*) proporcionará 150 barcos» *l* + sustantivo modal $< \sqcap_a(\hat{K}_a\neg\varphi) > E_B \sqcap_a(\hat{K}_a\neg\varphi)$
		2. *l* + sustantivo «*No tengo evidencias de que* (se faciliten los buques), *no tengo evidencias de que* (se proporcionen 150 barcos)» *l* + sustantivo neutro $< \neg K_a\varphi > E_B\neg K_a\varphi$

10.3.5. Partícula *ʾal* + modal: negativa

La estructura de la partícula *ʾal* ya ha sido definida en en la página 148. En este apartado la estructura de *ʾal* se suma a una estructura con operador modal y se produce un cambio en la sentencia de positiva a negativa. La semántica de *ʾal* correspondía al anuncio público de la negación de un operador epistémico de posibilidad:

Definición 81. Partícula *ʾal:*$\neg\hat{K}_a\varphi$

- $M,s \models K_a\neg\varphi$ ssi para todo s hay un t tal que sR_at, $M,t \models \neg\varphi$ ■

Al entrar en relación con el operador general de modalidad que se ha definido como ⊓ se produce lo siguiente según las traducciones habituales de las sentencias ugaríticas correspondientes a las cartas:

ʾal + modal	Interpretación negativa en la mayoría de los casos	Traducción aproximada:
00/10-2. 30:21	*umy* . ***al*** . ***tdḥl/ṣ***	«mi madre no te agites/no temas» (*ʾal* + imp/*yqtl*)
00-2. 30:23	*b* . *lbk* . ***al tšt***	«y no pongas preocupaciones en tu corazón.» (*ʾal* + *yqtl*)
00-2. 38: 27	*b* . *lbh* . ***al*** . ***yšt***	«que no ponga preocupaciones en su corazón.» (*ʾal* + *yqtl*)
00-2. 41: 22	*w* . *[u]ḫy* . ***al*** . ***ybʿrn***	«Que mi hermano no me abandone» (*ʾal* + volitivo/*yqtl*)
00-2.16:12 **10-2.16:12**	*tšmḫ* . *mab* • *w* ***al*** . ***trḥln*** • *ʿtn* (*ʿnt*) . *ḫrd* . *ank* *tšmḫ* . *mab* • ***wal*** . ***twḥln*** • *ʿtn* . *ḫrd* . *ank*	«Que ella no se preocupe» (*ʾal* + volitivo) «Puede que ella no se desanime» (*ʾal* + modalidad sentencial: «¿poder?»)
R1-2.18:3	*ʿ[...]-* . *šḫr* . *[...]* • *[...]* . ***al*** . ***ytbʿ*** *[...]* • *[...] l adn* . *ḥwt [...]*	«Que no se vaya» (*ʾal* + ¿yusivo/*yqtl*?)
00-2.26:19	*tspr* • *nrn* . ***al*** . ***tud*** • *ad* . *at* . *lhm*	«que no se precise» «que no se defina» (*ʾal* + ¿yusivo/*yqtl*?)
R1-2.31:14	*_[...]-[...]* • *[...]* . ***al*** . ***tšt*** *[...]* • ________	«Que no pongas/ que no bebas/ que no desgarres» *ʾal* + *yqtl*. ¿Cohortativo?)
00-2.42:19	w . ʿl . ap[. s ...] • bhm . w[. rgm . hw . al ...] • atn . ks[p . lhm . ʿd]	«que no les diera/ que no vengan» (*ʾal* + ¿volitivo?)
00-2.47:16	*d št* . *ʿl* . *ḫrdh* • *špḥ* . ***al*** . ***thbṭ*** • *ḫrd* . *ʿps* . *aḫd* . *kw*	«¡No humilles!» (*ʾal* + ¿yusivo?)

ʾal + modal	Interpretación negativa en la mayoría de los casos	Traducción aproximada:
R1-2.77:4	*[…] ʿmt . w ištn . lk • […]rk . w* ***al tšiḫrhm̊*** *[…] • […]nt . lk . bd .*	«no los retrases» (*ʾal* + *yqtl*)
00-5.9:I:14	*w l ttn • w* ***al ttn*** *• tn ks yn*	«No le des» (*ʾal* + yusivo?)
RS 94.2406. Líneas:21-22	*w . ʾat . b pk (.)* ***a(l) (...)*** *•* ***yṣʾi*** *mnk (ʿ)d m(ǵ) (...)*	«Que no salga» (*ʾal* + modalidad sentencial: «¿deber?»)
RS 94.2406. Líneas:39-40	*w . ʾat . b pk .* ***al . yṣʾi*** *• mhk. ʾugrt*	«Que no salga» (*ʾal* + modalidad sentencial «¿deber?»)
RS 94.2457 Líneas:23	*[...] mlʾaktk • [...]mnm.* ***ʾal . yns***	«...que no se escape nadie/nada» (*ʾal* + ¿yusivo/*yqtl*?)

Así aparece una estructura de *ʾal* + modal que cambia a negativa. El análisis de *lā* + modal producía una debilitación de la modalidad $\sqcap$. En este caso la partícula *ʾal* no es una modalidad existencial de la sentencia negativa, sino que estamos ante una universal de la sentencia negativa. Esto produce un cambio mayor en la estructura de $\sqcap$ y puede explicarse mediante una estructura de ancho alcance del operador $\sqcap$. En este caso las dos proferencias se pueden unir sin problemas de traducción en una que modifica en un grado mayor la sentencia con el operador $\sqcap$.

Definición 82. *ʾal*+ modal:

- $<\sqcap_a(K_a\neg\varphi)>E_B\sqcap_a(K_a\neg\varphi)\equiv$ «Desearía tener evidencias de que no φ» ■

Se produce un cambio en el operador *K* que en Anand y Brasoveanu (2010) se ha analizado como implicatura. El cambio es el mismo que se produce en *lā:*

- $\neg K_a\varphi\equiv\hat{K}_a\neg\varphi.$

En este caso el cambio en *ʾal* + modal:

- $\neg\hat{K}_a\varphi\equiv K_a\neg\varphi$

De esta forma las sentencias de *ʾal* + modal tendrían una traducción aproximada:

ʾal+ modal	Interpretación negativa en la mayoría de los casos	Traducción aproximada con la semántica propuesta:
00/10-2. 30:21	*umy* . ***al*** . ***tdḥ****l̊/ṣ̊*	«mi madre *que tenga evidencias de que no* te agites/no temas» (*ʾal* + imp/*yqtl*) $< \sqcap_a(K_a\neg\varphi) > E_B \sqcap_a(K_a\neg\varphi)$
00-2. 30:23	*b . lbk* . ***al tšt***	«y *que tenga evidencias de que no* pongas preocupaciones en tu corazón» (*ʾal* + *yqtl*) $< \sqcap_a(K_a\neg\varphi) > E_B \sqcap_a(K_a\neg\varphi)$
00-2. 38: 27	*b . lbh* . ***al*** . ***yšt***	«y *que tenga evidencias de que no* ponga preocupaciones en su corazón» (*ʾal* + *yqtl*) $< \sqcap_a(K_a\neg\varphi) > E_B \sqcap_a(K_a\neg\varphi)$
00-2. 41: 22	*w . [u]ḫy* . ***al*** . ***ybʿrn***	«que *tenga evidencias de que* mi hermano *no* me abandone» (*ʾal* + volitivo/*yqtl*) $< \sqcap_a(K_a\neg\varphi) > E_B \sqcap_a(K_a\neg\varphi)$
00-2.16:12 **10-2.16:12**	*tšmḫ . mab* • *w* ***al*** . ***trḥln*** • *ʿtn (ʿnt) . ḫrd . ank* *tšmḫ . mab* • *w****al*** . ***tẘḥln*** • *ʿtn . ḫrd . ank*	«*que tenga evidencias de que* ella *no* se preocupe» (*ʾal* + volitivo) $< \sqcap_a(K_a\neg\varphi) > E_B \sqcap_a(K_a\neg\varphi)$ «puede que *tenga evidencias de que* ella *no* se desanime» (*ʾal* + modalidad sentencial: «¿poder?») $< \sqcap_a(K_a\neg\varphi) > E_B \sqcap_a(K_a\neg\varphi)$

ʾ*al*+ modal	Interpretación negativa en la mayoría de los casos	Traducción aproximada con la semántica propuesta:
R1-2.18:3	*ʿ[. . .]- . šḥr . [. . .] • [. . .] .* ***al . ytbʿ*** *[. . .] • [. . .] l̊ adn . ḥwt [. . .]*	«*que tenga evidencias de que no* se vaya» (ʾ*al* + ¿yusivo/*yqtl*?) $< \sqcap_a(K_a\neg\varphi) > E_B \sqcap_a(K_a\neg\varphi)$
00-2.26:19	*tspr • n̊rn .* ***al . tud*** *• ad . at . lhm*	«*que tenga evidencias de que no* se precise» «*que tenga evidencias de que no* se defina» (ʾ*al* + ¿yusivo/yqtl?) $< \sqcap_a(K_a\neg\varphi) > E_B \sqcap_a(K_a\neg\varphi)$
R1-2.31:14	*_[. . .]-[. . .] • [. . .] .* ***al . tšt̊*** *[. . .] •* __________	«*que tenga evidencias de que no* pongas/ *que tenga evidencias de que no* bebas/ *que tenga evidencias de que no* desgarres» ʾ*al* + *yqtl*. ¿Cohortativo?) $< \sqcap_a(K_a\neg\varphi) > E_B \sqcap_a(K_a\neg\varphi)$
00-2.42:19	w . ʿl . ap̊[. s . . .] • bhm . w[. rgm . hw . al . . .] • atn . ks[p . lhm . ʿd]	«*que tenga evidencias de que no* les diera/ *que tenga evidencias de que no* vengan» (ʾ*al* + ¿volitivo?) $< \sqcap_a(K_a\neg\varphi) > E_B \sqcap_a(K_a\neg\varphi)$
00-2.47:16	*d št . ʿl . ḫrdh • špḥ .* ***al . thbṭ*** *• ḫrd . ʿps . aḫd . kw*	«¡*que tenga evidencias de que no* humilles!» (ʾ*al* + ¿yusivo?) $< \sqcap_a(K_a\neg\varphi) > E_B \sqcap_a(K_a\neg\varphi)$
R1-2.77:4	*[. . .] ʿmt . w ištn . lk • [. . .]rk . w* ***al tšiḫrhm̊*** *[. . .] • [. . .]nt . lk . bd .*	«*que tenga evidencias de que no* los retrases» (ʾ*al* + *yqtl*) $< \sqcap_a(K_a\neg\varphi) > E_B \sqcap_a(K_a\neg\varphi)$

ʾal+ modal	Interpretación negativa en la mayoría de los casos	Traducción aproximada con la semántica propuesta:
00-5.9:I:14	*w l ttn* • *w* ***al ttn*** • *tn ks yn*	«*que tenga evidencias de que no* le des» (*ʾal* + ¿yusivo?) $< \sqcap_a(K_a\neg\varphi) > E_B$ $\sqcap_a(K_a\neg\varphi)$
RS 94.2406. Líneas:21-22	*w . ʾat . b pk (.)* ***ʾa(l) (...)*** • **yṣʾi** *mnk (ʿ)d m(ǵ) (...)*	«*Debo tener evidencias de que no* salga» (*ʾal* + modalidad sentencial: «¿deber?») $< \sqcap_a(K_a\neg\varphi) > E_B$ $\sqcap_a(K_a\neg\varphi)$
RS 94.2406. Líneas:39-40	*w . ʾat . b pk .* ***ʾal .*** **yṣʾi** • *mhk. ʾugrt*	«*Debo tener evidencias de que no* salga» (*ʾal* + modalidad sentencial: «¿deber?») $< \sqcap_a(K_a\neg\varphi) > E_B$ $\sqcap_a(K_a\neg\varphi)$
RS 94.2457 Líneas:23	*[...] mlʾaktk* • *[...]mnm.* ***ʾal . yns***	«*...que tenga evidencias de que no* se escape nadie/nada» (*ʾal* + ¿yusivo/*yqtl*?) $< \sqcap_a(K_a\neg\varphi) > E_B$ $\sqcap_a(K_a\neg\varphi)$

10.4. Conclusión análisis *lā*/ *´al*/ *lā*+modal/ *´al*+modal con lógica epistémica dinámica

La lógica epistémica dinámica permite la introducción de agentes en la estructura intensional y una dinámica de la transmisión de la información. Es una manera de formalizar no sólo la intensión, sino en cierto modo el uso, la expresión de una proferencia por parte del hablante. Este mecanismo permite dar un paso más a la formalización a través de una lógica modal y no se está ya en un nivel semántico, sino que se captan también ciertos aspectos de la pragmática[437]. Este tipo de mecanismo de aseveración del agente, capta de forma

[437]Desde el punto de vista de la pragmática se pueden realizar análisis más detallados. En el análisis que hemos realizado aquí presuponemos por ejemplo que los agentes dicen la verdad,

bastante precisa la expresión de un evidencial que se encuentra a camino entre la semántica y la pragmática. Se considera este tipo de aseveración como conocimiento cierto, con pruebas, con evidencias directas, y se diferencia de la creencia en que esta última no tiene que ser cierta. Con ello, me he centrado en el paradigma aseverativo-negativo en ugarítico. No es un evidencial común, pues la estructura negativa se encuentra al mismo nivel que la positiva. Estas partículas que forman parte de este paradigma podrían considerarse partículas con polaridad negativa-positiva, sin embargo para ello necesitarían una negación externa de la que carecen las sentencias. Mi propuesta es captar su estructura semántica a través de una lógica epistémica dinámica que refleja la intensionalidad del paradigma al igual que su función deíctica. Este paradigma actúa en los diferentes niveles modales de la lengua, es decir, sus relaciones afectan a nivel modal discursivo, sentencial y subsentencial. La polaridad deriva de una concordancia modal basada en una estructura de *scope* (alcance). Cuando la negación entra en contacto con otra modalidad, se debilita con una posibilidad de la negación $\Diamond\neg$ (especificando que no tienen evidencias de que se haya realizado todavía), en el caso de *lā;* o se cambia a una necesidad de la negación $\Box\neg$ (desea tener evidencias de que no), en el caso de *ʾal*. La estructura completa de los cuatro casos de las dos partículas sería la siguiente:

Partícula *lā*	Partícula *ʾal*
lā: $<\neg K_a>\varphi E_B$ $\neg K_a\varphi$ «No tengo evidencias de φ»	*ʾal*: $<\neg\hat{K}_a\varphi> E_B$ $\neg\hat{K}_a\varphi$ «No es posible que tenga evidencias de φ» (Normalmente en preguntas retóricas).
lā + Modal: $<\sqcap_a(\hat{K}_a\neg\varphi)> E_B$ $\sqcap_a(\hat{K}_a\neg\varphi)$ «Deseo (siendo posible tener evidencias de que no φ)»	*ʾal*+ Modal: $<\sqcap_a(K_a\neg\varphi)> E_B$ $\sqcap_a(K_a\neg\varphi)$ «Desearía (tener evidencias de que no φ)»

Cuadro 10.12: Semántica formal para *lā/ ʾal*

En este trabajo se han estudiado estas partículas ugaríticas en conexión con las diferentes *lā/ ʾal lu/ul* que se encuentran en las lenguas semíticas[438].

pero el análisis podría especificarse para los casos en los que los agentes mienten como se hace en teoría de juegos.

[438]Véase de nuevo en la página 35.

Su semántica va variando de unas lenguas a otras. La mayoría de estas partículas tienen una semántica difícil de clarificar y normalmente están relacionadas con la negación, la modalidad y la hipoteticidad, al igual que se encuentran frecuentemente en condicionales y disyunciones. En este trabajo me he limitado a ofrecer una hipótesis sobre las partículas ugaríticas en relación con la modalidad sentencial y subsentencial, pero es posible ampliar el estudio a la estructura de los condicionales. La modalidad de la creencia y el conocimiento tienen una estrecha relación con la estructura de los condicionales en las lenguas. Estas particulas *lā/ ʾal* en ugarítico pueden variar y producir diferentes concordancias modales y relaciones de *scope* con los condicionales como lo hacen con la modalidad sentencial y subsentencial de la lengua. Para ello sería necesario estudiar con detenimiento las diferentes estructuras de los condicionales en cada una de las lenguas y analizar su relación con las particulas *Vl/lV*[439].

[439] Una primera aproximación a la estructura condicional ugarítica desde una perspectiva de lógica epistémica, en concreto desde la teoría de revisión de creencias AGM se puede encontrar en Barés (2012). Un análisis de las partículas acadias consideradas modales epistémicos y sus ocurrencias en condicionales puede verse en Wasserman (2012).

Parte III

Conclusión general

En este trabajo se ha estudiado la estructura semántica de la negación en ugarítico tocando también los niveles sintáctico y pragmático. El análisis no toma como elemento principal las cartas ugaríticas completas, sino las ocurrencias de las partículas negativas *lā/ ʾal* en ellas. Se ofrece una visión general de lo que se considera la negación en lógica clásica. La negación en ugarítico no posee las características de una negación en lógica clásica.

El ugarítico posee diferentes tipos de negación: *lā/ ʾal*, *im* y *bl*. El análisis se centra en las negaciones *lā/ ʾal* que se han considerado duales. Las negaciones *im* (y su relación con *iṯ*) y *bl* quedan fuera de los límites de este trabajo[440]. Se han tomado como base para el análisis las negaciones *lā/ ʾal* porque son partículas que muestran un comportamiento extraño al relacionarse con la modalidad de la lengua. Son partículas que cambian de positivo a negativo según los contextos.

Para un análisis de *lā/ ʾal* en ugarítico, resulta obligado exponer un panorama general de las partículas relacionadas en las lenguas semíticas antiguas. Este tipo de partículas *lV/Vl* aparecen en diferentes lenguas semíticas. En este trabajo se ofrece un panorama general de ellas en acadio, hebreo bíblico, canaano-acadio y en el hipotético proto-semítico.

Una vez centrado en la negación en ugarítico, se analizan todas las ocurrencias de las partículas *lā/ ʾal* en las cartas y se muestra la semántica dada hasta el momento para ellas. Considero que la semántica de las partículas no queda clara en los estudios ugaríticos y se plantea la hipótesis de una negación modal que resolvería los problemas y daría una explicación más clara de su estructura. Para ello se revisa la estructura modal desde un punto de vista de tipología lingüística general. Se diferencia entre modalidad discursiva, sentencial y subsentencial. Este trabajo se enfoca en la modalidad epistémica. Este tipo de modalidad aporta la intensionalidad epistémica del hablante y normalmente se sitúa dentro de la modalidad sentencial. Sin embargo, en muchas lenguas las diferencias entre discursiva, sentencial y subsentencial no son claras y determinadas estructuras pueden difuminarse entre estos tres niveles, como es el caso del ugarítico.

Dentro de la modalidad epistémica se encuentra la problemática bastante debatida de si los evidenciales pertenecen a este tipo de modalidad[441] o no son modales[442]. Considero los evidenciales como parte de la modalidad epistémica, la diferenciación es que esta estructura determina el conocimiento con

---

[440]Parece ser que estas negaciones corresponderían con: 1. una negación del existencial (ambos en la misma estructura léxica *im*= «no hay»). Esta negación del existencial es la dual a la partícula *iṯ* («hay»); y 2. una negación predicativa (*bl*). Sin embargo, hace falta un análisis en detalle para determinar claramente su estrcutura.

[441]Véase Palmer (2001).

[442]Sobre los autores que no los consideran modales epistémicos véanse por ejemplo Aikhenvald (2003, 2004, 2006); de Haan (1999, 2001b, 2005, 2011a,b)

pruebas, mientras que la modalidad epistémica más usual en las lenguas indoeuropeas actuales determina la creencia.

A partir de aquí se exponen las aproximaciones formales a la modalidad utilizadas para el estudio de los evidenciales lingüísticos. La formalización más aceptada para la modalidad es la formalización ofrecida por Kratzer (1977, 1981, 1991) basada en los estudios de lógica modal de Lewis. Sin embargo, este tipo de formalización tiene problemas con la estructura de necesidad y, a pesar de que se ha usado para los evidenciales, muchos autores no están de acuerdo por completo en que sea adecuada. Se hace un recorrido por las diferentes formalizaciones para los evidenciales: Matthewson *et al.* (2007); Matthewson (2010), que usa la teoría de Kratzer; Faller (2002) que ofrece una pragmática formal basada en un operador ilocucionario; y McCready y Ogata (2007) que interpreta la evidencialidad mediante una semántica dinámica basada en la probabilidad que el hablante atribuye a las proposiciones.

Mi solución puede considerarse algo intermedio entre ellas. En el análisis aquí ofrecido se usa lógica epistémica dinámica. Mediante la diferenciación de dos operadores, uno de conocimiento y el otro de creencia, se puede diferenciar la estructura de la modalidad epistémica entre creencia y conocimiento[443]. La creencia, interpretada en términos de la semántica kripkeana, tiene unas relaciones de accesibilidad seriales. Es decir, se define el operador de creencia mediante el axioma D' que determina sus relaciones de accesibilidad, para cada φ que el agente acepta creer, no puede creer también su opuesto $\neg\varphi$, las creencias de un mismo agente son consistentes[444]. El conocimiento se interpreta mediante el operador K de conocimiento[445] determinado por una relación de accesibilidad reflexiva, esto garantiza que el conocimiento es creencia verdadera y se puede determinar de ese modo la estructura de un evidencial. No se habla de mayor o menor probabilidad sino de creencia y conocimiento. Se realiza el análisis y se ofrece la formalización de un evidencial directo y de un evidencial indirecto.

El evidencial directo no es una estructura de creencia, ni de probabilidad, y aunque, todas las proferencias tienen unas características pragmáticas, tiene una clara estructura semántica. Se diferencian distintos tipos de directo a través de la regla del cierre de la necesitación que permite las premisas privadas para los agentes y permite diferenciar las pruebas de ese conocimiento.

El evidencial indirecto se determina gracias al sistema multiagente. No es un operador diferente con distintas presuposiciones, sino la estructura formada

[443]La consideración de esta estructura para el conocimiento tiene sus problemas filosóficos, de los más conocidos son la omnisciencia lógica y la introspección positiva y negativa. Sin embargo se ha tomado esta estructura como base porque creo que puede ayudar a la clarificación semántica de la evidencialidad y la creencia en las lenguas naturales.

[444]En este punto nos encontraríamos con problemas como los de la Paradoja de Moore.

[445]Con problemas como la paradoja de Fitche.

por dos operadores epistémicos con diferentes agentes.

La semántica dinámica de los anuncios públicos determina el *update* del conocimiento de los agentes en una conversación, captando de esta forma la transmisión del conocimiento a nivel pragmático.

Una vez establecida la estructura formal de un evidencial, se pasa a determinar la estructura de la negación ugarítica. Como se ha visto en la visión general de las partículas *lV/Vl* semíticas, tienen una estructura complicada que suele cambiar en contextos no verídicos: la negación, no aseveración de actos de habla tales como las cuestiones, imperativos, exclamativos, prótasis de condicionales o verbos intensionales. Parece claro y ha sido estudiado por diferentes investigadores que existe un paradigma aseverativo en las lenguas semíticas relacionado con este tipo de partículas. El comportamiento tan particular de la negación *lā/ ʾal* ugarítica y su relación con el paradigma aseverativo en las diferentes lenguas semíticas lleva a postular la hipótesis de una negación modal.

Según la tipología lingüística no es extraño encontrarse con negaciones diferentes para el indicativo y el imperativo, modales, etc.[446], lo que resulta sorprendente en ugarítico es que esa negación pueda cambiar a positiva. En un principio se pueden considerar como partículas bi-polares que cambian según el contexto sea verídico o no verídico. Sin embargo considerarlas partículas polares sería determinar que su semántica es vacía y que la negación deriva del contexto no verídico y no de las mismas partículas. Mi hipótesis es que este tipo de partículas sí tienen una semántica clara de la que se puede dar la estructura mediante lógica epistémica dinámica.

En este trabajo se propone una estructura semántica de la negación ugarítica como paradigma negativo al mismo nivel que uno aseverativo. Un paradigma aseverativo es un paradigma evidencial directo[447] que no especifica el tipo de pruebas directas que se tiene para aseverar o afirmar el conocimiento de la proposición[448]. De forma dual, la negación ugarítica es una negación intensional que enfoca (actúa como «nexus focus») de forma negativa la proposición.

Sin embargo aún queda el problema de la negación que cambia de negativa a positiva según el contexto verídico o no verídico. La solución planteada aquí para este problema pasa por el análisis de las propuestas dadas para otras lenguas sobre lo que se ha llamado concordancia modal. Se han expuesto las diferentes teorías de Geurts y Huitink (2006); Zeijlstra (2007); Anand y Brasoveanu (2010); Huitink (2008, 2011); Grosz (2010) que ofrecen una aproximación a la estructura de una concordancia modal. Considero que en el caso del ugarítico la estructura se asemeja más al análisis de los tres últimos, ya que

[446]Véase Horn (1989 - 2001).

[447]Tal vez con una relación mayor a nivel subsentencial.

[448]Este tipo de paradigma es el que podemos encontrar en acadio, véanse Cohen (2005); Wasserman (2012) o en árabe Testen (1998).

no tenemos ni dos operadores modales iguales, ni un operador modal implícito y un operador con una semántica vacía. Mi propuesta es analizarla mediante una diferencia de alcance[449]. La formalización ofrecida para captar la estructura de la concordancia-alcance modal en ugarítico se basa en la determinación de un operador modal general ($\sqcap$), con unas relaciones de accesibilidad correspondientes a los axiomas KD45. Este operador general para la modalidad sentencial y subsentencial ugarítica entra en relación con el operador modal negativo que expresa la evidencialidad negativa en sistema S5. Mediante esta estructura semántica se pueden explicar las relaciones de la negación ugarítica en los diferentes contextos verídicos y no verídicos.

Un tema que queda abierto para investigaciones posteriores es el papel que juegan este tipo de partículas en los condicionales y las disyunciones.

[449]Dejo abierta la posibilidad de una determinación de las esferas, pero a falta de un estudio pormenorizado de la modalidad verbal sentencial y subsentencial en ugarítico, enfoco la solución en una cuestión de alcance del operador.

Índice alfabético

Bibliografía

AARTUN, K. *Die Partikeln des Ugaritischen.* Alter Orient und Altes Testament, Neukirchen-Vluyn (1978)

ACERO, J., BUSTOS, E., Y QUESADA, D. *Introducción a la filosofía del lenguaje.* Cátedra (1982)

ACERO, J., FRÁPOLLI, M., Y ROMERO, E. El significado y las actitudes proposicionales. I Los problemas y las respuestas clásicas. *Agora* (1997)

ACERO, J., FRÁPOLLI, M., Y ROMERO, E. El significado y las actitudes proposicionales. II Mundos posibles, proposiciones y estados psicológicos. *Agora* (1998)

AHL, S.W. *Epistolary texts from Ugarit.* Tesis Doctoral, Brandeis University, Ann Arbor, Michigan, U.S.A.- London, England (1980)

AIKHENVALD, A.Y. *Typological Studies in Language 54. Studies in Evidentiality*, capítulo Evidentiality in Tariana. Jhon Benjamins Publishing Company (2003)

AIKHENVALD, A.Y. *Evidentiality.* Oxford University Press (2004)

AIKHENVALD, A.Y. *Encyclopedia of Languages and Linguistics*, capítulo Evidentiality in Grammar. Elsevier Pergamon (2006)

AIKHENVALD, A.Y. Y DIXON, M. (editores). *Studies in Evidentiality, Typological Studies in Language*, tomo 54. Jhon Benjamins Publishing Company (2003)

ALBRIGHT, W.F. Specimens of Late Ugaritic Prose. *Bulletin of American Schools of Oriental Research. BASOR. 150* págs. 36–38 (1958)

ANAND, P. Y BRASOVEANU, A. Modal Concord as Modal Modification. *Sinn und Bedeutung 14* (2010)

ARNAUD, D. Y SALVINI, M. Le divorce du roi Ammistamru d'Ougarit: un document redécouvert. *Semitica 41- 42* págs. 7–22 (1991-1992)

AUSTIN, J. *How to Do things with words.* Oxford at the Clarendon Press (1962)

BALTAG, A., VAN DITMARSCH, H., Y MOSS, L. *Handbook on the Phylosophy of Information*, capítulo Epistemic Logic and Information Update. Elsevier Science Publisher (2008)

BARÉS, C. *Logic of Knowledge. Theory and Applications*, capítulo Belief conditional in the Ugaritic Language. College Publications, London (2012)

BARÉS, C. Y SOLANS, B.E. Analisis formal de KTU 2.72: 17-24 aplicando la metodologia hermeneumatica. En D. Fernández, E. Gómez-Caminero, y I. Hernández (editores), *Estudios de Lógica, Lenguaje y Epistemología. IV Jornadas Ibéricas*, págs. 3–25. Universidad de Sevilla, Fenix Editora, Sevilla (2010)

BARÉS, C., MAGNIER, S., Y SALGUERO, F. (editores). *Logic of Knowledge. Theory and Applications.* College Publications, London (2012)

BARÉS GÓMEZ, C. *Semántica formal a través de una teoría de la interpretación. Las partículas negativas la/al en ugarítico.* Tesis Doctoral, Universidad de Sevilla-CSIC (2012)

BIGGS, R.D., BRINKMAN, J.A., CIVIL, M., FARBER, W., GELB, I.J., OPPENHEIM, A.L., REINER, E., ROTH, M.T., Y STOLPER, M.W. (editores). *The Assyrian Dictionary: U and W*, tomo 20. Oriental Institute of the University of Chicago, Chicago, Illinois, USA (2010)

BLACK, J., GEORGE, A., Y POSTGATE, N. (editores). *A Concise Dictionary of Akkadian.* Harrassowitz Verlag, Wiesbaden (2000)

BORDREUIL, P. (editor). *Une bibliothèque au sud de la ville I. Ras Shamra-Ougarit VII.* Recherche sus les Civilisations, Paris (1991)

BORDREUIL, P. *Histoires de déchiffrements. Les écritures du Proche-Orient à l'Egée.*, capítulo L'alphabet ougaritique, págs. 129–138. Maison René-Ginouvés (2012)

BORDREUIL, P. Y CAQUOT, A. Les textes en cunéiformes alphabétiques découverts en 1977 à Ibn Hani. *Syria 56* págs. 305–306 (1979)

BORDREUIL, P. Y CAQUOT, A. Les textes en cunéiformes alphabétiques découverts en 1978 à Ibn Hani. *Syria 57* págs. 359–360 (1980)

BORDREUIL, P. Y PARDEE, D. Catalogue raisonné des textes ougaritiques de la Maison d'Ourtenou. *Aula Orientalis.* (1999-2000)

BORDREUIL, P. Y PARDEE, D. *Manuel d'Ougaritique*, tomo 2. Paul Geuthner, Paris (2004)

BORDREUIL, P., HAWLEY, R., Y PARDEE, D. Données nouvelles sur le déchiffrement de l'alphabet et sur les scribes d'Ougarit. En *Comptes rendus de l'Académie (CRAI) IV de Novembre et Décembre*, págs. 1623–1635 (2010)

BORDREUIL, P., PARDEE, D., Y HAWLEY, R. *Une bibliothèque au sud de la ville III. Ras Shamra-Ougarit VIII.* Publications de la maison de l'orient et de la méditerranée, Lyon (2012)

BROOKE, G.J. The textual, formal and historical significance of ugaritic letter RS 34.124 (=KTU 2.72). *Ugarit-Forschungen 11* págs. 69–82 (1979)

BUCCELLATI, G. *A Structural Grammar of Babylonian.* Harrassowitz Verlag, Wiesbaden (1996)

BYBEE, J., PERKINS, R., Y PAGLIUCA, W. *The evolution of grammar. Tense, Aspect, and Modality in the Language of the World.* The University of Chicago Press, Chicago and London (1994)

CAQUOT, A. Hébreu et Araméen. Editio princeps. *Annuaire du Collége de France. ACF 75* págs. 430–432 (1975)

CAQUOT, A. Y DE TARRAGON, J.M. *Textes Ougaritiques: Textes religieux et rituels*, tomo I. Les éditions du cerf, Paris (1989)

CARNOTA, R.J. Lógica e Inteligencia Artificial. *Enciclopedia Iberoamericana de filosofía. Lógica* (1995)

CERVIGÓN, R. Analizador Morfológico Ugarítico, AMU. En J. Justel, B.E. Solans, J.P. Vita, y J.A. Zamora (editores), *Las aguas primigenias. El próximo Oriente Antiguo como fuente de civilización*, tomo 1, págs. 173–182. IEIOP, Zaragoza (2007a)

CERVIGÓN, R. *Interpretacion critica de textos ugariticos.* Proyecto Fin de Carrera, Universidad Politecnica de Madrid, Madrid (2007b)

CIVIL, M., GELB, I.J., OPPENHEIM, A.L., Y REINER, E. (editores). *The Assyrian Dictionary: L.* Oriental Institute of the University of Chicago, Chicago, Illinois, USA (1973)

COHEN, E. *The modal system of Old Babilonian.* Eisenbrauns, Winona Lake, Indiana (2005)

COURTOIS, J. Yabninu et le palais sud d'Ougarit. *Syria 67* págs. 104–142 (1990)

CUNCHILLOS, J.L. Le texte ugaritique KTU.2.30. *Anuario de Filología 5* págs. 73–76 (1979)

CUNCHILLOS, J.L. Une lettre dUgarit. *Les Annales Archeologiques Arabes Syriennes(AAAS)* **29-30**:231–236 (1979-1980)

CUNCHILLOS, J.L. KTU 2.21- Lettre addressé à la reine Ibrkd a trasmis le message de la Reine. *Ugarit-Forschungen 13* págs. 45–48 (1981a)

CUNCHILLOS, J.L. Une lettre ugaritique KTU 2.17. *Festschrift Cazelles (AOAT)* págs. 71–78 (1981b)

CUNCHILLOS, J.L. La lettre ugaritique KTU 2.10. *Materiali Lessicali ed Epigrafici* (1):19–23 (1982)

CUNCHILLOS, J.L. Genèse, 17, 20 et KTU 2.10:5-7. A propos de sm'l. *Revue Biblique* (3):375–382 (1985)

CUNCHILLOS, J.L. Une lettre du roi de Tyr au roi dUgarit (KTU 2.38). *Sefarad* (1986)

CUNCHILLOS, J.L. *Estudios de Epistolografía Ugarítica.* Institución San Jerónimo para la Investigación Bíblica, Valencia (1989a)

CUNCHILLOS, J.L. *Textes Ougaritiques: Correspondance*, tomo II. Les éditions du cerf, Paris (1989b)

CUNCHILLOS, J.L. Polaridades vocálicas en el verbo ugarítico. *Sefarad L* (1):185–189 (1990)

CUNCHILLOS, J.L. *Manual de Estudios Ugaríticos.* CSIC, Madrid (1992)

CUNCHILLOS, J.L. *Hermeneumatica.* CSIC, Madrid (2000)

CUNCHILLOS, J.L. El UDB: por qué y para qué. Un ejemplo R1-4.769. En J. Montero, J. Vidal, y F. Masó (editores), *De la estepa al mediterráneo. Actas del Ier Congreso de arqueología e historia antigua del Oriente Próximo*, págs. 333–349. Monografies Eridu 1, Barcelona (2001)

CUNCHILLOS, J.L. Y AL. *Banco de Datod Filologicos Semiticos Noroccodentales III: Generador de Segmentaciones, Restituciones y Concordancias.* electronic edición. CSIC (1996)

Cunchillos, J.L. y Cervigón, R. Analizador morfológico de palabras ugaríticas (AMU). *First International Conference on Language Resources and Evaluation II* págs. 839–846 (1998)

Cunchillos, J.L. y Vita, J.P. *Banco de Datod Filologicos Semiticos Noroccodentales I: Textos Ugariticos*, tomo 1. CSIC, Madrid (1993a)

Cunchillos, J.L. y Vita, J.P. Cronica de la destruccion de una ciudad del reino de Ugarit (TU 00-2.61). *Sefarad LIII* págs. 243–247 (1993b)

Cunchillos, J.L. y Vita, J.P. *Banco de Datod Filologicos Semiticos Noroccodentales II: Concordancia de Palabras Ugariticas en morfologia desplegada.* CSIC, Madrid Zaragoza (1995)

Cunchillos, J.L. y Vita, J.P. *Introducción a la lectura crítica de documentos del II y I milenio.* CSIC, Madrid (1998)

Cunchillos, J.L. y Vita, J.P. *Un escrito y varios textos. Informática y filología. La recensión del texto ugarítico.* BDFSN-Monografías-7, Madrid (2002)

Cunchillos, J.L. y Zamora, J.A. *Gramática Ugarítica Elemental.* CSIC, Madrid (1995)

Cunchillos, J.L., Vita, J.P., y Zamora, J.A. *The Text of Ugaritic Data Bank*, tomo 1-4. Piscataway (2003a)

Cunchillos, J.L., Vita, J.P., Zamora, J.A., y Cervigon, R. A Concordance of Ugaritic Words. Electronic Aplication, Piscataway (2003b)

Cutler, B. y Macdonald, J. Identification of the na<ar in the Ugaritic Texts. *Ugarit-Forschungen 8* (1976)

de Haan, F. *The interaction of Modality and Negation. A Typological Study.* Garland Publishing, New York - London (1997)

de Haan, F. Evidentiality and Epistemic modality: setting boundaries. *Southwest Journal of Lingüístics 18* págs. 83–101 (1999)

de Haan, F. The place of the inference within the evidential system. *International Journal of American Linguistics 67* págs. 193–219 (2001a)

de Haan, F. The relation between modality and evidentiality. *Linguistische Berichte, Sonderheft 9* págs. 201–216 (2001b)

de Haan, F. Encoding speaker perspective: evidentials. *Linguistic Diversity and Language Theories* págs. 379–397 (2005)

DE HAAN, F. Coding of Evidentiality. En M.S. Dryer y M. Haspelmath (editores), *The World Atlas of Language Structures Online*, http://wals.info/chapter/78 consultado 22/07/2011 edición, capítulo 78. Max Planck Digital Library, Munich (2011a)

DE HAAN, F. Semantic Distinctions of Evidentiality. En M.S. Dryer y M. Haspelmath (editores), *The World Atlas of Language Structures Online*, http://wals.info/chapter/77 consultado 22/07/2011 edición, capítulo 77. Max Planck Digital Library, Munich (2011b)

DE HAAN, F. Visual evidentiality and its origins. Online (2011c)

DE MOOR, J.C. Frustula Ugaritica. *Journal of Near Eastern Studies 24* (4):355–364 (1965)

DE MOOR, J.C. Contributions to the Ugaritic Lexicon. *Ugarit-Forschungen 11* págs. 650–651 (1979)

DE RAS SHAMRA, M. *Ugarítica V.* Brill (1968)

DE RAS SHAMRA, M. *Ugarítica VII.* Brill (1978)

DE SWART, H. *Introdution to Natural Language Semantics.* Número 80 en CSLI Lecture Notes. CSLI Publications, Stanford, California (1998)

DEL OLMO LETE, G. Y SANMARTÍN, J. *Diccionario de la Lengua Ugarítica.* Aula Orientalis-Suplementa, Barcelona (1996)

DEL OLMO LETE, G. Y SANMARTÍN, J. *Ex Mesopotamia et Syria Lux.Festschrift für Ex Mesopotamia et Syria Lux. Festschrift für Manfried Dietrich zu seinem 65.*, capítulo Drei ugaritische Briefe: KTU 2.70, 2.71, 2.72, págs. 547–558. Geburtstag (2002)

DEL OLMO LETE, G. Y SANMARTÍN, J. *A Dictionary of Ugaritic Language in the Alphabetic Tradition.* Brill (2004)

DIETRICH, M. Y LORETZ, O. Philologische und Inhatliche Probleme im Schreiben KTU 2.17. *Ugarit-Forschungen 14* págs. 83–88 (1982)

DIETRICH, M. Y LORETZ, O. Der Brief KTU 2.70 (RS 29.93). *Ugarit-Forschungen 16* págs. 63–68 (1984)

DIETRICH, M. Y LORETZ, O. *Texte aus der Umwelt des Alten Testament I.* Gütersloher Verlags-Haus (1985)

DIETRICH, M. Y LORETZ, O. Ugaritish it, tyndr und hebräisch 'sh, sy. *Ugarit-Forschungen 26* (1994)

DIETRICH, M. Y LORETZ, O. Die keilalphabetischen Briefe aus Ugarit (I). KTU 2.72, 2.76,2.87, 2.88 und 2.90. *Ugarit-Forschungen 41* págs. 109–164 (2010)

DIETRICH, M., LORETZ, O., Y SANMARTÍN, J. Der Satzbau in PRU2.12 (=RS 16.402), 22-38. *Ugarit-Forschungen 6* págs. 456–457 (1974a)

DIETRICH, M., LORETZ, O., Y SANMARTÍN, J. Die Ankündigung eines Botem (UDR) im Brief. *Ugarit-Forschungen 6* págs. 458–459 (1974b)

DIETRICH, M., LORETZ, O., Y SANMARTÍN, J. Ein brief des Könings an die Königin-Mutter (RS 11.872: CTA 50). *Ugarit-Forschungen 6* págs. 460–462 (1974c)

DIETRICH, M., LORETZ, O., Y SANMARTÍN, J. Eine briefiiche Antwort des Königs von Ugarit auf eine Anfrage. *Ugarit-Forschungen 6* págs. 453–455 (1974d)

DIETRICH, M., LORETZ, O., Y SANMARTÍN, J. Brief über die Auswirkungen einer Razzia. *Ugarit-Forschungen 7* págs. 532–533 (1975a)

DIETRICH, M., LORETZ, O., Y SANMARTÍN, J. Der Brief RS4.475=CTA53. *Ugarit-Forschungen 7* págs. 529–530 (1975b)

DIETRICH, M., LORETZ, O., Y SANMARTÍN, J. Eine Notiz zu RS 15.98=PRU 2,21,4-7. *Ugarit-Forschungen 7* pág. 531 (1975c)

DIETRICH, M., LORETZ, O., Y SANMARTÍN, J. *KTU. Die keilalphabetischen Texte aus Ugarit.* Alter Orient und Altes Testament, Neukirchen-Vluyn (1976)

DIJKSTRA, M. Two notes on PRU 5, NO 60. *Ugarit-Forschungen 8* (1976)

DIJKSTRA, M. Marginalia to the Ugaritic Letters in KTU. *Ugarit-Forschungen 19* (1988)

DUCROT, O. Y SCHAEFFER, J.M. *Nouveau dictionaire encyclopédique des sciences du langage.* Éditions du Seuil, Paris (1995)

FALLER, M.T. *Semantics and pragmatics of evidentials in Cuzco Quechua.* Tesis Doctoral, Stanford (2002)

FRÁPOLLI, M. ¿Qué son las constantes lógicas? *Crítica, Revista Hispanoamericana de Filosofía* **44**(132):65–99 (2012)

FRÁPOLLI, M. Y ROMERO, E. *Una aproximación a la filosofía del lenguaje.* Sintesis, Madrid (1998)

FREU, J. *Histoire Politique du Royaume D'Ugarit.* Association KUBABA, Université de Paris I., Paris (2006)

FRIEDMAN, V.A. *Studies in Evidentiality*, capítulo Evidentiality in the Balkans with special attention to Macedonian. Typological Studies in Language 54. Jhon Benjamins Publishing Company (2003)

GABBAY, D. Y WANSING, H. (editores). *What is negation?* Applied Logic Series (1999)

GAMUT, L. *Logic, Language, and Meaning: Intensional Logic and Logical Grammar*, tomo II. University of Chicago Press, Chicago and London (1991a)

GAMUT, L. *Logic, Language, and Meaning: Introduction to logic*, tomo I. University of Chicago Press, Chicago and London (1991b)

GARBINI, G. Y DURAND, O. *Introduzione alle lingue semitiche.* Paideia Editrice (1994)

GELB, I.J., LANDSBERGER, B., OPPENHEIM, A.L., Y REINER, E. (editores). *The Assyrian Dictionary: A*, tomo I. Oriental Institute of the University of Chicago, Chicago, Illinois, USA (1964)

GEURTS, B. Y HUITINK, J. Modal concord. *Concord and the syntax-semantics interface. ESSLLI. Málaga* (2006)

GOCHET, P. L'impact de la philosophie el de la logique sur la linguistique. *Le française moderne* **75**:6–14 (2008)

GÓMEZ-CAMINERO, E. *Tablas semánticas para lógica Epistémica.* Tesis Doctoral, Universidad de Sevilla (2011)

GÓMEZ TORRENTE, M. *Filosofía de la lógica*, capítulo Constantes lógicas, págs. 179–207. Tecnos (2007)

GORDON, C.H. *Ugaritic Textbook.* Pontificio Istituto Biblico (1999)

GORDON, C.H. *Ugaritic Literature.* Pontificium Institutum Biblicum, Rome (1949)

GROENENDIJK, J. Y STOKHOF, M. Dynamic Predicate Logic. *Linguistics and Philosophy 14(1)* págs. 39–100 (1991)

GROSZ, P. Grading Modality. A New Approach to Modal Concord and its Relatives. En *Sinn und Bedeutung 14* (2010)

HACQUARD, V. *Aspects of Modality*. Tesis Doctoral, Massachusetts Institute of Technology (2006)

HATAV, G. *The Semantics of Aspects and Modality. Evidence from English and Biblical Hebrew*. Jhon Benjamins Publishing Company, Amsterdam-Philadelphia (1997)

HAWLEY, R. *Studies in Ugaritic Epistolography*. online edición. UMI Microform 3088741, Chicago (2003)

HENGEVELD, K. *Morphology. An international handbook on inflection and word-formation*, tomo 2, capítulo Illocution, mood and modality, págs. 1190–1201. Walter de Gruyter, Berlin (2004)

HERDNER, A. *Corpus des tablettes en cunéiformes alphabétiques découvertes à Ras Shamra-Ugarit de 1929à 1939. (CTA), Mission de Ras Shamra 10*, tomo 10. Bibliothèque archèologique et historique 79 edición. Imprimerie Nationale and Geuthner, Paris (1963)

HETZRON, R. *Actes du Premier Congrès International de Linguistique Sémitique et Chamito-Sémitique, Paris 16-19 juillet 1969*, capítulo La division des langues sémitiques, págs. 181–94. Janua Linguarum, Series Practica, 159 (1974)

HIERRO-PESCADOR, J. *Principios de filosofía del lenguaje*. Alianza, Madrid (1986)

HINTIKKA, J. *Knowledge and Belief. An introduction to the logic of the two notions*. Cornell University Press (1962)

HINTIKKA, J. Negation in logic and in natural language. *Linguistics and Philosophy 25* págs. 585–600 (2002)

HOEKSEMA, J., RULLMANN, H., VAN DER WOUDEN, T., Y SÁNCHEZ-VALENCIA, V. (editores). *Perspectives on negation and polarity items*. Jhon Benjamins Publishing Company, Amsterdam-Philadelphia (2001)

HOFTIJZER, J. Une lettre du roi de Tyr. *Ugarit-Forschungen 11* (1979)

HORN, L.R. *A natural history of negation*. CSLI Publications, Chicago (1989 - 2001)

HUANG, Y. *Pragmatics*. Oxford textbook in Linguistics (2007)

HUEHNERGARD, J. Asseverative *la and Hypothetical *lu/law in semitic. *JAOS 103* págs. 569–593 (1983)

HUEHNERGARD, J. *The Balaam Text from Deir Alla Re-evaluated*, capítulo Remarks on the Classification of the Northwest Semitic Languages, págs. 282–293. Brill, Leiden (1991)

HUEHNERGARD, J. *A Grammar of Akkadian*. Scholars Press (1997)

HUFFMON, H.B. Y PARKER, S.B. A Further Note on the Treaty Background of Hebrew Yada'. *Bulletin of American Schools of Oriental Research. BASOR. 184* págs. 36–38 (1966)

HUITINK, J. *Modal conditional and compositionality*. Tesis Doctoral, Nijmegen (2008)

HUITINK, J. Modal concord: A case study of Duch. *Journal of Semantics. To appear.* (2011)

JESPERSEN, O. *Negation in English and other languages*. Bianco Lunos Bogtrykkeri (1917)

JUSTEL, J. El divorcio del rey Ammittamru II de Ugarit en el contexto matrimonial de Siria en el Bronce Tardío. En J. Justel, B. Solans, J.P. Vita, y J.A. Zamora (editores), *Las aguas primigenias. El próximo Oriente Antiguo como fuente de civilización*, págs. 439–455 (2007a)

JUSTEL, J. *La posición social de la mujer en la Siria del Bronce Final*. IEIOP, CSIC, Zaragoza (2007b)

KNAPP, B.A. An Alashiyan merchant at Ugarit. *Tel Aviv 10* págs. 38–45 (1983)

KNUDTZON, J. *Die El-Amarna-Taflen*. Vorderasiatische Bibliothek (1964)

KRATZER, A. What 'must' and 'can' must and can mean. *Linguistics and Philosophy 1* (1977)

KRATZER, A. *Words,Worlds and Contexts. New approaches to word semantics*, capítulo The Notional Cathegory of Modality. Walter de Gruyter (1981)

KRATZER, A. *Semantik: ein internationales Handbuch der zeitgenössischen Forschung, Handbücher zur Sprach- und Kommunikationswissenschaft*, tomo 6, capítulo Modality/Conditionals, págs. 636–356. Walter de Gruyter (1991)

KRISTENSEN, A.L. Ugaritic epistolary Fórmulas: A comparative study of the Ugaritic epistolary formulas in the context of the contemporary Akkadian formulas in the letters from Ugarit and Amarna. *Ugarit-Forschungen 9* (1977)

LIPINSKI, E. Recherches Ugaritiques. *Syria 50* págs. 35–51 (1973)

LIPINSKI, E. An Ugaritic letter to Amenophis III concerning trade with Alasiya. *Iraq 39* págs. 213–217 (1977)

LIPINSKI, E. Ahat-Milki, Reine d'Ugarit et la guerre du Mukis. *Orientalia Lovaniensia Periodica, OLP 12* págs. 93–96 (1981a)

LIPINSKI, E. Allusions Historiques dans la correspondance ougaritique de Ras Shamra: Lettre de Ewri-Sarri à Pilsiya. *Ugarit-Forschungen 13* págs. 123–126 (1981b)

LIPINSKI, E. *Semitic Languages Outline of a Comparative Grammar.* 2ª edición. Orientalia Lovaniensia Analecta, Leuven-Paris-Sterling(Virginia) (2001)

LIVERANI, M. *El Antiguo Oriente. Historia, Sociedad y Economía.* Crítica, Barcelona (1995)

MAGNIER, S. *Approche dialogique de la dynamique épistémique et de la condition juridique.* College Publications, London (2013a)

MAGNIER, S. *Considérations dialogiques autour de la dynamique épistémique et de la notion de condition dans le droit.* Tesis Doctoral, Université Lille 3 (2013b)

MALBRAN-LABAT, F. L'espression du serment en Akkadien. *Comptes rendus du groupe Linguistique d'etudes chamito-semitiques 24-28* (1979-1984)

MALBRAN-LABAT, F. La découverte épigraphique de 1994 à Ougarit (Les textes akkadiens). *Studi Micenei ed Egeo-Anatolici XXXVI* págs. 103–112 (1995)

MALBRAN-LABAT, F. Les textes Akkadiens découverts à Ougarit en 1994. En K. van Lerberghe y G. Voet (editores), *Languages and Cultures in Contact. At the crossroads of Civilizations in the Syro-Mesopotamian Realm. proceedings of the 42th [sic] RAI*, Orientalia Lovaniensia Analecta, págs. 237–244. Peeters Publishers (1999)

MALBRAN-LABAT, F. *DOugarit à Jerusalem. Recueil détudes épigraphiques et archéologiques offert à Pierre Bordreuil*, capítulo Catalogue raisoné des textes akkadiens de la Maison dUrtenu, págs. 21–38. Orient y Méditerranée, Paris (2008)

MALBRAN-LABAT, F. Y VITA, J.P. *Manual de Lengua Acadia.* IEIOP, CSIC, Zaragoza (2005)

MATTHEWSON, L. On apparently non-modal evidentials. *Empirical Issues in Syntax and Semantics* (2010)

MATTHEWSON, L., RULLMANN, H., Y DAVIS, H. Evidential as epistemic modals: Evidence from St'át'imcets. *The Linguistic Variation. Yearbook 7* (2007)

MAYER, W. Mardatu 'Teppich'. *Ugarit-Forschungen 9* págs. 173–189 (1977)

MCCREADY, E. Y OGATA, N. Evidentiality, modality and probability. *Linguistics and Philosophy 30* (2007)

MEYER, R. *Gramática del Hebreo Bíblico.* CLIE, Terrassa (1989)

MONSERRAT, R. *A lingua do povo Myky.* Curt Nimuendajú (2010)

MONSERRAT, R. Y DIXON, R. *Typological Studies in Language 54. Studies in Evidentiality*, capítulo Evidentiality in Myky. Jhon Benjamins Publishing Company (2003)

MOOMO, D.O. *The meaning of the Biblical Hebrew verbal conjugation from a crosslinguistic perspective.* Tesis Doctoral, University of Stellenbosch (2004)

MOSCATI, S., SPITALER, A., ULLENDORFF, E., Y VON SODEN, W. *An introduction to the comparative grammar of the Semitic Languages. Phonology and Morphology.* Otto Harrassowitz- Wiesbaden (1980)

NA'AMA PAT-EL, A. On verbal negation in semitic. *Zeitschrift der deutschen morgenländischen Gesellschaft 162/1* págs. 17–45 (2012)

NAUZE, F.D. Multiple modal construction. En *Sinn und Bedeutung 10* (2006)

NAUZE, F.D. *Modality in typological perspective.* Tesis Doctoral, ILLC-Dissertations Series DS-2008-08 (2008)

NEPOMUCENO, Á. Razonar con expresiones ambiguas. En *V Congreso Sociedad de Lógica, Metodología y Filosofía de la Ciencia en España.* SLMFCE, Granada (2006)

NOUGAYROL, J. *Ugaritica*, tomo 5, capítulo Textes suméro-accadiens des archives et des bibliothèques privées d'Ugarit. Mission de Ras Shamra (1968)

OBERMAN, J. Sentence negation in Ugaritic. *Journal of biblical literature* págs. 233–248 (1980)

PALMER, F. *Mood and Modality.* 2ª edición. Cambridge University Press (2001)

PARDEE, D. *The Context of Scripture: Archival Documents from the Biblical World*, tomo III, capítulo Ugaritic Letters. Brill, Leiden-Boston-Köln (2002)

PARDEE, D. The Preposition in Ugaritic. *Ugarit-Forschungen 8* (1976)

PARDEE, D. A new Ugaritic Letter. *Bibliotheca Orientalis. BiOr 34* págs. 3–20 (1977)

PARDEE, D. A further Note on PRU 5 n. 60. Epigraphic in Nature. *Ugarit-Forschungen 13* págs. 152–153 (1981)

PARDEE, D. The Letter of Puduhepa: The Text. *Archivfür Orienrforschung (AfO) 29-30* págs. 321–329 (1983-1984)

PARDEE, D. Further Studies in Ugaritic Epistolography. *Archivfür Orienrforschung (AfO) 31* págs. 225–226 (1984a)

PARDEE, D. Three Ugaritic Tablet Joins. *Journal of Near Eastern Studies, JNES 43* págs. 239–243 (1984b)

PARDEE, D. Epigraphic and Philological notes. *Ugarit-Forschungen 19* págs. 119–217 (1987a)

PARDEE, D. *Love and Death in the Ancient Near East (Essays in Honor of Marvin H. Pope)*, capítulo As Stronge as Death, págs. 65–69. Guilford (1987b)

PARDEE, D. Remarks on J.T.'s 'Epigraphische Anmerkungen'. *Aula Orientalis 16* (1998)

PARDEE, D. Recension of Ugaritische Grammatik,Tropper. *Archivfür Orienrforschung (AfO) 50* págs. 1–404 (2003-2004)

PARDEE, D. Y WHITING, R.M. Aspects of Epistolary Verbal Usage in Ugaritic and Akkadian. *Bulletin of the School of Oriental and African Studies, University of London BSOAS 50* págs. 1–31 (1987)

PARSONS, T. Things That are Right with the Traditional Square of Opposition. *Logica universalis* **2**:3–11 (2008)

PARTEE, B.H., TER MEULEN, A., Y WALL, R.E. *Mathematical Methods in Linguistics.* Kluwer Academic Publishers, Dordrecht, Boston, London (1990)

PETERSON, T. Y SAUERLAND, U. (editores). *Evidence from Evidentials*, tomo 28. The University of British Columbia Working Papers in Linguistics (2010)

PIQUER-OTERO, A. *Estudios de Sintaxis Verbal en Textos Ugaríticos. El Ciclo de Baal y la "poesía bíblica arcaica"*. Verbo Divino, Navarra, España (2007)

POPE, M. Ugaritic Enclitic -m. *Journal of Cuneiform Studies 5* (4):123–128 (1951)

PORTNER, P. Y PARTEE, B.H. (editores). *Formal Semantics. The essential reading*. Blackwell Publishing (2002)

PORTNER, P. *Modality*. Oxford University Press, New York (2009)

RAHMAN, S. Y MAGNIER, S. *Leibniz' Notion of Conditional Right and the Dynamics of Public Announcement*, tomo Special Volume: Limits of Knowledge. Logos and Episteme (2012)

RAINEY, A.F. *Canaanite in The Amarna Tablets. A linguistic analysis of the mixed diali used by the scribes from Canaan.*, tomo III. Morphosyntactic analysis of the particles and adverbs. Handbook of Oriental Studies, Brill, Leiden (1996)

ROSS, A.P. *Introducing Biblical Hebrew*. Baker Academic (2001)

SCHAEFFER, C. Commentaires sur les lettres et documents trouvés dans les bibliothèques privées d'Ugarit. *Ugarittica V* págs. 737–741 (1968)

SEARLE, J.R. *Speech Acts: An Essay in the Philosophy of Language*. Cambridge University Press (1969)

SEGERT, S. *A basic Grammar of the Ugaritic Language with selected texts and glossary*. University of California press (1984)

SIABRA, J. *El desarrollo de software para el estudio filológico de textos semíticos antiguos*. Proyecto Fin de Carrera, Universidad Politecnica de Madrid (2003)

SIABRA, J. El módulo sintáctico del Ugaritic Data Bank (UDB). En J. Justel, B. Solans, J.P. Vita, y J.A. Zamora (editores), *Las aguas primigenias. El próximo Oriente Antiguo como fuente de civilización*, tomo 1, págs. 189–202. Zaragoza (2007)

SIVAN, D. *A Grammar of the Ugaritic Language*. Handbook of Oriental Studies, Brill, Leiden-New York-Köln (1997)

SMITH, M.S. *Untold Stories: The Bible and Ugaritic Studies in the Twentieth Century.* 1ª edición. Hendrickson, Peabody, Massachusetts (2001)

SMITH, M.S. A bibliography of ugaritic grammar and biblical hebrew grammar in the twentieth century. *http://oi.uchicago.edu/OI/DEPT/RA/bibs/BH-Ugaritic.html* (2004)

SOLANS, B.E. *Poderes colectivos en la Siria del Bronce Final.* Tesis Doctoral, Universidad de Zaragoza (2011)

TARSKI, A. The Semantic Conception of Truth: and the Foundations of Semantics. *Philosophy and Phenomenological Research 4* (3):341–376 (1944)

TESTEN, D.D. *Parallels in Semitic Linguistics. The Development of Arabic la- and Related Semitic Particles.* Brill, Leiden-Boston-Köln (1998)

TROPPER, J. *Ugaritische Grammatik.* Alter Orient und Altes Testament, Münster (2000)

TROPPER, J. Y VITA, J.P. *Das Kanaano-Akkadische der Amarnazeit, Cuneiform Languages*, tomo 1. Lehrbücher orientalischer Sprachen, Münster (2010)

VALDÉS, L. *La búsqueda del significado.* Tecnos (2005)

VAN DER AUWERA, J. Y AMMANN, A. Epistemic Possibility. En M.S. Dryer y M. Haspelmath (editores), *The World Atlas of Language Structures Online*, http://wals.info/chapter/75 consultado 22/07/2011 edición, capítulo 75. Max Planck Digital Library, Munich (2011a)

VAN DER AUWERA, J. Y AMMANN, A. Overlap Between Situational and Epistemic Modal Marking. En *The World Atlas of Language Structures Online*, http://wals.info/chapter/76 consultado 22/07/2011 edición, capítulo 76. Max Planck Digital Library, Munich (2011b)

VAN DER AUWERA, J. Y AMMANN, A. Situational possibility. En M.S. Dryer y M. Haspelmath (editores), *The World Atlas of Language Structures Online*, http://wals.info/chapter/74. consultado 22/07/2011 edición, capítulo 74. Max Planck Digital Library, Munich (2011c)

VAN DER WOUDEN, T. *Negative contexts. Collocation, polarity and multiple negation.* Routledge Studies in Germanic Linguistics (1997)

VAN DER WOUDEN, T. Y ZWARTS, F. A semantic analysis of negative concord. *Language and Cognition 2* (First version 1992)

VAN DITMARSCH, H., VAN DER HOEK, W., Y KOOI, B. *Dynamic Epistemic Logic*. Springer, Dordrecht, The Netherlands (2008)

VAN SOLDT, W.H. *Studies in the Akkadian of Ugarit. Dating and Grammar*. Alter Orient und Altes Testament (1991)

VAN SOLDT, W.H. Studies in the Topography of Ugarit (1). *Ugarit-Forschungen 28* págs. 653–693 (1996)

VAN SOLDT, W.H. *Interdependency of Institutions and Private Entrepreneurs (MOS Studies 2)*, capítulo Private Archives at Ugarit. Nederlands Instituut voor het Nabije Oosten. (2000)

VEGA REÑON, L. Y OLMOS GÓMEZ, P. (editores). *Compendio de Lógica, Argumentación y Retórica*. Trotta (2011)

VERRET, E. *Modi Ugaritici. Eine morpho-syntaktische Abhandlung uber das Modalsystem im Ugaritischen*. Orientalia Lovaniensia Analecta (1988)

VIROLLEAUD, C. *Le Palais Royal dUgarit II*. MIssion de Ras Shamra, Paris (1957)

VIROLLEAUD, C. *Le Palais Royal dUgarit V*. Mission de Ras Shamra, Paris (1965)

VOIGT, R. The Classification of Central Semitic. *Journal of Semitic Studies 32* págs. 1–22 (1987)

VON FINTEL, K. Y IATRIDOU, S. *Morphology, syntax, and semantics of modals. Bibliography*. LSA220 (2009)

VON SODEN, W. *Grundriss der Akkadischen Grammatik*. Analecta Orientalia. Editrice Pontificio Instituto Biblico., Roma (1995)

WASSERMAN, N. *Most Probably. Epistemic Modality in Old Babylonian*. Eisenbrauns (2012)

WATSON, W. The negative adverbs l and lm+l in ugaritic. *JNWSL 17* págs. 173–188 (1991)

WATSON, W. Y WYATT, N. (editores). *Handbook of Ugaritic Studies*. Brill, Leiden-Boston-Köln (1999)

WOODARD, R.D. (editor). *The ancient languages of Syria-Palestine and Arabia*. Cambridge University Press (2008)

YON, M. La maison dOurtenou dans le quartier sud dOugarit (Fouilles 1994). *Les Archives de la maison dOurtenou* (1995)

YON, M. *The City of Ugarit at Tell Ras Shamra.* Eisenbrauns (2006)

YON, M. Y BORDREUIL, P. (editores). *Une bibliothèque au sud de la ville II. Ras Shamra-Ougarit XIV.* Recherche sus les Civilisations (2001)

ZEIJLSTRA, H. *Sentential negation and negative concord.* Tesis Doctoral, Univbersity of Amsterdam. Utrech. (2004)

ZEIJLSTRA, H. Modal concord. *SALT XVII 317-332 Ithaca,NY: Cornell University* (2007)

ZIMMERMANN, T.E. Free choice disjunction and epistemic possibility. *Natural Language Semantics 8* págs. 255–290 (2000)

www.ingramcontent.com/pod-product-compliance
Lightning Source LLC
Chambersburg PA
CBHW070504200326
41519CB00013B/2707